长江防洪工程史话丛书

荆江分洪
工程史话

蒋彩虹 著

长江出版社
CHANGJIANG PRESS

图书在版编目（CIP）数据

荆江分洪工程史话 / 蒋彩虹著．
一武汉：长江出版社，2022.9
（长江防洪工程史话丛书）
ISBN 978-7-5492-8474-0

Ⅰ．①荆… Ⅱ．①蒋… Ⅲ．①荆江－分洪－水利工程－
史料 Ⅳ．① TV882.2

中国版本图书馆 CIP 数据核字 (2022) 第 162672 号

荆江分洪工程史话
JINGJIANGFENHONGGONGCHENGSHIHUA

蒋彩虹 著

责任编辑： 李春雷
装帧设计： 蔡丹 彭微
出版发行： 长江出版社
地　　址： 武汉市江岸区解放大道 1863 号
邮　　编： 430010
网　　址： http://www.cjpress.com.cn
电　　话： 027-82926557（总编室）
　　　　　 027-82926806（市场营销部）
经　　销： 各地新华书店
印　　刷： 武汉精一佳印刷有限公司
规　　格： 787mm×1092mm
开　　本： 16
印　　张： 14.5
字　　数： 227 千字
版　　次： 2022 年 9 月第 1 版
印　　次： 2023 年 3 月第 1 次
书　　号： ISBN 978-7-5492-8474-0
定　　价： 72.00 元

目录

引　言

　　荆江分洪工程是新中国成立之初在长江流域修建的第一个大型水利工程。30 万建设大军仅用 75 天就完成了主体工程建设，堪称世界水利史上的奇迹。

　　建成后的荆江分洪工程进洪闸共 54 孔，长 1054 米，蓄水面积为 54 亿平方米。

　　1952 年，荆江分洪工程建成后即投入使用。面对 1954 年长江流域特大洪水，它三次开闸，确保了荆江大堤的安全，也确保了大武汉的安全。

　　1998 年，长江面临百年不遇的罕见大水，30 万群众大撤退，荆江分洪工程北闸就要分洪，千钧一发之际，党中央、国务院英明决策，百万军民严防死守，决战决胜 8 次洪峰，没有启用荆江分洪工程，人民的生命财产安全得到了保障。

第一部分

话说荆江

七弯八拐险荆江

你从雪山走来，
春潮是你的风采，
你向东海奔去，
惊涛是你的气概。
你用甘甜的乳汁，
哺育各族儿女，
你用健美的臂膀，
挽起高山大海……

这首《长江之歌》，深情唱出了祖国儿女对长江的热爱。长江，世界第三大河流，发源于"世界屋脊"——青藏高原的唐古拉山脉各拉丹冬峰西南侧。干流流经青海省、西藏自治区、四川省、云南省、重庆市、湖北省、湖南省、江西省、安徽省、江苏省、上海市共11个省级行政区（称八省二市一区），于崇明岛以东注入东海，全长6387千米，在世界大河中，长度仅次于非洲的尼罗河和南美洲的亚马孙河。

长江干流分为上、中、下游。湖北省宜昌市以上的河段为上游，湖北省宜昌市至江西省湖口县之间的河段为中游，湖口县至出海口的河段为下游。

长江流经西陵峡和葛洲坝之后，山势再也不像三峡那样险峻，江面也宽阔了许多，在地理划分上它已进入中游平原，但宜昌沿江两岸仍有绵延不断的丘陵，到达宜都时，两岸低缓的山脉似乎还不甘心从此消失，又高昂而立，紧束江流，这里就是由荆门山和虎门山对峙形成的"全楚西塞第一关"。走过这一关，便再也看不到它一泻千里的气势，也看不到急流险滩和绝壁峡谷了，呈现在人们面前的是浩瀚的江流，无边的原野。

舒缓的轻波与两岸的风光使诗人们诗兴大发，首次出川的李白在经过风卷浪急的三峡时吟出"朝辞白帝彩云间，千里江陵一日还，两岸猿声啼不住，轻舟已过万重山"的名篇之后，途经此地又作一首《渡荆门送别》，他在诗中发出"渡远荆门外，来从楚国游。山随平野尽，江入大荒流"的感慨。

长江中游全长955千米，流域面积68万平方千米。其中荆江河段上起枝城，下至城陵矶，全长347.2千米，因属古代荆州地区，故取名为荆江。

荆江以藕池口为界，按河型分为上、下两段。自枝江至藕池口长约173千米称为上荆江，属微弯分汊型河道；自藕池口以下至湖南洞庭湖出口处城陵矶之间长约174千米称为下荆江，如果以直线距离计算，下荆江只有80千米，江流在这里七弯八拐，绕了16个大弯，历来以"九曲回肠"而著称，属蜿蜒型河道。其南岸有松滋、太平（虎渡）、藕池、调弦（1958年冬筑坝建闸已堵塞）四口分流入洞庭湖，与湘、资、沅、澧四水汇合后，于城陵矶注入长江，水道最为复杂。

"万里长江，险在荆江"，说的是它的危险。

长江归流大海的途中，裹挟上游高山的泥沙，在中游平缓的楚地淤积，泛滥成了云梦大泽。从战国时代起，云梦大泽被围垦，水的范围逐渐得到约束，从三峡倾泻而下的洪水和泥沙全被逼入荆江。在北岸形成了江汉平原，在南岸形成了洞庭湖平原。

荆江河床历经先秦、秦汉、魏晋南北朝，在唐宋时期塑造完成。

先秦时期，长江出江陵进入辽阔的云梦泽之后，河槽淹没于古云梦泽所在的湖沼中，河床形态还不甚显著，荆江以泛滥漫流的形式向东南汇注。秦汉时期，由于长江泥沙长期在云梦泽一带沉积，以江陵为顶点的荆江三角洲开始形成，江水呈扇状分流，向东向南扩散，开始出现一些分流水道，如夏水、涌水等，荆江主泓道偏在三角洲的西南一边。魏晋南北朝时期，荆江两岸出现许多穴口和汊流，使江水流量分泄，沙洲发育。三角洲向东南发展的同时，迫使云梦泽主体向下推移。据《水经注》记载，在今石首境内下荆江河床已开始形成，江中多沙洲而呈汊流发育。唐宋时期，随着监利县境云梦泽的解体消失，及上荆江河段穴口淤塞，堤垸兴盛，逼水归槽，荆江统一河床最后塑造完成。

荆江河道发育于第三世纪以来长期下沉的云梦沉降区，历经沧桑巨变。由于长江河道穿越古云梦泽地区，因此在河道形成与云梦泽解体过程中，形成众多穴口和水道，分布于两岸。《水经注·江水》详细记载了东晋南朝时期的荆江穴口，多达40来个。宋元以后，开始流行"九穴十三口"之说。此说最早见于元人林元的《重开古穴碑记》："按郡国志，古有九穴十三口"，但穴口的位置并没记载。明清时期，对于此说的解释众说纷纭，由于河道不断演变和人为作用，荆江穴口有塞有开，有增有减，不同时期穴口及数目不尽一致，所谓"九穴十三口"泛指其多，并非确数。

无论是否确数，这些穴口都是起到了分蓄洪水的作用。在宋代，九穴十三口还基本保留着，"宋以前，诸穴畅通，故江患甚少。"宋代以后，随着荆江两岸的开发和水道的自然变迁，穴口开始埋闭。

南宋开始埋塞一些穴口后，给荆江的洪水宣泄带来了不利后果。没有了穴口，江水失去了舒展胳膊的场所，仿佛被捆住了手脚一般，发怒的洪魔便猛烈撞击堤岸。从此，拉开了荆江两岸水灾日益频繁的序幕。

元大德年间（1297—1307年），公安竹林港、石首陈瓮港溃决，在马背上夺得天下的元朝统治者决定重开北岸的郝穴、赤剥和南岸的宋穴、杨林、调弦、小岳六穴。重开穴口之日，两岸百姓"不集而至，扶老携幼，远近聚观，欢呼忭舞，祝赞皇天万年无疆之休。"

重开六穴是荆江历史上重大的防洪举措。

可是随着人口不断增加，与水争地的现象愈演愈烈。至元朝末年，人们将此前的开穴举措抛于九霄云外，填穴大军不断壮大，穴口再次被堵塞。

人们把江水赶入荆江，以为战胜了江水，堵塞的穴口增加了生存的土地，丰收的场景让人们欢庆自己的胜利，可是人们步入了一个改造自然又被自然惩罚的怪圈。接踵而来的灾难毁灭了填穴带来的胜利果实，自然加倍地报复了人类。

年复一年的洪水挟带泥沙，使河床不断抬高，堤防只得不断加高，比如在沙市江段，江水与堤内四层楼并齐。形成了荆江"人在地上走，水在头上流"的悬河景观。

荆江不仅有悬河景观，还有"河环"景观。以孙良洲为例，其弯曲河道长度为 10 余千米，直线距离不到 0.5 千米，曲折率高达 25。从前人们在这里做了个实验，在孙良洲河湾最窄处的一侧，以步行和乘轮船的方式同时向另一侧进发，步行到达从从容容地吃一顿饭后，轮船才姗姗来到，于是人们根据河湾的平面形状，把类似孙良洲这样的河湾称为"河环"。

"悬河"与"河环"使荆江两岸的人民千百年来一直处于对于洪水的畏惧与惊骇中，每到汛期，两岸人民无不胆战心惊地关注荆江洪水的涨落。

一部荆江地区的社会经济发展史，从某种意义上来说，就是一部人类与洪水进行殊死抗争的历史，其本质是人与水争地，水与人为殃。

荆江河段有桃汛、伏汛和秋汛之分。一般情况下，桃汛洪水量不是很大，伏汛、秋汛洪水过程则十分明显，来量也很大，多出现于每年六至十月，以七至八月为主汛期。

荆江地区水患最早记载，见于清人所编《荆州万城堤志》，"江水大至，没至渐台（指江陵）"，记载的是楚昭王时期的事件，之后 300 余年未见荆州长江水患记录。直至汉高后三年（前 185 年），《汉书·五行志》方记有"夏，南郡大水，水出流四千余家"。汉高后八年（前 180 年），又记有"南郡水复出，流六千余家"。此后，又历 280 余年，荆江水患记录才逐渐增多。

两宋以后，荆江两岸大规模屯田垦殖，到明清时期，江汉平原人口渐密，围垦增多，洪泛频繁，洪灾日显严重。据不完全统计，从东晋永和元年（345 年）荆江大堤肇基至 1949 年的 1604 年间，荆州河段干支流堤防共有 234 年出现决溢灾害，其中 1912 年至 1949 年，荆州河段有 28 年出现溃溢。江汉平原地区经济发达，每次溃口受灾，洪水淹没面积大，时间长，损失十分严重，常造成大量人员伤亡。

有资料记载，1788 年、1860 年、1870 年、1935 年及 1954 年等大水年份损失惨重，民生凋敝。

许多历史上的灾害在一些地方志上只是化作了一行行冰冷的数字，灾民的困苦却无从知晓。翻阅历史的陈籍，在《三袁故事》里找到了荆州公安的才子留下的记录，他的笔尖倾泻出对提心吊胆的乡民们的深深同情。

"每入夏后，峡水暴涌，云昏天回，几憾地轴。白浪跃，雉堞出，居民望之摇摇然。夜则万雷殷枕，甫就席，辄彷徨起。若此者十余日或五六日。每岁率三四至，以为常。仓皇有警，则扶白负稚，走郭本斗堤，涕泣之声，闻数十里……"

在荆江两岸流传着一首《荆州谣》：

> 荆州不怕干戈动，
> 只怕南柯一梦中。
> 水来打破万城堤，
> 荆沙便是养鱼池。

万里长江，险在荆江。大江发怒，百姓惊恐。

文化览胜道荆州

荆州是荆江的重要城市，辖荆州区、沙市区、江陵县、公安县、石首市、监利市、洪湖市、松滋市4市2县2区，荆江穿荆州腹地而过，每一个县市区都有荆江堤防。

荆州城不大，但历史的厚度却直插上古版图。4000多年前的上古时代，大禹初定山川，划分九州，荆州就是其中之一。考古学家发现，更早的时候，荆州就有原始人类生存，城北的鸡公山竟是5万年前的一处旧石器时代的遗址。历史沉重的步履在这片古老的土地踏过，留下了大溪文化的踪迹。

城北5千米有座古城遗址，为春秋战国时有名的楚国郢都。战国时期，楚人长期活跃于荆州地域，楚大酋熊绎被周天子封为诸侯的时候，可获得的领地十分有限，楚君"筚路蓝缕，以启山林"，韬光养晦，直到楚武王时期。

武王的名字叫熊通，他统治之前，楚国仍是一个原始公社体制的部落。公元前738年，熊通在即位三年后跃上春秋大舞台。他不满足于周王室划定的弹丸之地，在富饶的江汉平原上攻占了权国，设置权县，建立了直属于中央政权的地方行政机构，中国历史上的第一任县长在楚国出现。武王在位51年，楚国疆土不断扩大，财富日益增多，军事力量不断增强，一跃成为江汉一带的霸主。楚王在征战中望着自己的战士停止了呼吸，他身后的文王接过了一个正在走向富裕的国家，他率领着久经磨炼的精锐之师，实现了武王"观中原之政"的宏愿。

楚文王元年（公元前689年），楚国在江陵纪山之南建都。纪南城土筑城墙至今仍具形状，地质考古发现有城门七座、水门二座，城周有护城河，河宽40～80米。城内分布着宫殿遗址、陶窑址、古河道，还有铸铜作坊、夯土台基和水井等遗址。楚国都城是当时最大都会，纪南城在当时又名"挤烂城"，史籍记载"车挂毂、民摩肩，市路相交，号为朝衣鲜而暮衣敝"，可见其人口密集，相当繁华。

而荆州古城在春秋战国时是楚国郢都的渚宫和船码头，是楚成王为毕览大江胜景而修建的，距今已有两千多年的历史。著名的晋楚城濮大战后，楚成王在渚宫召见其大将子玉。

楚国历经21位君王，在这21位君王中，与武王和文王一样，称得上顶天立地的人物的，庄王要算一个。这个在秦姬越女中纵情于声色犬马，在忠臣伍举、良将苏从的铮铮谏言中"不鸣则已，一鸣惊人"的大鹏，三年不飞，一飞冲天。他在位23年，先后并国二十六，开地三千里，饮马黄河，雄峙南方，问鼎中原，威震诸侯，为我们留下了诸多值得回味并令楚人引以为豪的历史。

楚国是歌舞之邦，楚庄王问鼎中原后，音乐创作空前繁荣，"曲高和寡"的典故和"下里巴人""阳春白雪"的比喻生动形象地反映了楚国音乐文化曲调丰富、雅俗共赏的发展盛况。楚乐宫古老的青铜编钟、彩绘石磬、青石排箫、双鸟架鼓和古筝都是楚时乐器。即使埋藏地底下数千年，如今它们奏出的音乐依然清越婉转。那浑厚绵长的历史旋律，那宫中舞女的翩翩风姿，既展示了博大精深的楚文化的内涵，又给人以余韵不绝的精神享受。当年我国第一颗人造地球卫星在太空中播出的《东方红》乐曲正是用这一套编磬所演奏。1993年楚乐展演应邀参加澳门国际艺术节，受到葡萄牙总督和海内外观众的高度赞赏。

有一位水利专家，我们不能忘记，他就是孙叔敖。楚庄王时，他官至楚令尹（相当于宰相）。当时，全国吏民皆来祝贺。有位布衣老者姗姗来迟，严肃地对他说，地位越高越要体恤下情，官职越大越要谦虚谨慎，俸禄越厚越不能有贪心。你能谨守这三条，就足以把国家治好。孙叔敖把老者的话当作座右铭牢记在心。他任令尹后，奉职守法、善施教化、仁厚爱民，受到后人的好评。孙叔敖治水留下千古美名，他主张采取各种工程措施，带领人民大兴水利，修堤筑堰，开沟通渠，发展农业生产和航运事业，为楚国的政治稳定和经济繁荣做出了巨大的贡献。而今，荆州中山公园留有他的墓冢，这位 2600 年前的治水专家安眠在碧波荡漾的江津湖畔。

翻过楚文化厚重的书页，我们看到了屈原徘徊踌躇的身影。这个战国时代的楚国政治家和爱国诗人，因"联齐抗秦"统一中国的政治主张而遭到奸臣的陷害，被顷襄王放逐。屈原听到楚国被秦国攻陷的消息后，难忍亡国之痛，于公元前 278 年农历五月初五这一天怀石投汨罗江而死。史载："屈原以五月五投汨罗，楚人哀之，以筒贮米祭之。"从此楚人将农历五月初五定为端午节，至今，赛龙舟和食粽在荆楚各地蔚然成风。在荆楚民间还流传着这样一首《粽子歌》："有棱有角，有心有肝，一身清白，半世煎熬。"究其渊源，亦是为了怀念屈原、崇祀屈原。端午节如今已演变为中华民族的传统节日。

江渎宫留下过屈原飘逸的翩翩英姿，流芳千古的著名诗篇《橘颂》《天问》即写作于此。"宫内存有厢房两栋……后置高台，台上建大殿，殿内供奉着屈原塑像……宫前有一井，传明万历年间龙起于此，故名龙井。井深 4 米，井沿上绳痕道道，井水清冽，今犹为居民汲用。"可惜这处景点在 20 世纪 80 年代末兴建小商品市场时被拆除。甚憾。

楚顷襄王二十一年（公元前 278 年），郢都为秦将白起所破，秦昭王以郢为新置的南郡治所，不久迁治原渚宫之地，并在此置江陵县，为郡治。因为这里靠近长江，"近州无高山，所有皆陵阜，故称江陵。"直至三国时期，吴才以荆州治江陵。

秦始皇兼并天下后，将南郡的郡治设在江陵。西晋时改荆州刺史部为荆州，辖 151 县州治江陵。荆州所辖之郡县曾北囊今河南，南抵今湖南衡山、贵州及两广地区。

荆州古城的建城早在汉代已开始。传说三国时，名将关羽在汉城边另筑新城。晋代，合新旧二城为一。明末，李自成起义军拆毁了城垣。现存的城垣是清顺治三年（1646年），依明代旧基复建的，为不规则的长方形，城墙高8.83米，依地势起伏，顺湖池迂回，护城河周长10.5千米，外围11千米。城内还有深2米、宽1米的下水道，干旱时可以引水进城，天涝时能很快排出城内积水。

现如今，无论下多大的雨，就算是有的新城多个小区被水淹没，出行困难，荆州古城却从来没有被淹过。住在古城区域内的人每每听到沙市小区被淹，总是由衷感叹古人的智慧。

荆州城共有6座城门，每座城门都有与当地的地理、历史和习俗联系的名称。东门名迎宾门，南为南纪门，西门称安澜门，大北门名拱极门，小北门名远安门，小东门名公安门（水门）。除小东门外，其他城门外均有曲城，为二重门，二门之间称瓮城。城门洞和城门框均用条石、城砖砌成圆顶。二重城门各设一合质对开门，木门内还有一道10厘米厚的闸板，以防水患。波光墙影，宛如巨龙飞舞的荆州古城景象十分壮观，为我国现存较完整、规模宏大的一座古城。

荆州境内有八岭山、雨台山、孙家山、纪山、拍马山、川心店和观音垱等七大古墓群，分布面积达450多平方千米。八岭山已建成国家森林公园，它南临长江，北连荆山，自古就是风景秀丽的游览胜地。"千年往事人何在，清猿声入楚云哀。"历史上多少风流人物，如今静静地长眠于此。据史料记载，八岭山一带的古墓多达880座。其中，仅历代王公贵族的墓冢就有270多座。如此集中的古墓群，在全国实属罕见。

这些墓地中存有大量古代文物，仅从发掘的几座陪墓中，就已出土文物2.5万件。

石器、陶器、青铜器、漆器等造型独特，制作精美，而且具有很强的实用性和观赏价值。透过这些沾染了历史烟尘的器皿，能看到荆州6000年来的沧桑和文明。

出土的越王勾践剑、楚国金币"郢爰"、楚王孙鱼戈、彩绘石编磬、战国连发弩机等均是稀世之宝。

越王勾践剑举世闻名。1965年12月，它出土于江陵望山的一号楚国贵族墓。考古工作者在墓主人身体的左手边发现一柄装在黑色漆木箱鞘内的名贵青铜剑，剑与剑鞘吻合得十分紧密。拔剑出鞘，寒光耀目，而且毫无锈蚀，刃薄锋利。试之以纸，20余层一划而破。春秋晚期，吴越两国涌现出诸如欧冶子、干将、莫邪等在中国历史上最杰出的铸剑能手。吴越铸造的名贵青铜剑闻名天下，这些名剑被载入史册，名垂千古，流芳百世。其无论是铸造工艺还是实战价值，均可代表中国宝剑铸造史上的巅峰。没想到2500多年过去了，冠绝华夏的春秋奇宝竟在荆州现身。《越绝书·宝剑篇》记有名剑鉴赏家薛烛对越王勾践的"纯钧"宝剑评论说："……虽复倾城量金，珠玉竭河，犹不能得此一物。"其身价之重自不待言说。越王勾践剑的出土，震动了海内外史学界与考古学界。

一束世界上最古老的稻种，一双精美的绣鞋，一条做工巧妙的麻裙，昭示着远古文化的迷人魅力，让人们仿佛看到先辈们劳作的智慧与艰辛。

1982年，从一座战国墓葬中出土丝绸制品，其数量之多、品类之全、色彩之艳、工艺之精，令学术界震惊。它们用蚕丝织成，分为绢、绨、纱、罗、绮、锦、绦、组等八大类。有的薄如蝉翼，轻若笼烟，有的经纬密度超乎想象，密如当今的降落伞。刺绣的花纹大多为飞禽走兽，有蟠龙飞凤纹、龙凤相搏纹和凤鸟践蛇纹等十多种，色彩艳丽，栩栩如生。这座"丝绸宝库"为今天我们研究楚人的服饰和丧葬礼俗提供了珍贵的实物资料。

我国南方地区迄今发现时代最早的一具古尸也在荆州，距今2187年。据墓中出土的文字记载，死者名"遂"，是江陵县西乡市阳里人，爵位为五大夫，下葬于西汉文帝十三年（公元前167年）。该墓的出土表明在两千多年前，我国劳动人民在医药、卫生和防腐技术方面已达到相当高的水平，也补充和发展了长沙马王堆一号汉墓西汉女尸的研究成果，丰富了"古组织学"和"古病理学"等学科的内容。

如果说楚文化的灿烂一半沉淀于地下，那么它另一半的光辉则凝聚在以章华寺等为翘楚的佛教与道教的圣地上。

荆楚是中国哲学的源头之一，这里曾诞生了以老子为创始人的道家学派，它曾与以孔圣人为代表的儒家学派平分秋色，各领风骚。始建于唐代的开元观、玄妙观和始建于明代的太晖观以其古朴典雅的建筑艺术风格，体现了道家文化的精髓。屋顶闪烁的琉璃瓦、盛开的金莲、高大的石碑、雄伟的殿宇，雕梁画栋，熠熠生辉。

章华寺与这些道观同为湖北省重点文物保护单位。

章华寺是楚灵王（公元前540—前528年）行宫章华宫的遗址。它与汉阳归元寺、当阳玉泉寺等均为湖北名寺。相传楚灵王特别喜欢细腰女子在宫内轻歌曼舞，不少宫女为求媚于王，少食忍饿，以求细腰，故章华宫又有"细腰宫"之称。庙宇建筑宏伟，装饰典雅，殿堂井然有序，佛像栩栩如生。宝殿雕梁画栋，金碧辉煌，寺院绿树环绕，分外幽静。寺内藏有清代皇室御赐《藏经》及许多宫廷珍品，还有缅甸国王敬赠的两尊玉佛。寺院建有民国以来历年高僧墓塔，供奉6位法师灵骨。更有唐杏楚梅、沉香古井等古迹。

高大的院墙隔离了尘世的喧嚣，中天的月轮悬在澄明的天幕，幽深的庭院里，千年的古柏、梅香、泉水、虫鸣和鸟叫，随着禅风越过章华寺的历史与沧桑，让我们倾听到生命纯净的呼吸。

荆州物产富饶。司马迁以"饭稻羹鱼"之语加以赞誉；唐代诗人杜甫在《峡隘》中用夸张的笔法称赞这里"白鱼如切玉，朱橘不论钱"；宋代大诗人苏东坡也说这里"江水深成窟，潜鱼大如犀"。而江陵荆锦缎、水磨漆器更是闻名中外；松花皮蛋、味蛋、红白莲子、芡实、红菱及南湖萝卜、西湖藕等土特产亦久负盛名；冬瓜鳖裙羹、散烩八宝、皮条鳝鱼、鱼糕丸子、山药泥、酥芸雀和九黄饼、江米藕等风味食品有口皆碑。据说，北宋时，仁宗召见江陵人张景，问他："卿在江陵所食何物？"张景答道："新粟米炊鱼子饭，嫩冬瓜煮鳖裙羹"。古荆州风味食品历史悠久，饮食文化底蕴深厚。

荆州人文荟萃。学者认为，商周时代，在江汉平原上存在着一类影响巨大的土著文化，即荆南寺红陶系文化，它是在原始文化基础上发展起来的地方性很强的文化。江陵境内已发现古文化遗址73处，其中楚文化遗址48处。这些古遗址的资料证实，从原始社会的新石器时代到商周、秦汉、南北朝，其文化衔接未曾间断。

荆楚历来重视教育，所谓"南郡生徒辞绛帐，东山妓乐拥油旌"，说的是才高博洽的南郡太守马融不拘儒节兴办教育的壮举，而"琵琶多于饭甑，措大（读书人）多于鲫鱼"的民间俗语更见荆楚对于教育的重视程度。

古代江陵为"南风""楚声"的发源地。除以"楚辞"为代表的爱国诗人屈原外，大辞赋家宋玉也孕育于此。春秋战国时期歌舞家莫愁女、杂技表演家宜僚和戏剧家优孟等，都曾在这里大显身手。

荆楚文化有一个标志性的符号——虎座凤鸟悬鼓，人们通常称之为虎座鸟鼓架。它以两只卧虎为鼓座，两只凤鸟为鼓架，将一面鼓悬挂在两只凤鸟之上，为国家一级文物，卧虎昂首卷尾，背向而踞。虎背上分别站立着一只长腿长颈的凤鸟，全神贯注，栩栩如生。这是楚国特有的乐器，也是楚国王室的艺术品，体现了楚人崇凤、追求优雅和谐的审美意识和征服猛兽的奋斗精神。

荆楚也为中国文学的发展描绘了浓重的一笔，这里诞生过唐代著名的边塞诗人岑参和晚唐诗人崔道融、戎昱，宋代的"小万卷"朱昂等，而站在唐代诗歌顶峰上的诗人李白和杜甫也与荆州结下了不解之缘——李白从荆州迈出走向诗仙的第一步，而诗圣杜甫却是因安史之乱归家途中滞留荆州才得以让那60卷诗作开始传播；荆州文化的积淀到了明代最终结出了硕果，那位12岁步入科举考场，23岁中进士，尔后在竹林潇潇、疏影横斜的气氛中归隐6年的翰林院编修张居正，在重新走出书斋后一步步登上明朝廷的"首辅"之位，成为赫赫有名的一代宰相。

悠久的历史使荆州不仅成为古代中国南方文化的发源地和南方文化中心，更成为光辉灿烂的楚文化的轴心地带。

三国重镇美名扬

荆州居江湖之会，水陆交通方便，物产丰富，文化发达，西汉时已成为全国十大商业中心之一，名列南方五郡之首。南方所产珍贵物品多通过江陵北运长安。

我国四大名著之一——《三国演义》共一百二十回，有七十六回写到荆州，这部长篇章回小说是历史演义小说的经典之作，描写了以曹操、刘备、孙权为首的魏、蜀、吴三个政治、军事集团之间的矛盾和斗争。

历史上的三国不过百年，但在五千年的中华文化史上三国文化却独放异彩。提起三国，人们会想到荆州；说到荆州，又使人想起三国。三国与荆州这一文化现象，反映了荆州与三国历史文化的深厚渊源。

荆州地域辽阔，控制长江中游，系咽喉地带。围绕着荆州，三国魏蜀吴演绎了一系列可歌可泣的悲壮故事。

三国时期，天下大乱，民不聊生，荒野千里。而荆州地处两湖平原，得长江天堑地利，占两湖平原优势，具有便利的农业生产条件，在刘表治理期间，荆州很幸运地躲过了战火的波及，很多人都迁徙到此地生活，名门望族在这里也壮大了自己。

刘备三顾茅庐时，诸葛亮在隆中就对刘备说："荆州北据汉沔，利尽南海，往东可连吴会（吴郡、会稽郡，代指东吴），西通巴、蜀，此用武之地也。"荆州控江带湖，形张势举，北上可进中原，往西可扼西川，北靠荆山，往南是两湖平原，战略地位突显，自古为兵家必争之地。所以刘备、孙权都志在必得，刘备借了荆州就不想归还，孙权矢志要夺回荆州。在东汉十三州中，荆州是唯一被魏、蜀、吴三家分别统治过的州。

对于孙吴来说，荆州犹如一把利剑悬于头上，蜀国随时都有可能顺江而下攻击孙吴。

鲁肃曾以战略家的眼光对孙权说："荆州与东吴在地理上相接，长江从荆州东下入吴，兼带江汉。荆州凭山临水，是东吴的东线门户，必须由东吴控制，我们才能安全。"

诸葛亮与鲁肃两位战略家都看到了荆州的战略地位。它不仅是一块必争之地，更是天险！可借助长江之险使之成为抵御北方的屏障。

荆州之争是决定国家分合命运的关键。政治家在此运筹帷幄，军事家在此施展韬略，无数英雄豪杰在此地大显身手，创立奇功。为了荆州，诸葛亮只身带小童往东吴，舌战群儒，呼风唤雨，神机妙算，他鞠躬尽瘁，死而后已，成为智慧的化身。

三国时代的如雷鼓声虽然在历史前进的脚步声中早已远去，但昔日战场留下的斑斑踪影今天依然可以寻觅。

据说，峻伟峭姿的荆州古城城墙是关羽镇守荆州的时候在汉城边另筑的城墙。从整体上看，它的防御体系比国内其他城池更加坚固，除了砖城之外，还有土城、水城。城墙的基脚全部用条石垒砌，城墙石砖之间用石灰糯米浆灌缝，在古代作战中，易守难攻。于是，从三国开始，便有了"铁打荆州"之说。

头盔的寒光、枪矛的冷色历经千年，荆州在兵燹和战火中屡毁屡建，今天的荆州城墙依然是我国南方保存最完好的古城墙。共有1567个城垛、26 个瞭望台和 4 个藏兵洞，设计巧妙，构造坚固。特别是藏兵洞，洞壁厚实，洞与洞之间甬道相通，便于调整兵力，打击敌人。环城还有宽约 30 米的护城河，在军事上可以减缓敌人的进攻，同时还能疏导水流，平衡古城水位，起到保护古城的作用。

公安门是荆州城六座城门中唯一没有桥通往对岸的城门。三国时期，这里是荆州的水码头。相传刘备从东吴招亲归来，就是从这里进的城。

而帮助孙权谋划了"美人计"的周瑜，则在城边的芦花荡里被诸葛亮气得大叫"既生瑜，何生亮"，吐血而亡。

暗淡了刀光剑影，远去了鼓角铮鸣，"遥想公瑾当年，小乔初嫁了，雄姿英发，羽扇纶巾，谈笑间，樯橹灰飞烟灭。"大江东去，淘尽了多少风流人物！

在荆州，由三国文化衍生出关公文化，是三国文化与中国传统文化熔铸的一大文化特色，也是荆州所蕴含的三国文化的一大特色。刘、关、张之间的义，又主要体现在关羽身上，并成为关公文化的核心内容。荆州是关羽镇守达十年之地，是他一生事业的亮点，也是他为之丧身的悲切之所。失荆州被擒斩首的悲剧结局，正是关羽身后被尊奉、神化的一个重要因素。作为我国传统文化"忠义"化身的关羽，不仅在封建社会很长的时期里与文圣孔子并起并坐，而且在当今仍有一定影响。

关羽，又称关圣大帝、关老爷、关帝等，被东吴大将杀死后传首于洛阳，身段葬于当阳。在关羽当年料理过军机大事的地方，人们建起了关帝庙。五月十三日是关羽磨刀日，人们每年都要在这一天举行朝觐仪式，以表示对关羽的敬重。人们还到关帝庙抽关帝灵签，求吉问安。荆州关帝庙代代香火旺盛。

古城内外三国遗迹遍布，关帝庙、三国公园、得胜街与洗马池、点将台与拍马山、行军锅、关羽赤兔马专用的石马槽、诸葛孔明桥、马跑泉与落帽冢、关公刮骨疗毒地、春秋阁等三十多处胜迹各具特色，令人流连忘返。

在古城公安门对岸的马河边，另有一处古迹，名张飞一担土。虽为一小平顶土丘，但因传说美丽且与张飞有关，此景向为世人关注。南朝宋代盛宏之《荆州记》对此有绘色的描述："一峰回然，西映落月，远而望之，如画扇然。"故张飞一担土又名画扇峰。其上曾建有六角小亭，当时被誉为荆州城八景之一。 这些遗迹构成了一幅瑰丽多彩的三国风物画卷，使这一著名三国胜地成为海内外游客慕名前往的旅游热点。

荆州这块古老而又底蕴深厚的沃土滋养了楚地的先民，同时也孕育了光耀千秋的历史文明。荆州古城在历史的长河中沉积出了极为丰饶的人文景观。上自远古旧址，下至历代遗踪，遍布古城内外。这里仅择其有踪可觅且有形可见的几处重要历史陈迹，奉呈给荆州览胜的人们。

徐苾亭在《荆州怀古》诗中因此发出感叹："英雄争战几时休，巨镇天开楚上游。月夜与谁游赤壁？江山从古重荆州。"亦有人说"闻听三国事，每欲到荆州"。

荆州不仅在三国战事中地位重要，在后来的朝代中也屡次成为兵家必争之地。

晋朝初年，晋将杜预攻吴，以十万大军攻克荆州，因此"沅、湘以南望风归命"，东吴迅速灭国。1236年冬，元将特穆尔岱率兵攻荆州，宋朝命孟珙带兵驰援。孟珙兵少，便在白天反复变换旌旗服色，夜间燃火炬虚张声势，迷惑元兵，然后率兵袭击，连破24寨，救出被俘的二万军民。

西晋时，荆州刺史石崇与晋武帝的舅父王恺比富，王恺拿出一株三尺高的珊瑚树夸耀为最好最大，谁知石崇却将它打得粉碎，又拿出六七株三四尺高的珊瑚树来。依仗晋武帝做后盾的王恺也难以匹敌，可见当时荆州之富。西魏时，荆州一度毁于兵火，但到中唐又发展起来，而且"井邑十倍其次"，并曾被定为"陪都"，与长安、洛阳齐名。

至南北朝时，它已成为长江中游第一大都会，有"江左大镇，莫过荆、扬"之称。

明末，李自成、张献忠部也曾攻占过荆州。当时，崇祯皇帝派兵部尚书杨嗣昌率军几十万，屯驻荆州北门一带，妄图一举全歼义军。谁料起义军冲出重围。李自成接而破洛阳，围开封；张献忠诱杀襄王，取樊城。杨嗣昌眼看大势已去，在沙市服毒自杀。不久，张献忠攻占荆州，自立为"西王"。

在社会经济的发展与朝代的更替过程中，荆江两岸人口不断增加，百姓为发展农业生产，开始修筑堤垸，束水归槽。著名的荆江大堤，肇于晋，扩于宋，连于明，固于今。

这条长堤是两湖平原百姓生命财产的屏障，是 140 余万公顷耕地的屏障，也是大武汉的屏障。

紫禁城传旨 13 道

越过千年的风火烟尘，荆州，这座文化名城走到了 1788 年，时为清乾隆五十三年。

在经历宋绍兴二十三年（1153 年）、宋宝庆三年（1227 年）、明嘉靖三十九年（1560 年）和明万历四十一年（1613 年）这四个大水年之后，这一年荆江发生了历史上破坏最大、灾情最严重的一次洪水。

入汛以来，万城堤上身着号衣的兵丁和头盘辫子的民夫就心神不宁地注视着漫江的洪水，狂涛拍岸，让头戴顶戴察看险情的府县官员心惊胆寒。矮小单薄的堤身似乎拼尽了最后的气力，无精打采，任由风浪肆虐。终于撑到农历六月二十三日，洪魔一掌推开万城堤至御路口的堤段，将数十里的堤段冲开 22 处缺口。缺口窄处八九丈，宽处至十三丈。洪水如下山的猛兽，直扑江汉平原。

距缺口最近的荆州城首当其冲，遭到浩劫。洪水从西门和水津门冲进城，冲倒了西门城楼和东门城楼，大北门至小北门的城墙几乎全被冲倒。

皇家快马的驿卒从荆州的柳门驰出，旋风般朝京都奔去，急促的马蹄在官道上得得有声。万城堤破的快报飞向了三千里之外的京城，飞进了养心殿，飞到了皇上的书案上。

《荆州万城堤志》记载："官癣民房倾圮殆尽，仓库积贮漂流一空，水渍丈余，两月方退，兵民淹毙万余。号泣之声晓夜不辍。登城全活者，露处多日，难苦万状，下乡一带，四庐尽被淹没，诚千古奇灾也。"

稳坐江山 53 年的乾隆皇帝震惊了，这位在大清历史上最负盛名的康熙大帝的孙子，也是一位有作为的皇帝，康乾盛世，国泰民安，怎么能发生这样的灾难？一定要严查，动怒后的乾隆帝立即降旨，发帑银二百万两修复万城堤和荆州城，并速派铁面无私的阿桂为钦差大臣赶赴荆州。

阿桂具有极高的军事统帅才能，又具有丰富的政治经验。他历任伊犁将军、兵部尚书、吏部尚书，官至武英殿大学士兼军机大臣，曾屡任统帅，又多次奉旨视察过黄河决口和江浙海塘工程。他对失职官员的处理从不手软。当阿桂作为钦差大臣的消息传到荆州后，荆州府一片骚动。

当阿桂威严地站在残破的万城大堤上，遥看芦苇飘荡、细沙延伸的沙洲时，他身后的官员已是瑟瑟发抖、惴惴不安了。

江心那片芦苇飘荡的地方叫窑金洲，是位于沙市江心中的一个狭小沙洲，方圆数里，像一支镇于激流中的铁锚，与矗立在沙市观音矶上的万寿宝塔遥相呼应。但是眼下的窑金洲早已不是一个沙洲了，它变成了一个芦苇丛生的江心岛。那些被芦丛裹着的沙滩一年又一年慢慢地扩大，向北岸步步逼近，并把江流逼向了北岸，对北岸的万城堤造成了威胁。阿桂严厉地责问："何以如此？"

事情终于查清了，原来荆沙一个叫萧逢盛的人自封为洲主，他家有八人中举，两人做官，家产丰厚，他仗着自己是声名显赫的官宦和富豪，契买了沙洲，并在洲上广种芦苇，每年仅柴薪收入就有二十万至五十万铜钱。

阿桂的奏章星夜兼程抵达养心殿。乾隆阅后，龙颜大怒，区区一个土绅竟使大清朝遭受到如此惨重的损失。九月初一，乾隆立即降旨：

上谕：据阿桂奏称"荆州水患询之该处官员、兵民人等，咸以窑金洲侵占江面，涨沙逼溜为言，且不自今日始，并查有萧姓民人陆续契买洲地，种植芦苇，阻遏江流。沙面愈就窄狭，是以上流壅高，所在溃决"等语，窑金洲涨沙，逐年渐长，侵占江面，逼溜北趋，以致郡城屡有溃决之事，该处官员、兵民人等众口一词，且其说相传已久。该督、抚等于四十四年、四十六年两次被水之后，仍不留心查察，置若罔闻，直同聋聩，所司何事？又萧姓置买洲地，种植芦苇，牟利肥家，已非一日，此项洲地原因沙涨而成，何得谓之祖业？必系尔时萧姓贿求地方官簿，认轻租所得耳。现荆州被水，数万生灵咸受其害，情节甚属可恶。饬令阿桂等将萧姓家产查抄，并交刑部按律治罪。至该督抚等平日于此等关系民生之事竟置不问，除特成额业经查抄家产，再已降旨将伊挐问外，舒常著革去翎顶……所有此次荆州堤工加高培厚各土方，及府县漂失仓米，着阿桂等查明历年督、府、藩司及该管道、府等分别著落赔补，以示惩儆。

圣旨下达，将萧逢盛予以严惩：捉拿归案，查抄家产，将其田地契纸共价银八万八千一百六十五两没收存入当地典铺生息，将每年的利息所得作为维修大堤的补贴经费。

乾隆皇帝下发的200万两修堤帑银和紫禁城连发24道金牌、12道圣旨，带来了皇帝的关怀。这些圣旨下达日期分别为：乾隆五十三年七月初四、七月初七、七月十四日、七月十八日（2道）、九月初一、九月二十二日、十一月（2道）及乾隆五十四年（3道）。身负金牌的驿卒将官员的奏章和老百姓的哀苦送达京城，又将皇帝的圣旨与关怀带到荆州，三千里外的紫禁城到饿殍遍野的荆江的官道上，马蹄声一直没有停息。浩荡的皇恩播撒在荆江两岸，从此万城堤被百姓们称为"皇堤"。

窑金洲萧姓大案牵涉一大批官员，上至总督、巡抚，下至县丞、司狱，层层追查，严肃处分，震动朝野。受处分者达二十多人。

省级高官：

舒常（湖广总督）：革去翎顶，仍留工效力赎罪。

特成额（前任湖广总督）：革职查抄家产，并捕拿进京，交刑部治罪。

姜晟（湖北巡抚）：革去顶戴。

李封（前任湖北巡抚）：革去顶戴，留工效力赎罪。

陈准（湖北藩司）：革职留任八年，无过方准开复。

府县官员：

沈世焘（荆宜施道兼管水利）：革职。

俞大猷（荆州知府）：革职。

田尹衡（前任荆州知府）：革职。

陈文纬（前任荆州府同知）：降两级调用。

甘著（前任荆州府同知）：降三级调用，赔银六千两。

雷永清（江陵知县）：革职，赔银五千两。

孔毓檀（前任知县）：赔银五千两。

王嘉谟（前任知县）：赔银五千两。

江陵县丞王延梁、黎士炟和荆州府的司狱马鸿均，被一百杖打烂了屁股后，戴上了对督建堤工负有直接责任的高帽，被丢进监牢，徒刑三年。

清廷不仅追究现任官员的责任，对负有连带责任的已卸任官员也一并追究！

新的湖广总督走马上任，名为毕沅，由河南巡抚调仕，他出身江苏镇洋（太仓），学识渊博，精通经、史、金石等。当毕沅从柳门进入荆州城，看到秋色中退水留下痕迹的城墙及面黄肌瘦的灾民，他止不住泪流满面，奋笔疾书：

> 凉飙日暮暗凄其，棺椁纵横满路岐。
> 饥鼠伏仓餐腐粟，乱鱼吹浪逐浮尸。
> 神灯示现天开网，息土难湮地绝维。
> 那料存亡关片刻，万家骨肉痛流离。

> 浪头高压望江楼，眷属都羁水府囚。
> 人鬼黄泉争路出，蛟龙白日上城游。
> 悲哉极目秋为气，逝者伤心泪逆流。
> 不是乘桴即升屋，此生始信一浮鸥。

诗中可看到荆江洪水给百姓带来的灾难与痛苦，悲伤力透纸背。

是年冬，当洪水退去后，乾隆皇帝又降旨调益都、德州、随州、襄阳、武昌、京山、应城、松滋、谷城、枝江、远安、钟祥等十数州县民工云集荆州，修复了万城堤防和荆州城垣，并在万城堤杨林矶、黑窑厂、观音矶等十余处建造石矶。工程年底完工。

第二年，乾隆皇帝心系荆江安危，再次下令颁布《荆江堤防岁修条例》，其中规定：每年岁修，必派大员督工；每年汛期，道府同知必须亲自上堤往来巡视；同知衙门从城内迁至堤上办公；府城（荆州）各门常年储备防汛物资……

乾隆帝的这一道圣旨，从1789年下达，230余年未变，至今，负责荆江防汛大任的荆州市长江河道管理局，即荆州市长江防汛指挥部，每年从五月一日进入汛期，至十月十日结束，不仅岁修派大员督工，而且每年3月组织防汛前的大检查，各分局分段在荆江堤防上储备的防汛物资应有尽有；汛期开始即值班，每日互通情况，电话查岗报备；当水位有一个站点进入设防，指挥部即按预案启动八个防汛小组进入战备状态，严密监视水情变化，每晚进行巡堤查险，不敢有丝毫懈怠。

大水过后，朝廷规定地方官每年将窑金洲翻犁一次，不让芦苇生长，不准洲上住人。后嘉庆十七年窑金洲又出现垦殖者，荆南道责令江陵知县亲率保甲役卒，将洲上棚居住户拘拿，限时搬迁，洲上禾苗尽数铲毁。

从此，窑金洲上的芦苇再也没有长出嫩芽。

千古传说《息壤歌》

息壤，是一种传说中可以自动生长的土壤，可以塞洪水。这是郭璞注《海内经》所言。

西汉·刘安《淮南子·地形训》谓："禹乃以息土填洪水"。方氏《通雅》："息壤，垒土也"。汉代高诱注："息土不耗减，掘之益多，故以填洪水也。"

在荆州古城南门外西侧城墙脚边，有一处长约40米、宽约10米的土丘，其上有石柱四根，这是鲧治水时在荆州古城留下的一处遗迹，这便是息壤。

息壤的传说缘于上古的神话故事，它与鲧禹父子治水相关。

在《山海经》的神谱中，鲧是黄帝的孙子，在尧舜时代，鲧应是朝廷中的一位大臣。有一年，地上突然发生了一场巨大的洪水。

由于洪水的泛滥，地上的人们生活极为艰难，统治天下的尧舜十分着急，这时候，几个大臣推荐鲧去治理水患。尧虽然对鲧不太放心，但没有合适的人选，最终，尧还是任用了鲧。

另有神话传说讲鲧不是尧的臣下，他像后羿一样，是天上的神主。他下界是为了帮助地上的人们。下界的时候，他偷窃了帝尧的一件宝贝，这件宝贝的名字叫息壤，据说是一种可以自己生长的神土，鲧大概就是想利用它来治理洪水。鲧治理洪水几乎就要成功时，帝尧发现了鲧的行为，大为震怒，派了火神祝融下界将鲧杀死在羽山，又收回了息壤，鲧的治水失败了。

传说中，鲧死后尸体三年不腐烂，后来祝融用吴刀剖开了他的尸体，这时禹就出来了，而鲧的尸体则化为黄龙，飞走了。

大禹治水，初定山川。大禹长大后，帝尧又命他继承他父亲的遗志治理水患，并派了大神应龙襄助大禹，应龙帮助大禹挖河开山，在治理的过程中，伏羲、河伯也纷纷相助。

一日，大禹风尘仆仆赶到荆江，发现荆州城外护城河中有一个水穴冒水，仔细一勘察，原来这水穴直通荆江。他顿时警觉起来，假如汛期一到，这水穴一定会酿成大祸。他赶紧率领众人挑土填穴。可是这水穴无论填多少土，还是冒水。后来，大禹只好与众人一道，往水穴填进无数块镇水石，再往镇水石上堆土，这样才把水穴镇住。以后每到荆江涨水，这个土堆就渐渐上拱，荆江水退时，它又慢慢下降。不管江里的水涨得多高多大，它再也没冒过水。而遇旱年，人们只要往土堆上铲几锹土，顷刻就会天降大雨。原来这就是帝尧的那件宝贝息壤，帝尧是在暗中帮助大禹治水哩。

在他们的帮助下，大禹依靠疏导和围堵两个方法的结合，上古的洪水渐渐被制服。

大禹治水十三年，三过家门而不入，他的妻子涂山氏每天中午都给他送饭，有一次她去得早了，却发现一头巨大的熊在用爪子开山，原来这就是她的丈夫，涂山氏大惊之下，往回逃去，大禹发现后紧紧追赶，涂山氏却变成了一块山石，不愿再与大禹生活，当时她已经怀孕了，大禹无奈之下叫道："归我子。"石头裂开，大禹的儿子从石头中蹦了出来。这就是启，启后来就是传说中中国上古第一个王朝夏的开国之君。这些优美的神话在荆楚大地生生不息，寄予了人们对于治理洪水的美好愿望。

北宋大学士苏东坡曾作息壤歌：

> 帝息此壤，以藩幽台。有神司之，随取而培。
> 帝敕下民，无敢或开。惟帝不言，以雷以雨。
> 惟民知之，幸帝之怒。帝茫不知，谁敢以告。
> 帝怒不常，下土是震。使民前知，是役於民。

无是坟者，谁取谁干？惟其的之，是以射之。

从此，这个神奇的土堆成为历代文人的咏叹之地。到了明万历年间，人们还在此修建了禹王庙以资纪念。

到清朝，出生于1823年的安徽望江人倪文蔚，于咸丰元年（1851年）中举，第二年又中第十名进士，钦点翰林院庶吉士。他曾于同治十年（1871年）任荆州知府，在主政期间，他对万城堤进行了修复加固。关于息壤，他于光绪元年有过记录：

> 荆州南纪门外有息壤，相传大禹用以镇泉穴。唐元和中始出地，致感雷雨之异。由是岁旱，辄一发之，往往应验。自康熙间发掘，暴雨四十余日，几至沦陷。近虽大旱，不敢犯。按方氏通雅，息壤垒土也。罗泌《路史》作息生之土，凡土自坟起者，皆为息壤，不独荆州有之。东坡诗序，谓畚锸所及，辄复如故，殆即此意。抑又闻之，古人有以息壤埋洪水，是息壤本以止水，而反致雷雨，殊不可通，益恍然于镇泉穴之说为可信也。夫物必有所制，乃不为患，土所以治水，原泉之水生息无穷，非此生息无穷之土不能相制；失其所制，则脉动、气腾，激而为雷，蒸而成雨，理有固然，无足怪者。旁有屋三楹，奉大禹像，负城临河，地势湫隘，春秋祀事，文武僚属咸在，不能容拜献。余惟荆州当江沱之余，四载之所必经。灵迹昭著，神所凭依，不可以亵爱，命工度地，增拓旧址长十余丈，广三丈许。高出河面，甃以巨石，俾与岸平，别为前殿三楹，以为瞻拜之所，改正门南向息壤，缭以石阑，游者从旁门入。经营数月，规制一新，计糜白金千两有奇，崇德报功，守土者之责，非敢徼福于明神也。董其役者府经历荣科属为之记，因书以刻于石。

后来有人理性地解释尧舜杀鲧的原因。上古农业缺乏施肥的概念，需要靠休耕维持土壤肥沃。考古发现，尧舜时期，牛耕在北方旱田还没有出现，锄头和铲子还没有发明，松土非常困难，需要花费大量人力和时间。鲧要在短期内兴建大量土堤封堵洪水，只能在休耕土地上取用正准备播种的之前翻松好的土，也就是息壤。但是这样会严重影响接下来的农业生产，进一步加剧水灾后出现的饥荒。普天之下莫非王土，特别是在水灾之后，大片农田被水淹无法使用，国王只能对残余的有限耕地实行集中管制，鲧在没有及时上报的情况下，破坏本已捉襟见肘的耕地，占用劳动力，有违农时，再加上封堵洪水失败，洪水破口，导致灾情更加严重，所以尧舜才杀鲧以谢天下。

柳宗元写《永州龙兴寺息壤记》："永州龙兴寺东北陬有堂，堂之地隆然负砖甓而起者，广四步，高一尺五寸。始之为堂也，夷之而又高，凡持锸者尽死。永州居楚越间，其人鬼且。由是寺之人皆神之，人莫敢夷。"

《玉堂闲话》对此则有更清楚明了的表述："禹镌石造龙宫填于空中，以塞水眼。"大禹用石头凿了一只龙宫的模型，投入管涌中。这个石制龙宫的模型，就称为"息壤"。

很多年后，在20世纪80年代文学兴盛的大好时光里，荆州有一批诗人组织了一个文学社，取杂志名为《息壤》，他们发表诗作，组织诗会，后来都有所成就。

巍巍宝塔镇河妖

在荆江大堤的观音矶上，矗立着一座巍峨的宝塔，它就是著名的万寿宝塔。

观音矶坐落在荆江三大河湾的沙市凹岸上首，是荆江大堤著名的历史险工。在蜿蜒的荆江大堤上，历代共建有近30个矶头。沧海桑田变化，现今大多矶头都不复存在，但观音矶自南宋修建以来，顶承江流，挑杀水势，维护江堤，位置十分险要，对控制荆江河势变化、稳定岸坡、保护荆江大堤安全、保卫江汉平原起着重要作用，有人称之为"万里长江第一矶"。在观音矶临江的峭壁上，留有1998年长江历史最高的水位线和1954年荆江分洪水位线的历史刻痕。

河湾江水在此回流，江面表面平静，实则水下暗流涌动，河湾的形状像一个大象的鼻子，因此又名象鼻矶。又因明辽王建塔于矶北缘，亦称宝塔矶。

472年前，朱宪㸅藩封荆州，于明嘉靖二十七年（1548年）遵嫡母毛太妃之命，为嘉靖皇帝祈寿而建。历三年之久，于嘉靖三十一年建成。其后，间有修葺。此塔为楼阁式，砖石结构，八角七级，高40

余米，下设高大石座，座上嵌扛塔力士，顶施葫芦形铜鎏金塔刹，内藏毛太妃手抄《金刚经》。1956 年被湖北省人民政府公布为全省第一批重点文物保护单位。

历来介绍万寿宝塔，只知它系辽王朱宪㸅所建，并不知其人其事。

朱宪㸅（1526—1582）系湖广省荆州府江陵县人，明朝第八代辽王，庄王朱致格的庶长子。嘉靖十四年（1535 年）十二月受封句容王，嘉靖十九年（1540 年）晋封辽王，在位二十八年，后被罢为庶人。

朱宪㸅在嘉靖年间因崇道教方术而获明世宗青睐，宫室苑囿、声伎狗马之乐在诸多藩王中数第一。他生性风流，好文音，曲词章，雅工诗赋，尤嗜宫商。其自制词、艳曲、杂剧、传奇最为称道。有《春风十调》《唾绒》《误归期》《玉阑干》等，皆极婉丽。朱宪㸅好营宫室，置亭院二十余区，以美人钟鼓充之，其名有西楼、西宫、曲密华房、太乙竹宫，有月榭、红房、花坞、药圃、雪溪、冰室、莺坞、虎圈，又有塔桥、龙口、西畴、草湖、珠洞、宫人斜，诸处绵延包络，参差蔽亏，琪花瑶树，异兽文禽，靡不毕致，他每日与诸多名士在这些场所赋诗饮酒。

朱宪㸅喜邪魔巫术，荒淫无道，曾欲得"有生气"的人头，遂令校尉施友义将醉卧街头的居民顾长保头颅割取，荆州举城惊视。

明世宗晏驾，诏至荆州，朱宪㸅不衰不哀，为巡按所弹劾。隆庆二年（1568 年）张居正上疏，明穆宗派刑部侍郎洪朝选、锦衣卫指挥使程尧相前往荆州，湖广按察司副使施笃臣以造反名率官兵五百人围王宫，拿下朱宪㸅，彰明其罪迹，穆宗将其废为庶人。

朱宪㸅在临行送往高墙之日撰写了一篇表文，向其母毛太妃辞别，写的时候他血泪淋漓，把文章全沾湿了。

470 年的光阴已过，辽王在人间的一切享乐、奢靡、荣华、耻辱已烟消云散，唯有宝塔雄视荆江奔流东海，依然风光无限。

万寿宝塔塔高七层，八角形，高达 40.76 米，楼阁式砖石仿木结构，塔顶有葫芦形铜铸鎏金宝鼎，其上刻有金刚经全文，笔力苍劲，是不可多得的珍稀文物。塔基八角各有一汉白玉力士为砥柱。塔内一层正中有接引佛一尊，身高 8 米，肃然威严，塔体内外壁嵌佛龛，现保存有汉白玉坐佛 87 尊，神态各异，造型超绝逼真。部分塔砖烧制独特，成正方形，图文并茂，品类繁多，计有花卉砖、浮雕佛像砖、满藏回蒙汉五种文字砖共 2347 块。塔砖来自全国 8 省 16 个州府县，均为各地信士所敬献。塔身中空，内建石阶，可盘旋而上至各层，每层向外洞开四门。从底层进入塔室，登顶远眺，南观滔滔江水，北览新城风光，东看旭日东升，西望三国古城。极目所至，美不胜收。

有关万寿宝顶的金顶，在民间还有一个传说，万寿宝塔修建时，在宝塔上铸了个金顶。金顶昼夜金光闪闪，住在江南的一个大盗顿起贼心，他暗自请能工巧匠用黄铜仿制了一个假金顶。在一个夜晚，偷偷驾一只小舟从江南划到江北，爬上塔顶，用铜顶换下了金顶后，慌忙带着金顶逃回江南。当船行至江中，突然狂风大作，小舟翻了，强盗死了，原来是如来佛施了魔法，卷起了这阵狂风，金顶沉下去的地方后来成为一片沙洲，就叫窑金洲。人们说那金顶是用来镇河妖保平安的。

人们认为万寿宝塔建于荆江大堤之上，除了为皇上祈福祈寿，还有镇锁江流、降伏洪魔、保一方平安的寓意，所以塔内的接引佛常年香火旺盛。数百年来，万寿宝塔既是荆江两岸饱经水患的历史见证，又承载了人们制服洪水的美好愿望。

万寿宝塔与中国众多宝塔相比，独具特色：塔身深陷大堤堤面以下 7.29 米。这一奇特景象，主要是长江河床在漫长岁月中逐渐抬高，荆州大堤随之不断加高所致。

现以万寿宝塔为主体辟建"宝塔公园"，园内建有接待厅、怡寿轩、寿苑、九龙壁、长廊、望江亭、观音阁、迎宾楼等建筑，古朴典雅。竹木苍翠，亭廊楼阁，古韵悠远，引人驻足。景点以精致神韵见长，各景点景观契合祥寿文化主题，启示健康养生之道。

1998 年夏，长江发生全流域洪水，千里荆堤危在旦夕，世人关注长江。关键时刻，党中央、国务院英明决策，抗洪军民昼夜严防死守，抗御八次洪峰的凶猛冲击，取得抗洪全面胜利！在与洪水进行殊死搏斗中，李向群等 36 位烈士英勇献身。为纪念这次长江抗洪斗争的伟大胜利和英烈，中共荆州市委、市人民政府于 1999 年在宝塔公园修建戊寅抗洪纪念亭。亭梁首悬"戊寅抗洪纪念亭"黑底金字匾，两侧挂"流芳千古""浩气长存"匾，亭前后柱分别挂有两副抱匾，一书"碧血丹心昭日月，楚天荆水伴英雄"；一书"烈士英名与天地终古，抗洪豪气同松筠长青"。

每年清明，市民们自发前来为九八抗洪牺牲的烈士敬献鲜花。

公园门外，还建有盛世安澜纪念碑，以及九八抗洪历史纪念碑，这里成了抗洪斗争胜利的纪念地。

新中国成立以后，党和国家领导人多次到此视察，每年汛期，这里都是中国乃至全世界旅游者观光的热点。

镇江神兽福下民

乾隆五十三年（1788年）的大水酿成的灾难震惊了朝廷，荆州城"饥鼠伏仓餐腐粟，乱鱼吹浪逐浮尸"，乾隆帝降旨发帑银修建万城堤、处分上下官员后，于是年十一月，又降旨新任湖广总督毕沅，上谕："向来沿河险要之区，多有铸造铁牛安镇水滨者。盖因蛟龙畏铁，又牛属土，土能制水，是以铸铁肖形，用示镇制。"十二月，毕沅奉旨铸造镇水铁牛九具，分别置于万城、中方城、上渔埠头、李家埠、中独阳、杨林矶、御路口、黑窑厂、观音矶等九处险要堤段。

乾隆皇帝念念不忘万城大堤，人们从此将万城堤称为"皇堤"，镇江神兽让人们记住，日理万机的乾隆帝曾经为荆江祈祷过。

至道光二十五年（1845年）和咸丰九年（1859年），又各铸铁牛一具于李家埠和郝穴堤上。现毕沅所铸铁牛已不存在，唯道光和咸丰年间所铸铁牛尚存，即今荆州市荆州区李埠镇的李埠铁牛和江陵县城的郝穴铁牛。

其中，郝穴铁牛因所处地段原为镇安寺湾，故又名镇安寺铁牛，为荆州知府唐际盛所铸。其形状为独角兽形，前立后蹲，高踞堤岸，俯视长江，身长3米，高1.8米，宽0.9米，尾右盘长1米，外实内空，重约2吨。牛背有铭文126字，其中篆、隶文各63字，现抄录篆体铭文如下："维咸丰九年夏，荆州太守唐际盛修堤成，铸角端镇水于郝穴，而系以铭曰：'嶙嶙峋峋，与德贞纯，吐秘孕宝，守捍江滨，骇浪不作，怪族胥驯。嫛！千秋万世兮，福我下民。'"

铭文说的是在清朝咸丰九年的夏天，荆州太守唐际盛修好堤后，铸了独角兽，用以镇制洪水，放在郝穴堤上，并在牛身上铸刻铭文说道："铁牛昂首蹲踞，有如耸立的奇石，她的品德忠贞纯洁，勤于职守，吞吐着神秘的灵气，孕育着瑰丽的宝藏，捍卫在险要的江边。惊涛骇浪从此不再兴起，各种水怪都被驯服不敢兴风作浪。噫！不管千秋万代，它都要为我治下的百姓造福无穷！"

李埠铁牛铭文为："岁当乙巳，铸此铁牛。秉坤之德，克水之柔。分墟列宿，砥柱中流。威训泽国，戏戢阳侯。沮漳息浪，禾稼盈畴。金堤巩固，永镇千秋。"

铭文虽言简意赅，但历史的结论却事与愿违。如今铁牛巳成为长江水患的历史见证，是荆江防洪史上难得的珍贵文物，江陵郝穴铁牛和荆州李埠铁牛皆为湖北省文物保护单位。

我国的两条大河，除了长江，黄河岸边一样铸有铁牛。《易经》有云："牛象坤，坤为土，土胜水。"铁牛一样被当作了"镇河神兽"。

按理，铁怕水，遇到水即会生锈腐蚀，但这些铁牛之所以历经几百年的风雨，依然没有腐朽，是因为它们身体的表面涂了一层厚厚的防护膜。有了它的保护，铁牛不仅不怕水泡，也不怕太阳晒，虽然历经千年，它们还是保持着完好的样子。

镇江铁牛建起后，荆江水患并未因此减轻，史载荆江大堤又分别于1875年、1907年、1931年、1935年四次发生溃口，导致荆江洪水肆虐。

荆江最著名的险工险段除了隶属沙市区的观音矶外，还有江陵县的祁家渊、铁牛矶以及监利市一矶头等。其中冲刷最深的是江陵县铁牛矶。

铁牛矶位于江陵县城郝穴镇龙渊村境内。因该堤段外平台上铸有一尊铁牛，故名铁牛矶。因郝穴河湾位于荆江段凹岸顶端激流冲刷处，且南岸五个江心洲不断淤长，致使铁牛矶一带江面仅宽740米，为荆江河段最狭窄处。当上游洪峰泻下，深泓急流紧贴堤岸，出现这一带滩窄坡陡、河床刷深的局面。

铁牛旁原立有石碑一块，为光绪二十二年（1896年）荆州知府余肇康所立。石碑记载了此前一年（1895年）郝穴矶发生的崩挫险情，荆州知府舒惠率民众抢险，修石矶长173米，高5米，上铺块石坦坡，高6米，下游做条石驳岸17米，又于上首新建石矶，长13米，高8米，控制住险情的事迹。该碑原立在郝穴客运码头附近，河道管理部门于1978年将此碑迁至铁牛矶，并适当加以修缮，建立基座，现立于铁牛与蘑菇亭之间，碑上刻有《万城堤上新垱工程记》一文。

铁牛矶堤段在历史上曾多次出现险情，仅 1950 年至 1975 年就发生重点崩岸险情 39 次。

1998 年大汛期间铁牛矶滩面遭受严重冲刷。这一年的 7 月 5 日，百年不遇的洪水袭击荆江。傍晚，在第三次洪峰到达时，铁牛矶脚下游出现了重大险情，守护大堤的人们担心这条长江唯一的镇江铁牛被洪峰冲跑，十分着急。江水还在疯涨，几位解放军战士与防汛指挥部的同志用粗大的缆绳分别将铁牛的犄角、颈部和前足绑紧后系在铁牛上游的水杉树上。堤岸上不时传来群众焦急的喊声："把牛身也用缆绳锁住！"指挥部的同志很快采纳这一建议，又将缆绳从铁牛的背部穿系几遍，绑好后再度锁在上游的水杉树上。五花大绑的铁牛无奈地在洪水中看着人们忙碌。

为了尽快弄清铁牛矶脚下游不断涌出的不正常漩涡的情况，指挥部派出 8 名水性较好的解放军战士和防汛工程人员，各在腰间系一条保险绳，由岸堤上的人将这保险绳拉拽住，下到那片不断卷起的漩涡处探险。由于江水还在涨，铁牛矶处没有照明设施，几只手电筒和岸堤上几辆小汽车的灯光根本起不到太大照明效果。最麻烦的是，一见下水的同志有点站不稳，岸上的同志就赶紧拉保险绳，这样几次反复，下水的同志总是在离铁牛矶脚不远处艰难地徘徊，这次行动不得不终止下来。

堤岸上，抢救铁牛的行动也异常紧张忙碌。县装卸公司的大卡车一车一车地往铁牛矶堤岸上运砂石料和蛇皮袋，堤岸上的解放军同志则在不停地运木材。由于天漆黑一片，抢险照明的问题也非常突出。这时，指挥部又调来几辆货车，开起的车灯齐刷刷地照向铁牛处。

解放军同志与防汛指挥部的同志重新制订了探险方案，运来一艘小木船，把木船牢牢系在铁牛上游的大树上，然后派两名同志扶着船沿一点点向漩涡处慢慢摸索着前行，在木船上的同志紧紧地拽着水下同志腰上的保险绳。两位同志在水下左右打探，当他们到达漩涡中心时，顿时被水淹没头顶。其中有名同志顽强地举起手中的竹竿，让岸上的同志迅速看清水位的深浅，船上的同志马上将两位水下同志拉到木船上。

指挥部迅速得出如下结论：在铁牛矶脚下游有一个宽约八米、长约十八米、最深处两米五左右的暗坑。如不迅速采取措施，大堤和铁牛的安全将受到极大的威胁。时间不等人，几十名解放军战士和防汛指挥部的同志将一袋袋砂石料用人链传递的方式，火速将这个暗坑由浅入深填堵，战士们挥汗如雨，岸上的加油声此起彼伏。

直到夜晚十一点半，在解放军官兵和防汛指挥部同志的携手战斗下，这个随时威胁着铁牛安全、威胁着铁牛矶江滩的大暗坑才被填堵好。铁牛大险无恙，铁牛矶江滩大险尤恙。此时，堤岸上热烈的鼓掌和欢呼声响成一片，在江堤上久久回荡。

郝穴铁牛矶一直受到党和国家领导人高度重视，1958年，周恩来总理等亲临铁牛矶视察；1998年抗洪最紧张时刻，江泽民、朱镕基、李瑞环、温家宝等领导亲临铁牛矶，指挥抗洪，夺取了1998年抗洪的伟大胜利。汛后，国家再次安排专款对铁牛矶一带进行综合整治。工程于1999年4月28日开工，2000年6月底竣工。整治后根治了险情，保持了滩岸稳定，提高了边坡、滩面的抗冲能力。同时，也将铁牛修缮一新，并依据当年最高洪水位，将铁牛抬高70厘米，重新修建基座、平台，并在铁牛旁树立了"98抗洪纪念碑"，上刻有《郝穴铁牛矶综合整治工程记》碑文。

涛声依旧，镇江神兽依然雄视着大江。如今，铁牛矶外滩边缘设置了1800米长的铸铁栏杆，岸边新建的滨江公园游人如织，紧邻其旁的江陵抗战纪念园使其更添传奇色彩，这里风景靓丽，已成为人们休闲游乐的场所。

千年沧桑说金堤

荆江北岸的堤防，早期名金堤、寸金堤和万城堤。民国七年（1918年）始定名为荆江大堤，自堆金台至拖茅埠，长124千米。新中国成立后，1951年将荆江大堤上段由堆金台延伸枣林岗，增长8.35米；1954年汛后，因防洪形势需要，又划入拖茅埠以下至监利城南半路堤的50千米，至此，荆江大堤全长为182.35千米。

无论是《荆江万城堤志》，还是《荆江万城堤续志》，或是后来的《荆江大堤志》，荆州的志书都说明一个事实："江陵（荆州）

以堤为命。"甚至"湖北政治之要，莫如江防。而江防之要，尤在万城一堤"。荆江大堤，这道保卫江汉平原和大武汉的长堤，历来为官府所重视。

据清光绪《荆州万城堤志》和民国二十六年（1937年）《荆江堤志》记载，荆江大堤肇基于东晋，盛于宋，详于明，增高培修于前清。初以"陈遵金堤"的肇基之地灵溪地属万堤，因以万城堤名之。后以堤属荆州府管辖，曰荆州万城堤。

荆江大堤因修筑历史悠久，堤身断面高大，被列为湖北省各堤之首。它是荆江左岸、汉江右岸，东抵武汉，西迄沮漳河广大平原地区的重要防洪屏障，为确保堤段，其保护区内面积约1.35万平方千米，耕地约67万公顷，人口1000余万。

荆江大堤保护区内的广大地区，历史上即为古云梦泽解体后形成的一块河网交叉、湖泊众多的冲积平原，地势较低。东晋时期，江汉平原人口有所增加，县邑、城池、村落和人口大多聚居于平原内河水系河畔。这一时期，濒临荆江的江陵城（荆州古城）为该地区政治、经济、文化中心，是全国军事重镇。为保护江陵城免受水灾，东晋桓温始有培筑江堤之举。

东晋永和年间（345—356），荆州刺史桓温（312—373）令陈遵自江陵灵溪沿城临江地段修筑江堤，名"金堤"。桓温即桓宣武，东晋谯国龙庄（今安徽怀远县）人，明帝司马绍婿，官至大司马，是东晋一位专擅朝政的铁腕人物。他在永和年间任荆州刺史。陈遵得到桓温的命令，立即沿江筑堤，他是一位有经验的水利专家，筑堤时，他"使人打鼓远听之，知地势高下，依傍创筑，略无差之。"（《江陵县志》）这是荆江大堤最初堤段。其所处位置，历史上另有一种说法，为"金堤在江陵城东南二十里，又名黄潭堤"；今荆州城西20余千米处堆金台立有清同治年间倪文蔚撰文的石碑，故一般以此处为荆江大堤始筑堤段。

南朝梁时，官员对溃决的金堤进行了修复加筑。到唐代，沙市开始兴起，沙市人口聚集中心由古江津迁至今沙市城区西部。唐代诗人元稹在元和五年（810年）有诗写道：

> 阗咽沙头市，
>
> 玲珑竹岸窗。

巴童唱巫峡，

海客话神泷。

其诗可见唐代沙市商业贸易繁盛，已成为著名商业都会。陈子昂从家乡四川乘舟下江陵时写道：

遥遥去巫峡，

望望下章台。

巴国山川尽，

荆门烟雾开。

城分苍野外，

树断白云隈。

今日狂歌客，

谁知入楚来。

诗中写船从三峡驶出，山川隐去，江雾顿开，城市、林带、苍野、白云忽隐忽现，交相辉映，好一幅壮丽的大平原长卷图，自己竟是到了楚地来了。唐代诗人杜审言在流放峰州途经沙市时作《春日江津游望》，留下"堤防水至清"的诗句。其后王建在《江陵即事》中写道：

瘴云梅雨不成泥，

十里津楼压大堤。

蜀女下沙迎水客，

巴童傍驿卖山鸡。

寺多红药烧人眼，

地足青苔染马蹄。

夜半独眠愁在远，

北看归路隔蛮溪。

诗中描写的是诗人在夏日梅雨季节，被雨困在江陵所看到的荆江之滨的繁华景象。重重压在十里长堤上的鳞次栉比的临江酒肆楼台，外流到荆江来迎客和叫卖山鸡的蜀女和巴童，特别是那烧红人眼的寺前芍药红花和染绿马蹄的道上青苔，生动的市井风情画跃然纸上。

大平原的风光长卷，祥和的市井风情画，荆江两岸的繁华与壮丽一直持续到唐代前期。

五代时期，寸金堤得以兴筑，五代后梁将军倪可福在江陵首次修筑寸金堤，谓其坚厚，寸寸如金。

两宋时期，又相继分段接修或加修。此时辽金战乱，北人南迁，长江堤防修筑更为重要，肥沃的江汉平原是北宋人南迁后的聚居地区，沿江民众大致以原有堤线为基础，培修加固，堤防初具规模。

元人灭金覆宋，战乱数十年，荆江两岸"承兵燹之余，人物凋谢，土地荒秽"，民众无力修筑堤防。当时元人主疏派主张挖开宋代堵塞的穴口，以分泄江流降低洪水。

根据地质、地貌、考古、历史地理资料考证，自江左堤防逐渐形成整体以来，长江洪水特别是荆江洪水明显上升，明清时期上升尤为显著。为适应防洪需要，荆江堤防因此相应加高培厚。

明代洪武年间（1368—1398），江汉平定，人心思治，提倡垦田修堤，以达到人力齐一，堤防坚厚。永乐年间（1403—1424），大批移民涌入荆襄地区，几十年间居民达数百万之众，他们在这一带河曲沉积土地上大量筑堤围垸，并培修加高荆江大堤。由于明后期不断围垸垦殖，泄水水道紊乱受阻，洪水泛涨异常。前代所修堤防屡遭溃决，基础破坏严重，不能重筑，因而在正德年间（1506—1521）于郑獬所筑堤防之南再筑新堤，即今荆江大堤观音矶至文星楼堤段。

清代，荆江大堤在明末江堤的基础上多次加高培厚，整险加固，屡决屡修，且挽筑一部分月堤，基本形成近代荆江大堤形制。

同治十一年（1872年），任刑部江苏司郎中的倪文蔚来湖北荆州府任知府，在任八年，他兴学校，续修府志，兴修堤防，颇有政绩。当年万城大堤每遇盛涨，滩岸崩坍严重。倪文蔚乃于陡岸铺砌坦坡，下列巨桩，上垒大石，层层收筑，自是倾塌之患大为减轻。倪文蔚在任上严禁挽筑私垸，设水尺验水，栽植杨柳防浪，清除堤防积弊，使后来从事堤防工作者有法可依。同治十三年（1874年），他辑成《荆州万城堤志》，这是有关荆江大堤的第一部志书。并作《荆州万城堤铭》。

《荆州万城堤铭》刻成石碑，如今立于荆州西门外的堆金台，这块古石碑的碑文为：

> 唯荆有堤，自桓宣武。盘折蜿蜒，二百里许。培厚增高，绸缪桑土。障川东之，永固吾圉。

碑文大意是：荆州有这条大堤，是从桓宣武开始修筑的。如今大堤蜿蜒盘桓，漫漫二百里。堤身培得又高，根基又牢靠，就像一道屏障挡住大江让它东去，永远成为我们巩固的江防。

据史书上记载，从东晋太元年间（392年）到民国二十六年（1937）年，荆江大堤共溃口97次，平均15年溃口1次。明代历时277年，决溢30次，平均9.3年一次；清代历时268年，决溢55次，平均4.87年一次；民国历时38年，亦有6次溃口。荆江大堤的安全虽然为历代统治者所重视，但真正改变皇堤命运的，是新中国成立后，中央人民政府修建荆江分洪工程，又分三期加固荆江大堤，如今，这条大堤才真正建成了一条水上钢铁长城。

因此，后来的志书上这样评价拥有1600余年历史的著名皇堤：荆江大堤肇于晋，扩于宋，连于明，固于今。

绩卓安澜飨江蛟

中华民国期间是荆江历史上最多灾多难的时代。此时荆江二徐成为佳话。

民国元年（1912）年六月，在石首荆江段肖子渊口发生过一件振奋人心的事，一营荷枪实弹的官兵突然开来包围了肖子渊口。封锁了北乡，一边捉拿一名叫王辅廷的人，一边刨毁被堵筑死了的肖子渊口。这是荆江历史上第一次运用军队强行浚导江流。指挥这一行动的就是"荆江二徐"之一的徐国彬。

徐国彬（1866—1946），今湖北武汉黄陂区人，时任荆州万城堤工总局总理，他一就任，就徒步察勘江堤，提出了以疏导为主的治江策略，认为"治水之法主于因势利导，与水争地本向例所必禁，以邻为壑尤公理所不容"。因此，当他踏勘发现石首北乡乡民为了争地垦殖，在湘籍客民王辅廷的煽动和县知事的支持下，堵筑肖子渊口，严重影响江流下泻的情况后，感到事关重大，直接呈文总统府。他的呈文这样写道：

> "查肖子渊口之淤洲挺峙江心……长约四十余里，宽约里许及二十里不等。今王辅廷等将洲头肖子渊口堵筑，则江面仅存三分之一。泄洪道愈窄，激流阻遏土溢……使万城大堤有溃决之虞。""今王辅廷等堵筑肖子渊口，不过欲收万余田荒洲之利益，请以江监潜沔及下游各县生命财产田庐赋税较之，岂止天壤相殊，似不能谋此小利而遗害大局。"

总统府接到徐国彬这份呈文后，由副总统批准，电令石首知事亲赴肖子渊现场，传集各垸绅首，并赴各垸演说，晓以大义。同时电令驻军荆宜司令部第七镇派兵赶赴肖子渊弹压，强行创毁堵口。县知事还招夫二百余名配合，仅一个昼夜，堵口就被创毁干净。

徐国彬负责堤工12年，岁岁安澜，国民政府曾授予他七等嘉禾章及三等河工章。

在徐国彬任职堤工局期间，与他同姓同辈的徐国瑞任荆宜水警厅厅长，从宜昌移节荆州，两人同居沙市，很快成为莫逆之交，被称为"荆江二徐"。二徐虽职务不同，但都是为荆江服务的。徐国彬每每在堤局修防事务碰到权力所不能及之事，总是借助徐国瑞的警威，这真是如虎添翼。双方因公事出巡，又总是结伴而行。数年的结交，二人亲如昆仲。1924年徐国彬辞去堤工局长时，极力举荐徐国瑞接任堤工局长。

徐国瑞（1881—1946），字兰田，今湖北广水市人，国民党员。1911年参加辛亥革命，先后任荆州水警区长、荆宜水警厅厅长，兼任两湖巡阅使署参议、长江上游总司令部顾问，授少将军衔。

他在堤工局局长任上，与徐国彬一样为荆江的治理做出了贡献。

徐国瑞出任荆江堤工局局长之初，即步行周视全堤，估勘工程，1925年冬对大堤进行除险加固。不料第二年夏天监利车湾堤段溃决，他驻堤二十余日，奔走四十余里，不惮声嘶力竭，不分晴雨昼夜，率众抢险，乃于极危险时、极危险地，仰天号泣，对众宣誓，表示以身殉堤，冀邀上苍垂怜，兼电禀呈省长，以示决绝。团防员役民夫无不感泣，奋勇争先恐后，崩势乃止。

在他任上，还处理了一起日本日清公司的赔款案。

民国十八年（1929年）7月8日上午10时，日本日清公司"信阳丸"

轮由宜昌驶抵沙市。此时，沙市洋码头港商贾聚集，舟楫往来，江面上船帆扯篷，一片繁忙。正值盛夏，阳光明耀，江天辽阔，货轮行至洋码头，不但没有减速，反而直向江岸冲去。

只听"轰"的一声，货轮撞上了沙市上巡司巷口下首江岸大石驳岸，荆江大堤微微一颤，瞬时，驳岸撞塌一大截。

自 1895 年中日甲午海战以中国战败签订《马关条约》以来，沙市就成为对外开放的口岸之一。《马关条约》割让台湾岛及附属各岛屿、澎湖列岛给日本，赔偿日本 2 亿两白银，增开沙市、重庆、苏州、杭州为商埠，并允许日本在中国的通商口岸投资办厂。这个不平等条约让日本获得了巨大利益，更加刺激了日本人的侵略野心，条约使中国民族危机空前严重，半殖民地化程度大大加深。接着，英国、德国、瑞典、丹麦、挪威等国家相继进入沙市设立领事馆，日本还在三年后圈定日租界。

日清公司正是在这样的背景下在沙市经商。

事故发生后，荆江堤工总局局长徐国瑞迅速组织技术人员实地勘测，江岸损失严重，损坏堤段长四丈余、宽二丈余、深一丈余。荆江堤工局于九日上午会同驻沙交涉员与驻沙日领事馆崛内孝、日清公司大班北岛静等履勘复丈拍照，并电报省政府。

那时荆江大堤远没有现在的规模，低矮、单薄。地上悬河已经形成，在汛期，江上船只犹如在头顶航行，江堤危如累卵。日本"信阳丸"号撞击的正是荆江大堤洋码头堤段，堤后是沃野千里的江汉平原，民居稠密，村镇星罗棋布。此时正值汛期，江水上涨，所撞堤段受损面大，管理人员对此深表激愤，特郑重申明，提出四条意见，请交涉署转日本领事馆，希望能够得到圆满解决，确保命堤得到加固。

提出的四条处理意见如下：

1.7 月 8 日上午天气晴朗，既无暴风大雾，水线又极宽深，通宽四里有余，非窄狭江面可比，"信阳丸"轮竟将数尺厚之大石驳岸极重要的命堤撞坏，实属司机漫不经心。应将该轮负责人按照航海通例从严惩办，以为妨害安宁者戒。

2.沙市大堤驳岸保障着江陵、荆门、监利、潜江、沔阳、汉川、汉阳、天门、钟祥等十余县生命财产安全，而沙市全镇首受其害，尤为重要。自该轮 7 月 8 日 10 时撞坏堤岸起，至本年水落归槽，估工修复日止，在被撞范围内两头接连及水底附近之堤段发生危险事情，概归该公司完全负责。

3. 现在江水盛涨，若不急为抢护，危险实甚。已提前饬派工程课督同夫役，以麻袋装及炭瓤、炭渣、石灰、粗砂，均合装满，缝固抛填。极三昼夜多数人工之力，勉为护妥。并购民船一只停外挡浪，蛮石多方护面保固。所费实属不赀，应归该公司负责担任。

4. 至本年水落归槽，再将该堤被撞长短高宽，两头连接及水底附近之损坏尽量估价，按照大石原样整修完好，共需石料工资若干，均应由该公司负责赔偿。

这 4 条处理意见由交涉员转日本领事馆，由交涉员裁撤。日本领事馆对该提案没有圆满答复，交涉因之停顿。荆江堤工局局长徐国瑞将此事故呈奉省建设厅，建设厅指示堤工局就近与驻沙日领切实磋商及早解决。荆江堤工局一面与日本领事馆磋商，一面趁江水枯涸，切实复勘。复勘中发现被撞堤段仅上中损坏，下层脚底左右附近均未受损，便将全估修复各费酌情核减，"以冀交涉易了，俾免之悬，函知日领转饬日清公司如数拨交，俾早解决。"

民国十九年元月十一日，堤工局接准日本领事馆崛内孝来函，称：去年七月九日贵局关于此案提议 4 条，已饬日清公司圆满负责，并催该公司派员赴贵局面商云云。十六日，该公司派来王经理一名，仅允赔偿抢险修复等费洋一千元，于抢修各费不敷甚巨。再三磋商，始终没有得到圆满答复。日本领事崛内孝当面承诺要赴汉向汉口总领事请示。

元月二十日，上级批示仍由荆江堤工局在沙交涉。日本领事崛内孝回沙后，告知汉口总领事已经转告知日清总公司，只允赔款一千二百元，丝毫不肯再加。经荆江堤工局极力交涉，增至一千三百五十元，此费用于抢修费仍有差距，荆江堤工局再次严重抗议，日本领事馆不得不再次周旋商定，始增至一千五百元，于本年三月二十三日签字拨款了案，"借敦邦交"。

此案自民国十八年七月起，至民国十九年三月止，拖延八月之久，与日本领事面商十次之多，往返公文不以数计，足见其交涉困难程度。

荆江堤工局不惧强权，不畏日领势力，旷日持久据理力争，这场官司终有圆满结果。

日清公司赔款一事有文详细记录，后刻于石碑，碑文写道："大堤若不及时了案修复，一遇春汛盛涨，迎浪顶冲，危害实不堪设想。总之，堤在必修，决不能因争赔款之多少致该堤防久羁修筑，置数百万生命于不顾，此解决斯案之实在情形也。除将该赔款、购料按照该堤原样修复抢险，作碑少数不敷由本局长捐廉呈报省水利局备案外，特将此案发生、交涉始末及经过情形，详勒碑石以作永远纪念云。"

此碑立于民国十九年四月，即1930年4月，碑文系徐国瑞撰。

"信阳丸"轮撞堤一案，幸得徐国瑞会同有关人员向日本驻沙理事馆多次严正抗议交涉，才终于迫使日方承认错误并赔偿损失。

徐国瑞立下"日清公司赔款碑"后的第二年，即1931年，又逢罕见大水，是年7月22日至9月19日，大堤发生重大险情百余处，万城、李埠、沙市、登南、马家寨、郝穴、金果寺、拖茅埠等堤段相继告急。徐国瑞除分段全面布防外，亲率民夫千余人于险工险段组织抢护，日蒸夜露，废寝辍餐，以致面目黧黑，形容枯槁。历数十日，终于化险为夷。国民政府中央以其"劳绩卓著"，于1934由主席林森题赠"绩卓安澜"匾额。

徐国瑞为人尚称廉洁，唯以信佛为旨，由此在防汛中落下笑柄。获得匾额次年，荆江大水，荆堤危急，他真是急糊涂了，不像往年一样组织抢救，而是在沙市大湾堤上搭台"祭江"，祈祷江神保佑，并将整筐整筐供品食物抛入江中，以飨"江蛟"，求水速退。由于抢救不力，荆江大堤得胜台、横店子堤溃20余处，酿成巨灾，他亦因此受"降二级改叙"处分。

1946年，荆江二徐竟于同一年逝世。

民国洪灾人吃人

20世纪30年代在中国的历史上注定是一个多灾多难、风云跌宕的动荡年代。北伐失败后，国共合作破裂，军阀混战，日寇入侵，匪患四起。而生活在荆江流域的百姓更多了一桩天灾，1931年与1935年两次大洪水中，荆江大堤溃决，百姓遭遇了灭顶之灾，以至汉口陆沉，留下恐怖记忆。

民国二十年（1931年），长江洪水泛滥，湖北江汉两岸及各内港支流所有官堤民堤非漫即溃，庐舍荡折，禾苗尽淹，人民流离失所，嗷嗷待哺者多至数百万人。全省灾民达826万人，死亡6.5万余人。荆州受灾面积5469平方千米，105.8万人受灾，淹没农田16.72万公顷，倒塌房屋7000间，因灾死亡5.42万人。

据《湖北省自然灾害历史资料》记载："七月，长江大水，江陵大雨倾盆，岑河口一带尽成泽国。沙沟子、一弓堤溃决，监利朱三弓漫溢。"八月初，荆江大堤齐家堤口即现在的麻布拐稍上溃决，此处为当时荆江大堤尾端，堤身坡脚地面高程约30米，水位落差7米左右，溃口水流倾泻而下，疯狂肆虐。灾民有的用门板、木盆、水桶扎排逃生；有的则趴在树上、房上等待救援。荆北万亩良田和千座村庄尽遭水毁。所及之处，全成泽国，田园屋宇均浸于水中，沿江灾民在江堤未溃堤段搭茅棚栖身，庐棚绵亘，竟达数里之遥，露天居住的人占了灾民的十分之二三。有的灾民架木居住，有的在树上结巢，很多人一天都不能吃一餐饱饭。

受荆江洪水的影响，荆江下游的汉口也遭受了历史上的大水灾，7月29日晚，汉口拦江堤丹水池溃决，洪水漫至平汉铁路路埂外。8月2日凌晨5时，天还没有大亮，平汉路内侧的汉口市区的百姓还在睡梦中，突然，洪水像一条疯狗冲了出来，只听一声轰响，单洞门路基一下子崩裂开一个近两丈宽的口门，洪水奔腾而下，一时平地浊浪席卷市区，瞬时呼天抢地，哀号声震。至天明时，街上已是洪水过膝，逃难的行人与抢运财物的车马相互冲撞践踏，全市陷入一片混乱。到黄昏，整个汉口已泡在了洪水中，水深一米，汉口陆沉。

其惨状不忍目睹。只见洪水中浮起一些尸体和牲畜，还有一些无头尸体，灾民趴伏在屋顶上，随波时起时伏；姑嫂树堤街上灾民无食无居，孩子昼夜啼哭，堤内堤外污秽不堪，大便成堆。有的人家死了亲人，简单包裹，就停在堤埂上，尸臭熏天。惊惶中人们跑到万国跑马场的看台上，致使看台在重压和洪水中坍塌，死伤者不计其数。有人家用草绳将全家八口人连在一起，结果全死在水中。

水灾震惊中外，原国民政府主席蒋介石闻讯专门来汉口视察了灾情，但国民政府和一些社会团体的救援对于80万灾民而言，只是杯水车薪。

使汉口陆沉的大水，持续了两三个月才退净。现在，在江汉关大楼的侧壁上，还有用铜牌刻出的这一年大水的最高水位线。

时隔四年，即民国二十四年（1935年）7月6日清晨5时许，几乎是与令汉口陆沉的那一场大水相同的时刻，洪魔张着血盆大口扑向荆州。

洪水裹着撕心裂肺的哀号，从晨光中气势汹汹地朝古城滚滚而来。县长急令士兵关闭防水木闸，但仓皇中未及先将城门关闭。此时已有一批城外难民涌到城门要求缓闭木闸，迟缓半小时后，洪水已浸入城内，全城恐慌。

到第二日中午，洪水已将荆州团团围困。古城四野，茫茫洪水望不到边际。东门外草市镇已全镇覆没。沙市便河一带早成泽国，中山公园全园陆沉。已成一座孤岛的古城城门紧闭，但北门等处的涵洞冒水颇急，幸得驻军第十特务团赶往抢救才得以堵塞。午后，水势愈猛，高齐城门，北门涵洞堵塞的蚕豆布袋等又被冲散，洪水像箭一样飞进射入城，北城飞机场瞬间积水盈尺。恰此时天又降大雨，特务团朱团长率部全力抢救，专员兼县长雷啸岑则率县职员分赴四街鸣锣征夫，而响应者寥寥无几。署县贴出紧急告示，仍无响应，只得令枪兵强拉200多名青壮年协同特务团抢堵涵洞。

此时，西门外房屋已被冲毁，洪波中漂流房梁、门窗、家具及牲畜，落水者在洪波中沉浮，一些幸存者在沉入水中的屋顶上呼救。到傍晚，风雨雷电大作，县长赶忙命兵丁弄来一只小木划子，用粗绳从城楼上吊放城外水中，往返救护，3个时辰救出来130条人命。风黑浪高，没能爬上小木划子的人只有听天由命了。

又一日，洪水仍是飞涨，高高的城墙上，人们坐在上面就能洗脚了。眼看覆城之灾不可避免，是时闪电撕扯，迅雷滚滚，风声渐大，骤雨哗哗，西门涵洞又冒水，城垣轰然溃塌数丈，城内监狱大墙也在此时倒塌。几百名囚犯闹哄哄，哨兵只得鸣枪示警。尖锐的枪声让市民们误以为洪水已破城，男女老少纷纷弃家，竞相呼号狂奔。而城外四周是水，无处可逃，紧急中人流涌向地势较高的东南城，呆立城垣，苦待天明。

第三日清晨，在东南城经受了一夜煎熬的市民们还在惊惶中不敢回家，而此时的西城下却传来鼎沸的人声，只见成百上千的市民簇拥着一对巨大的石虎，吆喝着往城楼上抬。这对石虎原立于西门外太晖观旁襄王墓前，后被省立八中移至城内校园。现在有人说这石虎是镇水的"水猫子"，因移动了它，才招致水患。市民们相信了这一说法，自动聚集，从八中抬出了这只"水猫子"，移放到城楼上去祭奠。"水猫子"被安放下来后，人们俯首跪拜，并强拉商会会长祭读祝文。正准备要专员县长来顶礼时，天忽放晴，水势渐缓，于是全城高呼："水猫子显灵了！"人们还不知道，是沙市对岸江南金城垸又倒口了。

荆江大堤溃决，导致十余县遭遇洪灾，荆北陆沉，一片汪洋，仅江陵就受灾 35.47 万人，淹死 379 人。据统计，江陵县、监利县、沔阳县、松滋县、公安县、石首县等 6 县受灾面积 10809 平方千米，受灾人口 150 余万，受灾田亩 19 万亩，倒塌房屋 32000 余间，死亡人数达 6885 人。

在这次水灾引起的饥荒中，竟出现了人吃人的惨状。国民党驻军军长徐源泉在致武汉绥靖公署何成浚的电文中报告："见有饥饿不堪之老妇，将其所生之子剖而食之，尚存两腿置诸怀中。"

一首荒年歌，是荆江洪灾的真实写照，节选如下：

到了丙寅年，五月刚过完。六月初三倒车湾，提起心胆寒。
车湾倒了口，洪流往内流。可怜淹死人无数，尸首无人收。
水高势又凶，奔腾朝内冲。百年祖业一旦空，呜呼一梦中。
洪湖连沔阳，监利抵潜江。大江南北成汪洋，一片白茫茫。

民间有歌谣：

> 荆江水啊长又长，
> 提起荆江泪汪汪；
> 三年两次发大水，
> 拖儿带女去逃荒。

第二部分

分洪工程

荆江来了"长江王"

1949年夏，中共中央从河北平山县西柏坡移驻北京，百万雄师渡过长江，捷报频传，中华人民共和国即将成立，北京城一片繁忙与喜悦。

热闹的北京火车站，很多人登上了南下的专列。这是奉命赶赴中南的第四野战军南下干部团，共计一万四千人。团长谭政，副团长陶铸，秘书长林一山。

轰隆隆的火车一路向南，向南，终于抵达汉口，林一山没有下车，他还要继续往南，他此行的目的地是广西。

正在这时，中央一纸电令传来，林一山被拦截下来，他由广西第一副主席改任中南军政委员会水利部部长。

广西省人民政府主席张云逸急了，林一山可是他相当满意的搭档。

中南局第三书记、中南军政委员会副主席邓子恢在他的办公室郑重地对林一山道："你对党的决定有什么意见？"

"我从入党的那天起，就是党的人了，党叫我干啥，我就干啥。"林一山停了停又说："党要我这个搞政治的人去搞技术，那我干脆向党提个要求，我不仅要当好水利部部长，还要当个总工程师。"

林一山的爽快让邓子恢乐了，就这样，林一山接受了中南水利部部长一职。

林一山出生于1911年，系山东省威海市文登区泽头镇林村人。1934年6月，他加入中国共产党。1935年考入北平师范大学后，任学校中共中心党支部书记。参加了"一二·九"学生运动。"七七"事变后，

41

受中共北方局和山东省委派遣，林一山回到胶东，与当地党组织取得联系，进行武装起义的发动工作。自 1937 年 11 月起，胶东特委派林一山到威海开展统战工作。

1938 年 1 月 15 日威海起义后，中共胶东特委决定成立胶东军政委员会，同时成立"三军"司令部、政治部。林一山先后担任胶东军政委员会主席兼"三军"总指挥，胶东区党委委员兼宣传部部长和统战部部长，临时参议会参议长、胶东行署副主任等职。在胶东组织领导抗日武装起义期间，面对日寇的铁壁合围，他积极组织反扫荡斗争，粉碎了敌人围剿胶东抗日根据地的图谋。解放战争时期，他先后任中共青岛市委书记兼市长，中共辽宁省委副书记兼军区副政委，第四野战军南下干部团秘书长等职。

此次他正是从秘书长职位上转任中南水利副部长。

这一年长江的洪水也不小，正是汛期，荆江频频告急。还是光杆司令的林一山顾不上组建队伍，就带着一批随他留下来的南下干部赶到了荆江。

荆江，从此因林一山而改变！

林一山在荆江的一河大水前被吓愣了，看到荆江的那一刻，他真正感到了什么叫胆战心惊。此时荆江水位高达 44.49 米，已近超保证水位。茫茫洪涛已与大堤齐平，饱经战乱的荆江大堤狭窄弯曲，千疮百孔，有的堤段上还满是炮火掀起的坑洼，险情迭出，堤段上不时响起令人胆战心惊的报警敲锣声。是时，解放军四野四十九军的指战员们正在为解放江北沙市而与敌人作战，他们边战斗边组织抢险。突然祁家渊段发生了大滑坡，军民们紧急打桩护堤，可越打桩堤坡越下滑，竟有半边堤身塌入江水中去了，眼看一场大祸就在眼前，庆幸的是此时江水竟然开始回落了。似乎是为了迎接新中国的诞生和沙市的解放，荆江大堤在一河大水中摇摇晃晃地度过了险关。

险恶的荆江让林一山下定决心，一定要制服洪魔！

不久，林一山接到命令，他迅速奔赴南京，跟随政务院副总理兼华东区接收工作团团长董必武，参加对国民党中央机关的接收工作。在南京，林一山奉命接收了国民党长江水利工程总局，并奉命在汉口组建新的政务院长江水利委员会，担任中南水利部副部长、党组书记的同时，兼任长江水利委员会主任。

至此，他与长江结下了不解之缘，他把一生都献给了长江。

1950 年 2 月，汉口长春街，长江水利委员会（1950 年 2 月，长江水利委员会成立，简称长委会；1956 年，以长江水利委员会为基础，成立长江流域规划办公室，简称长办；1988 年，改名为长江水利委员会，简称长江委）在此成立，成立大会上，林一山慷慨激昂地发表就职演说："新中国成立了，长委会也成立了！这是我们大展身手的时候。我们要搞建设，要治理长江，万里长江需要人才，从今天起，从我开始，都要学一两门专业，任何人都不能例外。否则，新中国的建设就没有你的位置，长江也不要吃白饭的人！"

这个在战场的枪林弹雨中走来的拿枪杆子的人，说到做到，他的思维迅速转型，在后期长达几十年的水利工作生涯中，他不仅成为一名卓越的领导者，更成为一名精通业务的技术人才。凭着一股钻劲儿，林一山硬是在复杂的长江水利问题治理和工程建设上走出了一条道路，成为一代水利泰斗。

在长委会成立大会上，清瘦敏捷的林一山挥起他的左手，一字一顿地说道："在今后的建设事业中，我愿意用一百个只会说空话的老布尔什维克，去换一个哪怕是资产阶级的实干家！"

林一山的右手因在战争中受伤折断而明显萎缩。他的直率令当时在会场上的人瞠目结舌。

这一番言论振聋发聩，他的坦诚与胆略使他赢得了刚刚从国民党长江水利工程总局改编过来的那一批在新中国诞生之初水利界最优秀的人才的信任。这些知识分子为林一山的胸怀、气魄和学识所折服，共产党的干部哪里都是"土包子"呢，林一山就是秀才啊，他们不由得在心里暗暗赞叹。

1950 年早春二月的荆江大堤上，寒风凛冽，从大堤上看得到附近村庄农户大门两边鲜红的对联，新中国建立之后的第一个祥和的春节气氛还没有散尽，林一山就带着一群水利专家来到了荆江，他们要制订一个治理荆江的方案。

旧年大水的痕迹尚在，抢险留下的树桩、草袋子还存留在大堤上，甚至还有打仗用过的工事都没有拆除。堤面上坑坑洼洼，枯水季节裸露的河床也一览无遗地显露出来，泥沙淤积，河床抬高，特别是行至荆江大堤郝穴附近祁家渊险段，那里临江的堤身竟有半边垮塌，如峭壁一般。

同行的水利专家们看到林一山紧锁的眉头拧成一个结。林一山告诉他们，他去年先行考察荆江时，曾目睹这段堤身有半边塌入江里去了。眼前尚未培修复原。

他和在场的工程师们一样，心情沉重。现在，面前这一江温驯的春水正舒缓地向东流着，再过几个月汛期一到，就见大河滔滔，这样的堤身如何抵挡得了那奔腾的洪水啊？劫难随时都在，难怪荆江百姓年年担忧："荆州不怕干戈动，只怕南柯一梦中。"

那么大一江水，如何消解？

林一山眺望着对河黛色的树林掩映的江南，陷入了沉思。如果堤防不牢，即使是一段堤防倒口，田野村庄都将变成一片泽国。但是，假如有准备地破口分泄洪水，损失伤亡的程度就会大大减少。他的眼前忽然看到一河大水满满地将要漫溢到大堤，脚下的堤面摇摇欲坠，忽然对岸的堤段打开了，奔腾的洪水像一群战马挤向那个缺口。那里有一个吸水器，把水吞进了大肚……

建分洪区，建一个大闸！让这个吸水的大肚子保住荆江大堤！

这个荆江分洪的奇思妙想让围绕在林一山身旁的那些水利专家们激动起来。

林一山道："我只不过出了一道题，文章要靠你们来做哩。"大家不等考察结束回长委会，在路上就你一言我一语地围绕着这个设想做起文章来。

荆江分洪工程的雏形在这一群早春踏勘荆江的人心中开始酝酿。

在荆江分洪工程建成后，1953年2月，林一山接到中共中央中南局通知，要随毛泽东主席外出并汇报工作。2月19日，林一山备齐资料，随着毛主席踏上了海军"长江"舰，开始了三天三夜的难忘航程。

在"长江"号军舰上，毛主席向林一山了解长江洪水的成因，了解长江流域气象特点、暴雨分布情况。林一山打开随身携带的长江流域图，一一回答了主席的提问。第二天，毛主席把话题转入了长江流域和水资源的开发利用这个更大的题目上，林一山把已经做好的关于长江平原防洪工程的规划向主席做了汇报。当汇报到治理长江的第三阶段修建山谷水库时，林一山展开草图说，我们计划兴建一系列梯级水库来拦蓄洪水，从根本上解除洪水的威胁，同时开发水电、改善航道、发展灌溉，最大限度地进行综合利用。

林一山对长江了如指掌，这让毛主席十分惊叹，他高兴地称林一山为"长江王"，这个称号也自此流传开来。在"长江"舰上，毛主席还第一次对林一山提出了南水北调和兴建三峡大坝的宏伟构想，并通过一系列指示，从战略高度阐明长江建设中最为关键的三峡工程和南水北调两个重大课题的意义，使林一山豁然开朗。从此，长江流域的规划工作便紧紧围绕着这两个中心开展起来。

从 1953 年到 1958 年的 5 年时间里，毛主席曾 6 次召见林一山。1956 年在武昌接见武汉地区党政领导人时，毛主席曾风趣地向林一山打招呼："哦，你这个'长江王'！你能不能找个人替我当国家主席，我来给你当助手，帮你修建三峡大坝？"

林一山 1949 年进入长江委，他半生治水，造福荆江，成为毛泽东主席的长江顾问，是名副其实的"长江王"。

江南躺个"大罗汉"

荆江在江南岸有四口分流，自上而下依次为：松滋河的松滋口、虎渡河的太平口、藕池河的藕池口和华容河的调弦口。四口分泄荆江洪流入洞庭湖，与湘资沅澧四水汇合后于城陵矶出长江。由于四口入湖泥沙的淤积，四口分流日益减少，荆江水位逐年抬高。

荆江南岸的公安县地处洞庭湖平原，地势平坦，湖泊棋布，河流纵横，属平原湖滨地区。虎渡河自北向南穿越全境，把公安县全县分为虎东、虎西两片。境内山丘分布在县境南部，海拔高度均在 100 米以下。只有位于县境南与湖南省安乡县交界处的黄山顶峰海拔 263.6 米。

公安曾是东汉末年刘备的都城，吴国孙权也曾在这里短暂定都。刘备驻扎前，此地名油口，因为油江由此汇入长江，所以油口是一个纯地理意义上的名字。刘备驻扎此地后，领左将军，人称"左公"，因而取"左公平安"之意改油口为"公安"。公安就成了一个具有人文意义的地名了。然而，拥有这么一个好地名的土地上的百姓，每到夏天，面对一江大水，没有不惶惶不安的。"峡水暴涌，云昏天回，几憾地轴。白浪跃，雉堞出，居民望之摇摇然。夜则万雷殷枕，甫就席，辄彷徨起。"

打开荆江防汛地图，我们可以清晰地看到，虎渡河是从荆江江南太平口分泄的一条河流，安乡河是从荆江江南藕池口分泄的一条河流，这两条河流流到湘鄂边界的黄山头时相距仅20余千米。荆江、虎渡河、安乡河便圈出一块基本上四周临水的土地，而荆江南岸的江堤、虎渡河东岸的河堤、安乡河西岸的河堤又给这块土地围上了一道现存的土围子，这真是一个天赐的纳蓄洪水的所在，而那呈弧形的荆江与安乡河连接而成的一个凸背的下面，正好似一个侧卧在地上的大肚罗汉。

这个大肚罗汉蛰伏在此，该是有千百年了吧。

长委会派出了水利专家和技术人员，他们组成勘察小组、测量小组踏入公安，对这个大肚罗汉进行研究。

他们了解了公安分洪区的地理人文情况，拿出了分洪区的移民方案、提出了分洪进洪闸和节制闸的选址方案。

公安建成已有2200多年的历史，文化源远流长，人文底蕴深厚。既有距今五千多年历史的"鸡鸣城"，又有以倡导"独抒性灵，不拘格套"文学主张为旗帜的三袁文化，还有以囊萤苦读著称并被载入"三字经"的车胤文化；以及刘备城、吕蒙营、陆逊湖、孙夫人城等众多三国文化，此外还有反映大革命斗争史的南平文庙等红色文化和公安人民自己培育的"公安说鼓""公安道情"等民间民俗文化。这里除了公安三袁、车胤外，还有智者大师、宋朝第一名士张景等历史文化名人。荆江分洪区东滨荆江，西临虎渡河，南抵黄山头。东西宽13.55千米，南北长68千米，面积921.34平方千米，地面高程32.8~41.5米，蓄洪水位42.00米时，设计蓄洪容积54亿立方米。

分洪区圈涉及公安、江陵、石首，共有24万移民需向邻近的安全区或江北转移。

进洪闸初步选在太平口，节制闸选在黄山头。

这些方案一个个送到林一山手中，林一山心感安慰。分洪闸地势由北向南倾斜，进洪闸正选在大肚罗汉的头上，顺应了江水的流势。这真是一个上天恩赐的分洪区。可紧接着，他又陷入深深的忧虑中。

地址选好了，下一步便是对进洪闸进行设计。林一山知道，自己出的这道题，是一道难题，长委会的这些秀才们要想做成这篇文章，可没那么容易。他们之前没有经历过设计大型分洪闸泄洪闸，甚至对一个分洪闸的完整概念都不清楚，有关分洪闸的关键部分如消力池等，更是闻所未闻。

修建过的金水闸与樊口闸仅仅是流量小于 1000 立方米每秒的小闸，还是请美国和德国人设计的。荆江分洪区的进洪闸可是进洪流量为 8000 立方米每秒的大闸！

一个个棘手的技术问题摆在了林一山和他的秀才们眼前。做一个敢于吃螃蟹的人，是需要勇气的。林一山的大无畏精神让战战兢兢的秀才们鼓足勇气开始了通宵达旦的设计研究。

与此同时，一个由长委会编制的《荆江分洪工程初步意见》形成。

意见认为：在长江上游尚未兴建大型山谷水库和尚未开展水土保持之际，在洪水、泥沙皆无从控制的条件下，选定枝江以下分洪旁泄是可以实行的较为妥善的方案。根据荆江南北两岸地势，北岸广阔而低洼，如在北岸分洪，洪道水位高出地面 10 来米，势必打乱数千平方千米的排水系统，在控制运用上难度很大。而南岸以"四口"通湖洪道如网脉联络，堤防各自独立，各垸面积亦较北岸为小，宜以南岸分泄为上策。划定长江右堤以西、虎渡河以东、安乡河以北的范围为分洪区，并确定在治理洞庭湖计划未实施前，以不增加"四口"通湖洪道和洞庭湖区的洪水负担为原则。

1950 年 10 月 1 日，是中华人民共和国成立后的第一个国庆佳节，北京沉浸在节日的气氛里，林一山前往北京，等待《荆江分洪工程方案》的报批结果。此前，方案由中南军政委员会呈报给了政务院，中南军政委员会副主席邓子恢趁参加国庆庆典之机，偕林一山一同进京，准备当面向政务院做一次汇报。林一山无心在北京观赏景点，也没时间去感受国庆的热闹气氛，便在水利部等待消息。

这一天，水利部部长傅作义高兴地对林一山说："一山，你的那个事通天了，我刚得到消息，毛主席要听汇报。"

林一山没有想到《荆江分洪方案》竟得到日理万机的毛泽东主席的重视。

国庆庆典刚刚结束，毛泽东主席、刘少奇副主席、周恩来总理就专门听取了邓子恢和分管财政的政务院副总理薄一波关于荆江分洪工程的汇报。去年他们刚刚进驻北京时就传来长江大水的报告，荆江的灾情曾令他们忧心。现在研究这个治理荆江的方案，令几位首长十分欣喜，当即批准同意兴建荆江分洪工程。

这个消息令林一山既感到兴奋，又感受到压力，中央这么快批准证明对此方案的认可与重视，他马不停蹄地迅速赶回汉口。他刚刚到长委会，北京的电话就追来了，水利部党组书记、副部长李葆华说："毛主席要看你们的工程详细设计图，你们要迅速制定送来。"

荆江分洪方案通过了！毛主席同意了！这个喜讯一下子传遍了长委会。他们知道，主任林一山出的这个题难度通天了，设计图纸这可是方案最关键的一环。

曹乐安制设计图

负责荆江分洪工程设计图的是曹乐安。曹乐安是湖南益阳人，1941年毕业于清华大学土木系，1945年至1947年在英国电气公司威苏顾问事务所学习，曾任昆明清华大学水工试验室助理研究员、湖南大学工学院教授、湖南省农林厅水利局副总工程师兼研究室主任。后在国民党扬子江水利委员会（现长江水利委员会）工作。

曹乐安在长江水利委员会工作时，曾担任设计科科长，设计科共有20多名刚刚毕业的大学生，集中了长江委的主要技术力量。科长曹乐安带着这帮年轻人投入荆江分洪工程的设计工作中。

后来成为中国工程院院士的文伏波就是这批刚分来的大学生里的一员。院士传记《治水将军文伏波》对他有专门介绍。

文伏波与曹乐安是同乡，湖南人。在文伏波的一生中，曹乐安起到指导作用。他们既是上下级，又是良师益友，两人工作作风极其相似，严谨、认真、负责。

经过一次又一次的踏勘测量，度过一个又一个不眠之夜，这一天，曹乐安紧锁多日的眉头舒展开了，他的精神为之一振，他那已经熬红的双眼放出光来，在堆积如山的资料里，他终于看到一个德国分洪闸的设计方案！

此时东方已经现出晨曦，马路上传来清洁工人的扫地声和有轨电车的鸣笛声，又熬过一个通宵的曹乐安激动地捧着这份资料，快步向林一山的办公室跑去。

同样寝食难安的林一山接过这份资料，他的眉头也舒展开来。

"有什么要求，你尽管提！"林一山道。

"我要建一个水工试验大厅，我们要做水工模型试验！"

"好！"林一山道："没问题！"

曹乐安看了看林一山主任一眼，声音小了下来："可，这是一笔不小的经费！"

"这个钱"，林一山说："你要多少我给你多少！"

曹乐安愣住了，刚刚建立的长江委经费也是有限的，建一个水工模型得花不少资金，领导毫不犹豫地慷慨承诺既给了他鼓励，也给了他巨大的压力。

花这么多钱做一个不知结果的试验，有人对这个设计方案不以为然。但设计依然如期进行，一个参照德国分洪闸的荆江分洪进洪闸方案迅速形成。当一个室内体育场似的大型水工试验大厅落成后，曹乐安和他的同事们昼夜不息赶制进洪闸设置的消力防冲排、进洪闸放水试验也有条不紊地按照初步设计方案一步步推进，

这一天，一切准备就绪，终于等到进行放水试验的这一刻了，明亮的大厅里涌进了期待的人群，人们的眼光不由自主地打量着那个奇怪的庞然大物，曹乐安镇静地指挥着试验，只有他自己知道，他的心依然忐忑难安。

大池子里储满"蓄谋已久"的"长江水"，它们如一只困兽，只等闸门开启就要奔腾而出。10秒，5秒，1秒，启动！进洪闸闸门开启，"洪水"汹涌而来，穿过闸门，向"分洪区"冲去。掌声刚刚响起，却听见"轰"的一声炸响，闸门后的消力防冲排竟在眨眼之间被水流毁损得东倒西歪。

掌声被巨浪淹没了，唏嘘声响起一片，当初对这个方案持反对态度的技术干部拂袖而去，接着人们陆续离开。静寂空旷的大厅突然响起了寥落的掌声，在一旁呆愣着的曹乐安扭头一看，只见林一山站在大厅里，正向他微笑着走来。曹乐安心里一热，快步向林一山奔去，林一山伸出手，他们紧紧地握在了一起。林一山的手如此有力，他传递给曹乐安一股信任、安慰的力量，曹乐安的心里在惭愧中涌起阵阵热浪。

"失败了，没关系！失败了再重来，失败是成功之母，没有失败

哪来成功？我们要的是工程上的成功！"这番话语让曹乐安心头涌起一阵悲壮与勇气。

各种议论蜂拥而起：浪费了时间，浪费了纸张，浪费了资金，当初我们就反对，看看，失败了吧？

面对各种埋怨，林一山在一次长委会的大会上力排众议："失败是成功之母，不要因为一次失败就灰心，这次做模型所花费的钱，我都批准，画错的图纸不管浪费多少，都予以报销。现在的这点浪费，是为了避免今后更大的失败与浪费。"

曹乐安和他的同事们噙满热泪听着主任铿锵有力的话语，他们决心再研究，再试验！他们认识到消力防冲问题是分洪闸的重要难关。按照进洪闸设计方案，预计开闸后上下游水位差有5~6米，一旦泄洪，水流集中，对闸门及闸门下游河槽的冲刷将带来很强的力量，多孔分洪闸不能简单依照单孔分洪闸进行防冲设计，只有减轻水力冲刷，才能起到消能作用。

问题找到了，大家重新探索设计途径。新设计的图纸在苏联专家布可夫的指导下，在闸门的下游设计了消力坡和消力池，水平长度33.2米，池底高程37.50米，坡上安设排泄管两道，以便渗水与减压。消力池的下端接以20米长混凝土护坦，最下为抛填大块石的防冲槽，被称为"布可夫槽。"进洪闸设计的最大进洪流量为8000立方米每秒。

再次试验，一举成功。

同时，根据北闸地基软弱、沉降不匀的地理特点，设计组改变常规在软地基上做建筑物进行基础处理的做法，大胆提出了在冲积层的沙土基础上修建钢筋混凝土闸底板的方案，这个设计方法就连苏联请来的专家也没有尝试过。经过闸基钻探及水压试验、闸址复勘、水工模型试验、土壤试验和材料试验，确定这个设计方案是可行的，这也是设计原理上的一个重大突破。

同时，设计师们还反复研究了闸墩的承受力问题，北闸的闸门又多又大，一旦开闸，洪水压力太大，每个闸门两端的两个大闸墩的承受能力有限，他们设计在每两个大闸墩之间，每隔3米置一个小门墩，即每两个大闸墩之间必须置7个小门墩，也就是7个闸门支座，2大7小共9个闸墩，以共同承受闸门的重量，这样闸墩承重问题得到了解决。

连接1054米长的大闸北端和南端分别有一个桥墩，它们一北一南，遥相呼应，像阔大门前的两尊狮子，它们与土堤衔接，技术处理困难，闸墩设计人员反复研究，将闸墩与土堤设计成斜坡式交叉状，成功解决了这个技术难题。

设计试验确定，进洪闸为钢筋混凝土底板，空心垛墙，坝式岸墩轻型开敞式结构，闸体宽 1054.38 米，共 54 个进洪孔，每孔中心线相对宽 19.5 米，两端为宽 0.75 米、高 5.5 米的空腹闸墩，闸孔净宽 18 米；闸底板底高程 41 米，闸顶高程 46.5 米，上置绞车和便桥。钢质弧形闸门，高 3.78 米，启闭机初为人力绞盘式绞车，共 55 台，每台启闭能力 12.5 吨……

现在用这些冰冷的数字呈现给亲爱的读者是如此简单，可是在每一组数字后面都包含了曹乐安、文伏波和他的同事们无数次的查勘与夜以继日不断试验所付出的心血。文伏波在设计小组目睹曹乐安废寝忘食钻研业务，对科长充满敬佩，自此他一心钻研设计业务，先后参与杜家台闸、丹江口水利枢纽工程、葛洲坝水利枢纽工程的设计，编纂《长江流域综合利用规划》，助推三峡工程上马，为中国水利事业做出了卓越成就。1994 年，文伏波被授予中国工程院首批院士称号。

荆江情牵中南海

工程设计图顺利完成，《荆江分洪工程设计书》在 1950 年一个秋高气爽的午后摆在了中南海丰泽园紫云轩毛泽东主席的案头。

橘红色的夕阳像一枚巨大的蛋黄，挂在丰泽园的树梢，不久悄然隐去，到第二天一早又悠然爬了上来，朝霞映红了紫云轩的窗帘。从清晨到夜晚，又从夜晚到清晨，紫云轩的灯光一直亮着。三天两夜，毛泽东主席一直在这份设计书前思索、琢磨。

中国的大河水患，给百姓带来的灾难触目惊心，长江、黄河、淮河，都急需治理，新中国成立之初，大河的水灾也像大军南下的捷报一样频频传至中南海，千千万万灾民经历了饥荒的冬春，这个下马威让他深感治理大江大河的紧迫性。

此时此刻，手中的这份设计图，似有千钧重量。

这间建于清康熙年间由康熙题联"庭松不改青葱色，盆菊仍靠清净香"的菊香书屋异常安静。由于屋上飞檐和院内外松柏阴影的遮挡，光线有些昏暗，夜以继日燃着的灯光给秋日增加了一丝柔和与温暖。

毛泽东住进菊香书屋后，曾对手下工作人员讲过，这里的房子不要改动，就保留原样，不要建新房子，不要拆原来的房子，更不要装修。因此，毛泽东住在菊香书屋，仍然保留着康熙年间建造时的基本模样。

在清朝，建筑菊香书屋的目的就是供皇帝藏书、读书。清代的皇帝们究竟在这里藏过多少书、读过多少书，已经无法考证。但毛泽东搬进书屋后，确实在这里藏了大量书籍，也阅读了大量书籍。这里可以称为毛泽东真正的"书屋"。菊香书屋里有毛泽东的书房、藏书室，他的卧室和办公室里也摆放着大量的书籍。毛泽东逝世后，工作人员整理毛泽东在这里的藏书，初步统计有近十万册。一生喜爱简朴的毛泽东，书籍却多多益善。他逝世后，中央成立了一个由多人组成的整理毛泽东藏书的小组，他们仅仅是完成编制毛泽东藏书目录就用了整整三年时间。

现在，这个读遍马列、读遍诸子百家、读遍经史子集的大政治家，审阅完这种专业的水利工程设计书，仍是感到不甚了解。他吩咐办公厅人员马上找到林一山，对有关问题进行详细了解，并特别交代，要问一问林一山：这个荆江分洪工程可以保用多少年？

从汉口询问林一山的专人很快返回北京，向毛泽东主席报告，林一山说荆江分洪工程可保用40年至100年。

"够了！我只要20年就行了！"毛泽东高兴地说，他郑重地在他看了三天两夜的设计书上签上了他的名字，正式批准长江有史以来第一个大型水利工程的建设。但毛泽东并没有要求具体何时动工、何时完成，这为一年多后荆江分洪工程建设的紧迫埋下了伏笔。至于这位新中国的领袖说荆江分洪工程只需要20年就够了，也许在他的心中，已经有了兴建三峡工程的打算吧，那才是根治长江水患的工程。

毛泽东主席批复兴建荆江分洪工程的消息传到长委会，长委会即投入工程建设的准备工作。

1950年12月1日，在进行模型设计试验的同时，林一山又派长委会工程技术人员前往分洪区进行深入查勘，他们用一个月的时间查勘后，提出《查勘荆江临时分洪工程报告》，其内容包括地形、水系；干堤、民堤及垸堤；人口、田亩产量及房屋；临时分洪区与临时分蓄洪区的比较；分洪道的拟议及相关问题。荆江分洪工程的主体工程包括太平口的进洪闸即北闸、黄山头的节制闸即南闸，还有分洪区的围堤工程。工程将分泄荆江上游巨大的超额洪水，降低沙市水位，以确保荆江大堤保护下的江汉平原和大武汉的安全；同时减少松滋口、虎渡口、藕池口和调弦口这荆南四口（又称荆南四河）注入洞庭湖的水沙量。

1951 年 2 月，长委会提出《荆江临时分洪工程计划》，该计划是荆江地区防洪规划的开端，按防御 1931 年型洪水初步拟定分洪区的设计标准、工程规模、工程运用以及民垸配合蓄洪等初步设想，确定以沙市站控制水位 44.00 米为设计参数，对设计最大进洪流量、最高蓄水位、最大泄洪流量以及分洪区等做出规划。

同年 8 月，长委会提出《荆江分洪工程计划》，本着"蓄泄兼筹，以泄为主""江湖两利"的原则，以 1931 年 8 月 5—25 日宜昌至枝城洪峰水位、流量为标准，配合荆江大堤左岸加固，在荆江右岸藕池口安乡河以北、太平口虎渡河以东地区，开辟 921.34 平方千米的分洪区，最大分洪流量为 13450 立方米每秒，最高蓄洪水位为 40.95 米，总容量为 55.75 亿立方米，最大泄流量为 8124 立方米每秒，以维持沙市水位不超过 44.00 米。荆江分洪工程进洪闸（北闸），选定的腊林洲民垸堤内，有 54 个进洪孔，长 1054.375 米；设计进洪流量为 8000 立方米每秒，可有效吞蓄洪水总量达 54 亿立方米，其主要作用是分泄荆江上游巨大的超额洪水峰量，降低沙市水位，以确保 180 余千米的荆江大堤安全，同时，减少荆江四口注入洞庭湖的水沙量。位于湘、鄂边陲黄山头东麓的泄洪闸（又称节制闸，即南闸）有 32 个泄洪孔，闸身长 336.825 米，设计泄洪流量为 3800 立方米每秒，其作用是控制虎渡河向洞庭湖分流量不超过 3800 立方米每秒，以确保洞庭湖地区数百万人口与广大农田的安全。荆江分洪工程费用经中央水利部核定为旧人民币 7150 亿元（旧币每万元折合现值 1 元）。这是长委会成立后负责设计的第一个工程。

在平原地区软弱地基上兴建进洪流量为 8000 立方米每秒的大规模分洪闸，在国内尚属首次，无经验可资借鉴，对设计人员是一个巨大挑战。

为了兴建荆江分洪工程，林一山做了大量准备工作。他多次主持召开会议，研究荆江分洪工程。那时的长委会连一个试验场都没有，林一山就拨一万斤粮食与武汉大学合作，进行荆江分洪工程模型试验，以此开创了长委会注重科学试验的道路。同时，长江委成立了荆江分洪工程技术委员会，派出大量人员参加工程设计和建设。

同年9月，中央水利部审查同意工程计划。

这是一个庞大的工程，技术人才队伍是关键。

早在毛主席批复荆江分洪工程时，林一山就决定从社会上广泛招收专业技术人才，上海、南京、武汉、长沙、重庆、广州、南昌等地的水利、财务、技工、医务方面的专业人才源源不断地进入长委会，骤然新增2000余人。

新招进的人员中，很多人的专业构成和技术水平还不能适应长江建设需要，林一山决定对这些职工进行短期职业技术培训。

1951年3月，首批职工技术培训隆重开班，至7月结束，2000多名职工分两批系统学习水利专业技术知识，培训达到了预期效果，这一批受训的职工成为长委会最早的专业技术人员，很快加入勘测、钻探、科研和水文研究的队伍行列。

1951年12月26日，林一山向中央报送《治江计划简要报告》，提出以防洪为重点的治江三阶段计划，即以防洪排水为主要任务的第一阶段；以发电、航运、灌溉为主要任务的第二阶段；以三峡大坝兴建的准备工作为主要任务的第三阶段。

转眼到了1952年的早春二月。在中南海西北角的红墙下，有一座四合院，这就是周恩来总理居住和办公的西花厅。和毛泽东的紫云轩一样，这里也成了中华人民共和国中枢神经的又一个交汇点。陈旧的老式办公桌上堆满了等待签署的文件，周恩来全神贯注地伏在案头，审看批阅着各种文件。

此时的中国大地，土地改革、镇压反革命、抗美援朝、"三反"、"五反"，运动一个接一个，共和国的总理日理万机，殚精竭虑，处理着一件又一件大事。

这一天，他拿起一份来自湖南常德的告状信，浓眉一竖，愠怒地自语道："什么？咋还在谈要不要修的问题？"

原来，告状信上说湖北的荆江分洪不能修，如果修了荆江分洪工程，等于是在湖南人民的头上顶了一盆水，对洞庭湖区不利，请求政务院取消这一工程计划……

周恩来总理生气的原因不仅仅在于这封告状信，而是告状信传来的荆江分洪工程至今还没有动工的信息。此时距离毛泽东主席批复修建荆江分洪工程已经过去一年多了！

早春二月的北京仍是寒意逼人。在看到那封告状信的几天之后，周恩来在燃着炭火取暖的西花厅召开了荆江分洪工程专门会议。水利部、中南局、湖北省、湖南省、长委会以及政务院的有关部门代表参加了这次会议。

周恩来巡视了一下参加会议的人，特别问到湖南的代表："为洞庭湖告状的是哪里人？"

与会者自报来处，原来这些干部大都是南下湖南的北方人。

周恩来笑了："原来你们都不是湖南人。那些为洞庭湖告状的同志，我不仅不批评他们，还要表扬他们。因为他们并不是为了自身的私利，而是为地方百姓请命说话。"周恩来说完顿了顿，又道："不过，荆江分洪工程肯定是要修的，这是毛主席亲笔批准的工程，非修不可！至于湖南的请求，可以想办法解决。荆江分洪工程应该对湖北湖南都有利！"

周恩来扫视与会者，严肃地说："今天开这个会，我要批评的，是为什么毛主席一年半前批准的工程，到今天还没有动工？中南水利部、湖北、湖南，还有长委会，你们都置之脑后了？都不负责？"

周恩来的严厉语气让每一个在场的人都沉默着。这是事实，工程的确没有动工，但说置之脑后，也不是这么回事，林一山站了起来，他说："长委会这一年多来并没有不闻不问，我们力所能及地将分洪区围堤进行了一次初步修整。至于那么宏大的荆江分洪工程，我们长委会单家独户是无法行动的。"

西花厅的会开了整整一天，周恩来听取了各方汇报，最后拍板：工程马上开工！限令本年汛前由中南（局）完成！

新中国的第一个大型水利工程，在西花厅迈出决定性的一步。

会议上定下来了完成工程的时间，但临结束会议时，总理还是就工期问题慎重地征求了各方代表的意见。

与会者纷纷表示：时间虽然紧迫，但有信心完成。

周恩来看了看林一山，问道："中南（局）有没有把握？"

林一山此次不仅代表长委会，还兼有中南水利部副部长、党组书记的身份。他高声回答："有！"

总理欣慰地笑了。

一份关于会议纪要的信件当晚送达毛泽东和党中央，与会议纪要同时送达的，还有一份政务院关于荆江分洪工程开工的文件。

1952年2月25日，农历二月初一。毛泽东在周恩来呈送的会议纪要上做出批示：

> 周总理：
>
> 一、同意你的意见及政务院决定。
>
> 二、请将这封信抄寄邓子恢同志。

西花厅的会议一散，林一山马不停蹄地连夜上了前往汉口的列车。等他抵达汉口时，邓子恢早已接到北京的急电，这是以中央名义发给中南局、湖北省委、湖南省委以及长委会的电报。

这封长电报传达了政务院荆江分洪工程专门会议精神，严厉批评了中南局已准备荆江分洪工程一年多的时间，严令工程马上开工，限期汛前完成，挽回损失的时间，并指定由邓子恢负责。

邓子恢拿着这份沉甸甸的电报愣住了。"限期汛前完工"这几个字像大山一样压在他的心坎上。

邓子恢，又名绍箕，福建龙岩新罗区人，这位闽西革命根据地和苏区的主要创建者和卓越的领导人，历经抗日战争和解放战争，他明白，一场大仗已经迫在眉睫。虽然荆江分洪工程是由他向毛主席汇报而定下来的大事，但这个限期完成的重大任务落在他的头上，他仍感到紧迫。

此时的中南党政军的全部工作，因中南局第一书记、军区司令、军政委员会主席林彪长期病休，实际上是由五十六岁的邓子恢在全面主持。新中国成立不到两年的时间，中南行政管辖区的工作千头万绪，况且中南是国民党退出大陆前的最后堡垒，埋下了各种隐患，剿灭土匪就花去不少精力，这也是荆江分洪工程迟迟没能上马的原因之一，现在匪患已除，正是工程上马的时候，但给予的时间太紧了！

找林一山！

刚刚在汉口站下车的林一山又像三年前一样被邓子恢拦截下来。

当他风尘仆仆赶到邓子恢办公室里，邓子恢大叫一声："好你个林一山，谁让你代表中南（局）在北京表态！"说着将一沓电报纸甩给林一山。

林一山一看电文乐了，他坐下来详细将西花厅荆江分洪工程专门会议的情况向邓子恢做了汇报，尔后看着这位老领导道："您老说说看，总理生那么大气，在那种气氛下，被总理点名问，我能不表个态吗？"

荆江的安危牵动着毛主席和周总理的心，牵动着中南海。邓子恢明白了中央交付给自己的任务，这任务既是责任，也是信任。

此时的邓子恢已经恢复平静，这位统率千军万马的大军区政委看着林一山笑了笑："刚才我对你的态度你莫要见怪啊，这么大一个工程要汛前完成，我是一时急坏了。"

邓子恢拉着林一山，两人一起磋商这个重大战役，他们在心中已经对这个战役的部署有了方案。

唐天际接军令状

中央的电报像是在中南（局）放了一把火，身处火源的人们被烤得滚烫烫的。倒计时的任务，让所有的工作都刻不容缓。

在武汉中南军政委员会宽大的会议室里，邓子恢紧急召开了荆江分洪工程专题会议，这是中南军政委员会第77次行政会议，也是中南（局）级别最高的会议。

会议室里挂着毛泽东主席像，像的两边分别挂着荆江分洪位置图和设计图，会议桌边还摆着一盘立体的长江中下游地形模拟图。中南水利部部长刘斐做荆江分洪工程设计和施工的工作报告。工作报告之后，长委会主任林一山站在荆江分洪区位置图和设计图前，用指示棒进行详细讲解。全体与会人员坚决支持荆江分洪工程立即开工。会上，中南军政委员会副主席张难先、民政部部长郑绍文、中南军政委员会秘书长张执一等纷纷发言。

邓子恢认真倾听完大家的发言，他坚毅的目光扫视全场。这位当年留学日本、如今担负中南局重任的指挥官站了起来，走到长江中下游立体地形模拟图前看了看，又走到荆江分洪位置图和设计图前，冷静阐述荆江洪灾的危机，讲解荆江分洪的构想，描述荆江分洪工程建成后两岸百姓安居乐业的生活图景，他那极富感染力的闽南话，把在场每一个人的热情和信任鼓动起来。

邓子恢望着一张张热情的脸庞，这里面有很多都是参加抗日战争和解放战争的战友，他严肃地强调："同志们，荆江分洪工程无疑又是一场大战，它时间紧，任务重，困难大，我们必须动用一切力量，才能保证汛前完成全部工程，请各位抓紧落实！"

会议通过了《中南军政委员会关于荆江分洪工程的决定》，荆江分洪工程委员会和荆江分洪工程指挥部宣告成立，湖北省人民政府主席李先念出任荆江分洪委员会主任，解放军 21 兵团政委唐天际将军出任总指挥长，21 兵团全部调赴工地。

中南军政委员会的任命接连下达。

荆江分洪委员会主任李先念，副主任唐天际、刘斐，秘书长郑绍文，委员有黄克诚、程潜等 20 余人。

荆江分洪指挥部总指挥唐天际，总政委李先念，副总指挥王树声、林一山、许子诚、田维扬，副总政委袁振、黄志勇，参谋长蓝桥，副参谋长徐启明，政治部主任白文华，政治部副主任须浩风。

这些成员均是中南局和两湖党政军的主要领导人。

总指挥唐天际时年 52 岁，湖南省安仁县人，他 20 岁从湖南衡阳师范弃学从戎，进入黄埔军校学习，后加入中国共产党，参加北伐战争、南昌起义、湘南起义、井冈山斗争、二万五千里长征、晋豫边和太行山等敌后抗日战争，东北、华北的解放战争，渡江南下后又参加湖南、湘西剿匪，从北打到南，又从南打到北，戎马倥偬数十载。他先后担任晋豫边区游击司令员、太岳军区第四军分区司令员等职。解放战争时期任东北野战军第一兵团副政委兼长春军管会主任等职。1949 年后，历任湖南省军区司令员、总后勤部副部长等职。

他多次临危受命。1928 年他刚刚二十出头，为了巩固湘赣区根据地，组织上决定他离开红四军二十八团三营，去湘南组建一支新的游击队。他仅带着军长朱德给他的 12 支枪，就奔赴湘南龙溪的崇山峻岭中，将一个组建时才 30 多人的游击队发展到了 300 多人、100 多条枪的规模，在湘南站稳了脚跟。

20 年后，他以四野 12 兵团副政委兼政治部主任的身份率军渡江南下湖南，参加同国民党湖南省主席程潜与驻湘国民党一兵团司令陈明仁的谈判，圆满完成了湖南和平解放的历史使命。不久，在将国民党一兵团改编成人民解放军 21 兵团时，他被中央任命为 21 兵团政委。21 兵团从此"踏上光明之路，开始新生"。1950 年，当他在醴陵整训这支新队伍时，广西土匪猖獗，毛泽东主席发来急电，指示 21 兵团全部立即进入广西，肃清匪患。12 月 14 日，兵团结束整训，兵团部率所属 52 军从醴陵、所属 53 军从耒阳，乘专列赶赴桂林、柳州、南宁等地。随后在桂北地区的九万大山等广大山区摆开战场，剿匪战斗取得决定性胜利，21 兵团这支新生部队也在剿匪斗争中经受了血与火的考验。

此次中南军政委员会授予他分洪工程总指挥的重任，充分考虑了他临危受命的素质与作战指挥才能，这是一份沉甸甸的信任。

任命书下达之时，唐天际远在广西桂林，漓江两岸此时已经春暖花开，广西剿匪取得决定性胜利，他正在主持召开总结大会。会议在 21 兵团政治部驻地举行，此地原是国民党桂系首领李宗仁公馆，绿树葱茏，鸟语花香，唐天际正在做总结报告。此时，一位机要秘书匆匆走到他身边，递给他一份加急电报。

电文通知他放下所有事务，即刻赶赴中南军区接受紧急任务，并告知军区派出的飞机已从武汉起飞。电报署名邓子恢、谭政、赵尔陆。

唐天际在电文上签下了自己的名字，快速结束了自己的讲话，安排会议按议程接着举行，便匆匆离开了会场。

这天下午，一架从北京飞来的专机在桂林机场降落，唐天际登上飞机，飞机起飞，调头向北飞去。

在汉口机场，已是灯火通明的夜晚，从南方而来的唐天际立即感到一阵寒风袭来，他裹紧了大衣，走下舷梯，此时，中南军区早有人在机场迎候，唐天际尚不知等待自己的是什么样的任务，但他上了轿车后，车内的温暖已然驱散了早春二月的严寒。

轿车直接开进了中南军政委员会大院，邓子恢政委早已等在办公室。唐天际大步迈入机关大楼，他身材高大，面庞饱满，浓眉下有一双炯炯有神的眼睛，军容整洁，不怒而威。

唐天际见到邓子恢，"啪"地行了一个军礼，两双手紧紧地握在了一起。两人见面来不及多寒暄，邓子恢就郑重宣布了荆江分洪指挥部对他的任命。唐天际暗吃一惊，临危受命多少次，没有哪一次像这样毫无准备，这似乎比以往任何一次重大战役下达的命令都显得刻不容缓。他的心头掠过一阵惊愕，荆江分洪——这不是一场战争，它是一项工程，还是一个"通了天"的工程，拿惯枪杆子的人带兵打仗是不在话下，但这工程他能吃得下吗？

唐天际经过瞬间的犹豫之后，毫不含糊地接受了这个任命，这与其说是一份任命，不如说是一个命令。

唐天际看到他的班底人员名单里，南闸、北闸和荆堤加固指挥部指挥长分别是田维扬、任士舜和谢威，不禁笑了。

田维扬系中华人民共和国开国中将，他是湖北省枣阳市吴店镇皇村人。在军旅生涯中，历任红军排长、连长、团参谋、营长、团长、八路军营总支书记、支队参谋长、支队政治委员、团政治委员，新四军副旅长，军分区司令员、师长等职。先后参加了鄂北起义、大冶起义、攻打长沙、中央苏区第一次至第五次反"围剿"作战和长征，率部参加了东征、西征和山城堡战役，在山东微山湖、江苏洪泽湖等地区开展抗日游击战争，率部参加了辽沈战役、平津战役、渡江战役、衡宝战役、广西战役等。中华人民共和国成立后，田维扬历任第41军副军长、军长，兼粤东军区司令员、中南军区水利工程部队副总指挥、人民解放军工兵司令部司令员，总后勤部后方建筑工程部部长、贵州省军区司令员、昆明军区副司令员等职。指挥部队执行广东西江地区剿匪任务并解放南鹏岛，他与唐天际在剿匪过程中并肩作战，出色完成了剿匪任务，此次田维扬出任南闸指挥部指挥长，自是让唐天际心中有底。南闸指挥部的政委和副指挥长分别由李毅之与徐觉非担任。

另有北闸指挥部政委张广才，荆堤加固指挥部政委顾大椿，这些都是声名显赫的人物，让唐天际更加感到此次的战役非同小可。

邓子恢向唐天际传达了毛泽东主席关于荆江分洪的三点指示：

一是要将荆江分洪工程当作全国的事情，全国支援；二是工程直接关系着两湖人民的生命财产，两湖要全力以赴；三是要用打仗的办法来完成这个工程，调一个兵团来指挥。

这是给唐天际下达的军令状！举全国之力，这一仗绝对是只许成功，不能失败。

唐天际同时看到一份以中南军政委员会主席林彪名义签署的《中南军政委员会关于荆江分洪工程的决定》：

荆江南岸蓄洪区堤工及南面节制闸立即动工，必须于六月底前完成，北面进洪闸争取同时完工，汛前完成。

二十一兵团全部调任分洪总指挥部工作。

湖北省荆州及湖南省常德两个专区，全部军政机关力量，听候总指挥部调动，负责供应工作。

荆江分洪委员会及其指挥机构有权参与各方面商洽与决定一切分洪工程相关事宜；并有权调拨有关分洪工程进行的人力、物力；在工程上所需器材、加工定货、物资运输等均须享受优先权。各有关部门必须大力支持，不得借故推延。有关地区各级人民政府必须听候调度，接受指定任务，协力完成。

这项决定无疑是一把尚方宝剑。荆江分洪工程关系着治江计划，关系着两湖人民及全区全国人民利益，全国合作，完成施工计划。在邓子恢的这间办公室，在唐天际接受这份军令状之时，荆江分洪工程的进军号已然吹响。

动员大会在省城

湖北省，简称"鄂"，中华人民共和国省级行政区，地处中国中部地区，东邻安徽，西连重庆，西北与陕西接壤，南接江西、湖南，北与河南毗邻。省会武汉是中部六省唯一的副省级市，特大城市，全国重要的工业基地、科教基地和综合交通枢纽。

武汉地处江汉平原东部、长江中游，长江及其最大支流汉江在城中交汇，形成武汉三镇——武昌、汉口、汉阳隔江鼎立的格局，市内江河纵横、湖港交织，水域面积占全市总面积的四分之一，故又名江城，作为中国经济地理中心，武汉素有"九省通衢"之称。

1952年4月的江城，柳絮飞舞，花木繁茂，黄鹤楼观江景，归元寺寻清静，珞珈山去踏春，东湖中去划船，这自是春游的好去处。而武汉市委大礼堂却呈现一派繁忙的景象，一个重大会议将在此召开。工作人员正紧锣密鼓地布置安排。

这一天，来自荆江分洪委员会总指挥部、中南军政委员会各部门、湖北省及武汉市人民政府各厅处、郑州铁路局汉口分局、衡阳铁路局武昌分局以及在汉各有关企业工厂的负责干部近千人汇集在武汉市委大礼堂，荆江分洪工程开工建设动员大会在此隆重召开。

主席台上就座的是两年前随大军南下进入这个城市的高级官员，做动员报告的是操着一口浓浓的鄂东口音的李先念。

这位以领导新四军五师实行著名的"中原突围"而声震全国的司令员此时又被任命为荆江分洪委员会主任兼总指挥部总政委，正担任着湖北省委书记、湖北省人民政府主席兼湖北省军区司令、政委等重要职务。

主席台上方挂着巨幅会标，李先念站在台上，人们立即从他那严肃的面孔和魁梧的身材中看到了一种威严，一种大仗前的紧迫，一种必胜的信心。

李先念是湖北黄安（今红安）人，出生于李家大屋，他9岁读私塾，12岁起先后在家乡和汉口学木工。17岁参加农民运动，18岁率领家乡农民参加黄（安）麻（城）起义，加入中国共产党。全国抗日战争爆发后，李先念到达延安。先后任中共河南省委军事部部长、新四军豫鄂独立游击支队司令员、豫鄂挺进纵队司令员。他率部开展敌后游击战争，开辟豫鄂边抗日根据地。1941年皖南事变后，任新四军第五师师长兼政治委员，率部多次挫败日伪军的"扫荡""蚕食"和国民党顽固派的军事进攻。1942年兼任中共豫鄂边区委书记，领导军民多次挫败日伪军的进攻，巩固和扩大了抗日根据地。

抗日战争胜利后，1946年，中国共产党为了维护国共两党和谈和停战，避免摩擦，将新四军五师等部队撤出鄂皖边区、鄂南、石首、公安、华容等解放区，最后集结在鄂豫交界的宣化店一带。虽然国共双方代表已签署停战协定，但国民党军仍继续增调兵力包围和进攻这一地区。蒋介石亲自指挥，国民党乘虚而入，集中了26个师，并构筑了6000余座碉堡，在方圆不到100千米的宣化店四周围成了一个水泄不通的包围圈，包围和蚕食中原解放区，企图消灭中原解放区部队，打通向华东、华北、东北的进军道路。至6月，国民党部队已进攻中原解放区达1000余次，占去县城、村镇1100余处；将中原军区部队5万余人包围在以宣化店为中心的罗山、光山、商城、经扶（今新县）、礼山（今大悟）之间纵横不足百里的狭小地区内，解放区面积已不及原先的1/10。

为避免内战，中共中央多次同国民党政府交涉，表示愿意让出中原解放区，将部队和平转移到其他解放区去。但国民党政府一意孤行，至6月下旬，用于包围中原军区部队和全面进攻解放区的兵力增至10个整编师约30万人。此时，蒋介石认为消灭中原军区部队的时机已经成熟，遂令其郑州"绥靖"公署主任刘峙在驻马店设指挥所，指令各围攻部队于6月22日前完成攻击准备，待命攻击。这是国民党发动全面内战的起点。

中共中央和中央军委考虑中原解放区处于国民党军重兵包围之中，势孤力单，多次指示中共中央中原局和中原军区，准备以主力向西突围，转移至豫西、鄂西、陕南、川东地区，并在这些地区长期坚持，以牵制敌人，配合其他解放区作战。在国民党军进攻迫在眉睫之时，中共中央于6月23日明确指示：立即突围，生存第一，胜利第一。

时任中原军区司令员的李先念亲率中原局和中原军区机关，像一股不可阻挡的铁流，他们勇猛作战，打开一个个突破口，中原局和中原军区以第1纵队第1旅伪装主力，向津浦铁路（天津—浦口）以东转移；鄂东军区部队就地坚持斗争，以迷惑、牵制敌人；军区主力分左右两路于26日开始向西突围。右路突围部队约1.5万人，由军区司令员李先念、政治委员郑位三率领，李先念命令掩护军区机关的三十七团团长夏世厚拿下敌人据守的何家店和柳林车站。他对夏世厚说："突围出去就是胜利，突不出去就是惨败。"因此"只准胜利，不准失败"。正是这一道命令，使三十七团背水一战，拿下何家店和柳林车站，掩护军区机关由宣化店向西北方向秘密移动，从信阳以南柳林至李家寨车站间突破国民党军的封锁线，越过了平汉铁路，得以向西北方向疾进。

当部队进入鄂豫陕边界时，丹江刚刚暴发了山洪，挡住了去路。沿江的船只被国民党收走，对岸又有敌军把守，头上还有敌机在轰炸，前无船只，后无退路，坐以待毙，只能全军覆没。李先念坚决地说："就是飞，咱们也要飞过去！"天无绝人之路，部队终于找到一个可以蹚水过河的渡口，强行抢渡过了丹江。

中原军区疲惫的部队到达鄂陕边界的南北塘里，又被胡宗南挡住了去路，胡宗南率领的是号称"天下第一军"的国民党第一军第一师，此处崇山峻岭，部队被阻在一条狭长的山谷里，后面紧紧追着两个师，如不及时突围，前后夹击，后果不堪设想。李先念大声说道："打！

老虎挡住了路，武松手里还拿着打虎棒哩！"他又叫来敢打敢拼的三十七团团长夏世厚，命令他："迅速拿下玉皇顶，杀开一条血路！"在李先念的指挥下，勇士们腰间别着手榴弹，向敌人正面主阵地摸去。近了，近了，打！只听得一阵山崩地裂的炸响，手榴弹在敌人的阵地开了花，突围的道路打开了，部队冲出了重围，历经艰险，胜利地进入陕南，与在当地坚持斗争的陕南游击队会合，成立豫陕鄂军区，创建了游击根据地。

另有部队由军区副司令员兼参谋长王震和军区副司令员兼第1纵队司令员王树声等率领，冲破国民党军的多次追击、堵截，也进入陕甘宁解放区边界地区在鄂西北、大别山区坚持游击战。中原突围揭开了解放战争的序幕。中原突围以少胜多，正是由于统帅的必胜信心与坚韧不拔的信念，才得以冲破重重封锁，胜利完成了战略转移任务。

此时此刻，那些血与火交融的战争年月已过去了整整六年，回想起来，仍让李先念和在场的南下干部激动不已。今天，在荆江分洪工程的动员大会上，李先念再次冷静而坚决地说道："同志们，我们要用中原突围的决心来对待这次战役，我们一定要，也只能用非常的办法，来完成这个非常的工程！"

而另一个动员大会早已在广西桂林召开，那是21兵团团部以上军官紧急动员会。

千军万马进阵地

21兵团在桂林市委剧院召开动员会，宣布了进军荆江的命令，要求全体指战员在三日之内做好出发准备。1952年3月28日，全兵团两个军、两个师如期从桂林、柳州登上北上专列。

此时动员会的命令还只传达到团一级首长，很多战士还不明白此行的目的地。坐上列车的战士们还以为是上朝鲜战场，他们兴奋地议论着，列车行至岳阳、武昌停下，战士们受命连夜登上早已在江边等候的登陆艇，他们更糊涂了，这是往哪去呢？入川剿匪，不对呀，匪患已绝，西线无战事呀！

这种登陆艇有个奇怪的别名——"破脑壳船"，因为它一靠岸，船头就打开，跳板自动放下。

不只是战士们摸不着头脑，连沿途的百姓看着大部队转移，也闹不清是咋回事，成群结队地跑到江边看热闹。

登陆艇载着战士们一路开到了荆江南岸的太平口，这里是荆江分洪工程进洪闸（北闸）的建设工地；另一路开到了藕池口，登岸又行军20多千米到达黄山头，这里是荆江分洪工程节制闸（南闸）的建设工地。到达目的地后，部队按师团召开誓师大会，战士们这才知道这是到了一个特殊的战场。他们不知道，他们的指挥长唐天际早已先行到达前沿阵地。

唐天际亲率的兵团部专列先于大部队抵达长沙，一路上，唐天际凝视手中的文件，陷入沉思。这些文件放在他卧铺的桌子上，上面写着：

3月16日，中共湖北省委发出《关于保证完成荆江分洪工程计划的指示》：

一、必须认识这是一件伟大的政治任务，凡与分洪工程有直接关系的县委、区委均应以此压倒一切为中心，全力以赴。

二、必须立即组织一切可以动员的人力、物力，配备得力干部，在荆江分洪工程指挥部的统一领导使用下，开展荆江分洪的伟大工程。

三、要将调去该地区施工的军队、民工必需的生活设备事先运到工地，保证不误工程之顺利进行。

四、荆江分洪工程指挥部有关分洪工程的一切命令，有关各级党委均应认真保证贯彻执行。

唐天际拿起一份报纸，报纸上报道：

3月21日，周恩来主持召开第129次政务会议，通过了《政务院关于1952年水利工作的决定》。《决定》要求："长江中游继续加强荆江大堤以保证堤身安全，并于汛前保证完成荆江分洪工程中围堤及泄洪闸与节制闸。"

列车一到长沙，这个总指挥就有一种近乡情怯的焦虑了，他命令兵团部家属暂留长沙，司令部、政治部机关随后跟进，心急如焚的唐天际竟带着一部电台和几名参谋先行出发了。

多年的带兵打仗经验让他养成了一个习惯，他必须身先士卒，了解战情，只有做到心中有数，才能打好胜仗。唐天际由长沙登上了一只小火轮，走湘江，入洞庭，抵津市。津市的地方军政领导早已等候在码头迎接，但唐天际连岸也没上，随即换乘一只帆船由澧水进入虎渡河。此时，天已乌黑，虎渡河两岸不时有人家透出昏暗的灯光，四周一片寂静，只有天幕上的星星照着这只帆船前进。

到凌晨时分，小帆船抵达虎渡河边的黄山头。唐天际迈着沉稳的步伐登上岸，他眺望虎渡河的茫茫荒洲以及还沉浸在黎明前的静谧里的黄山头小镇，他明白，一场由他指挥的大战已经拉开帷幕。

电台架起了天线，电波飞向了武汉，几乎在同时，邓子恢、李先念以及在洞庭湖途中的兵团部已然知道，总指挥唐天际已经到达荆江分洪工程建设前沿阵地。

唐天际到达前沿阵地时，周恩来正写信给毛泽东和刘少奇、朱德、陈云：

> 送上1952年水利工作的决定和荆江分洪工程的规定两份文件，请审阅批准，以便公布。关于荆江分洪工程，经李葆华与布可夫去武汉开会后又亲往沙市分洪地区视察，他们均认为分洪工程对湖南滨湖地区毫无危险，是可减少水灾的。工程本身，关键在两个闸（节制闸与进洪闸），据布可夫设计，6个月内可以完成，中南局决定努力完成。我经过与李葆华电话商酌并转商邓子恢同志，同时又与傅作义面商，决定分洪工程规定修改如现稿，这样可完全解除湖南方面的顾虑。工程不完成决不分洪，完成后是否分洪，还要看洪水情况并征得政务院批准。至于北岸分洪的根治办法及程颂公（程潜）所提意见，待继续研究。

不只是中南局，荆江分洪工程关涉的所有省市，领导、民工全都在这场大战中繁忙起来。

最早到达黄山头的是一支100多人的石工队，他们来自长沙县丁字湾采石场，船刚进入洞庭湖时就遇到了冰冻，石工们只好操起炮钎，凿冰前进，实在没法凿开冰面，他们只好在鞋上套上草鞋，在冰面上行走，可是他们每个人携带着锤子、炮钎、行李，负重在80斤以上，一不小心在冰面上摔倒，有的人跌得鼻青脸肿。等他们终于到达黄山头时，南闸指挥部都还来不及为他们准备工棚，他们把背包一放，自己动手拱成一条"A"形简夹棚住了进去。

设在沙市的荆江分洪工程前线指挥部在三天之内腾出市政府房子给前指专用，连市政府一位领导的专车也一并征用了。

数万工人从武昌搭车到岳阳，然后登上大大小小的帆船横渡东洞庭湖。这些工人分别是电工、机械工、电焊工、钢筋工、木工、搬运工、修理工，他们带着工具箱和行李，押运着各种机械设备朝着一个共同的目的地汇集。

岳阳有一座千古名楼，名为岳阳楼，很多人从来没有到过岳阳，也没有到过岳阳楼，但他们没有游玩的兴致，即使江上的船只难以疏散一下子涌来的上万人的大队伍，江边的工人们依然耐心地等着。而一些没有押送任务的年轻人，等得着急就步行绕湖而过。

三月的岳阳，湖面上千帆竞发，来来往往，而湖滩上成群结队的工人担着行李，高卷裤腿，蹚着还有些冰凉的春水，深一脚浅一脚地在湖滩上的稀泥里跋涉，很多人在这茫茫的荒湖上从白天走到夜晚，在黎明中踏上西岸，向阵地靠拢。

在湖北高级工业学校的大礼堂里，被欢送的63名同学是在一周前看到荆江分洪工程建设的消息后向省教育厅提出申请并获批准的，他们精神抖擞，在热烈的掌声和锣鼓声中走出校门！

衡阳铁路局第二桥梁处从衡阳、柳州调来了赶制闸门的工程技术人员和工人，他们带着闸门、吊车、发电机、鼓风机、铆枪等设备在湘江码头启航，经洞庭湖抵达黄山头，当晚工地就响起了发电机声和铆枪声。

刚刚从湖南军区警卫团一营营长调来湘潭任职的葛振林还没来得及解下背包，又踏上了新的征途。葛振林是狼牙山五壮士之一，1941年9月，他作为晋察冀军区一分区一团七连六班副班长，与班长马宝玉、战士胡德林、宋学义、胡福才，奉命在边区敌后抗日根据地反"扫荡"，这一天，他们在河北省易县狼牙山阻击大队日军，掩护主力部队和群众转移，五位战士引诱3500名日军进入绝境，凭山地险要苦战整整一天，用枪弹加石块击毙敌人一百余人，最后因弹尽粮绝，五位壮士一齐跳下悬崖。日军爬上山顶，原以为是遇到了大部队，没想到对手仅仅是几名八路军，他们在狼牙山顶对英雄对手鸣枪致敬。狼牙山五壮士最后有两名幸存，其中一位就是葛振林。葛振林所在的部队从湘潭登上专列，到岳阳转乘帆船，穿东洞庭湖，踏上西岸，徒步向黄山头阵地集结。他们每到一处，均受到当地群众的热烈欢迎，行军第一天到达华容，这是关云长义释曹阿瞒的地方。县城里的居民早闻讯准备了住房、床铺，还准备了茶水和洗脚水。铺着厚厚稻草的床铺松软而温暖，行走了大半天的战士们用热水把脚一烫，便恢复了体力。

县城的大街小巷到处贴着欢迎的标语，红彤彤的一片，门上、墙上、窗上，都是暖心的标语："欢迎解放军！我家能住十二人！""欢迎修堤大军，我家开水床铺已备好！"这些滚烫的话语激发了战士们的豪情，第二天，他们在湘北平原拉开了急行军的阵势，提到到达黄山头阵地。

解放军来了！工程设计技术人员来了！工人来了！农民来了！千军万马向唐天际所在的前沿阵地集结，春天的黄山头，百花开放，百鸟欢唱，新枝吐翠，人欢马叫，一派热气腾腾的繁忙景象。

江南移民迁新居

在那个设计面积为 921 平方千米的蓄洪区，居住着藕池、杨林、麻豪口、闸口和东港五个区的居民，藕池与杨林属于当时石首县的管辖范围，后来杨林区划为公安县所辖。

分洪区共有 24 万人。1950 年底，当中央通过《荆江分洪方案》的消息传来，湖北省就做出了移民搬迁的部署，原计划在这五个区迁移 13 万人。

1951 年冬，土地改革结束时，荆江分洪移民委员会由荆州专署专员阎钧任主任委员，中国人民银行湖北省分行副行长王洪森任副主任委员，统一领导分洪区的移民工作。同时分洪区建立各级移民机构，垦殖区建立各级安家机构，负责处理和解决移民搬家、安家等问题。

1951 年 11 月下旬，荆江分洪区域内的大批居民开始外迁。

整个移民工作分两步进行。

第一步是移出 6 万多人到荆江北岸的人民大垸垦殖区。

1952 年 3 月初开始移民垦殖，1953 年春耕大生产前结束，开垦荒地约 12 万亩。同时动员江陵、监利、石首三县民工 55000 人，新修人民大垸，培修堤防 53 千米，疏通了内部沟渠。

公安县闸口区，有一个叫重湖的地方，湖边有个坪百乡，世世代代居住在这里的村民多达数百户。迁移的决定下达后，村民们明白，他们要离开故土，迁到江北去! 经过动员、躁动、议论、准备之后，老乡们拥护政府的决定。尽管经历过荆江洪患的农民们理解搬迁的重要性，知道从此他们就要告别日复一日年复一年对荆江洪水的恐惧，可故土难离啊，很多人都是含着眼泪开始收拾家里的东西。他们想说，再等等，让我们在这片土地上还生活几天，还体味一下重湖边吹来的春风，可这一天终于还是到来了。一个春和景明的日子，坪百乡如期举乡搬迁。

当一家家搬出锅碗瓢盆、床柜桌椅，当一个个男人爬梯上顶揭下自家屋上的瓦，一头头牲口被拉出栅栏时，重湖上驶来一只只扬着帆篷的船只，一件件行李往船上运，一头头耕牛、肥猪往船中拉，再清点自家的人数，最后望一眼熟悉的故土，他们就离开了这个再也回不了的村庄了。不，这里已经不是村庄了，房子被拆了，树被砍了，几天之间，村庄已经变了面貌。

船队渡过七八千米宽的湖面，进入内河杨麻河，又行驶一二十千米，到了瓦池湾码头，这里早有板车、马车组成的车队等候，船上的东西全部转到车上，再行几千米就到了斗湖堤江边。

斗湖堤是个中转站，成百上千的移民和他们随身所带的物品从这里转船运往江北，船只周转不开，移民站就组织人工运来木条扎成木排，巨大的木排载重量相当大，上面堆积的东西相当于四只大木船的总载运量。于是在江面上出现了一个奇特的景象——几十只木排浩浩荡荡，像出征的战舰一般。

在斗湖堤移民站的安排下，坪百乡的移民在当地居民的家中过了一夜，第二天早上登上帆船，沿江而下，抵达长江北岸的石首县新厂镇，再转入一条内河行驶二三十千米，辗转数道，最终到达移民的新居地——石首江北垦区，即人民大垸。

坪百乡在公安消失了，他们是举乡搬迁的。而人民大垸却为石首增加了新的村落。

在这次搬迁过程中，有很多新鲜事，一些老人们回忆起来，大都津津乐道。

这里说的是一支关于棒棒军的故事。有一天，在分洪圈的南部阡陌上走来了一帮青壮年，他们每人肩扛着一根竹棒或扁担，边走边高呼着口号："天下农民是一家，帮着荐祖去搬家。"咦，莫不是重庆朝天门的棒棒军来了？不，不是的，他们是石首县官平乡的义务扁担队，是专门帮助移民搬家的。

这帮忙的荐祖，不是一个人，而是一个乡，它不通车船，得肩挑背扛。

收拾了物件的荐祖人正在为劳力着急，来了这支棒棒军，家家户户连忙惊喜地迎上去。

再来说说吹唢呐嫁闺女的故事。这一日，在公安郑铺乡的原野里，随着咚咚的锣鼓声，呜喇喇地吹起了悦耳的唢呐声。正在这搬迁转移的时节，是谁家选这个节骨眼儿嫁嫁女儿啊？居住在斗湖堤边的瞎婆婆听到热闹的锣鼓声和唢呐声，赶紧让孩子小虎把自己扶出了多日未出的屋门。

"咚咚咚，锵锵锵，呜地喇……"锣鼓声愈来愈近，瞎婆婆道："是哪个屋的姑娘出嫁哟？"邻居张婶娘笑了："婆婆，是嫁郑铺乡哟。郑铺乡要嫁到江北人民大垸去了哟。"

瞎婆婆啊啊地应着，她早知道公安要做分洪工程了，老人应道："好！好！听毛主席的话就有饭吃哟！"人们朗声大笑。

锣鼓声送着郑铺乡迁移的板车队缓缓而行，人们拥簇着移民大队人马上了船，锣鼓更响，唢呐更欢，有人在岸边放起了鞭炮，热泪盈眶的不仅仅是移民，还有送行的人们。

而江北的岸边也聚起了一支迎接亲人的锣鼓队，船还在江面上没有靠岸，这里就响起了欢呼的口号："欢迎江南来的伯伯叔叔婶婶兄弟姐妹们！"欢呼声中还有人唱起了湖南花鼓调：

　　人民政府为人民，要把水灾来断根。想定治水好主意，开个水库把洪分。蓄洪移民确实好，江南江北都安宁，大家齐心把家迁，治理荆江享太平。

人民大垸的范围包括鲁公、张肇、罗成、顾兴、永护、梅超、黄金等37个大小民垸，面积210平方千米。这里的土地十分肥沃，一望无际的荒野，望不尽的野草、芦苇。因人少地多，无法开垦，民间有一首流传的歌谣："宁种远道十里滩（指淤洲），不种屋旁黄土岗；淹了秋季收春季，一季等于三年粮。"还有一首云："石首刘发洲，十年九不收。若有一年收，狗子不吃糯米粥。"

这里有些小镇子，总共不过几家小店铺；而一些方圆百里的乡村，散居的人也不到千人。

单拿横沟市来说，方圆 25 千米也只有 900 来口人。这片土地的辉煌已成历史，1930 年，横沟市是贺龙领导的湘鄂西苏区的一部分，这里成立了红色政权，人口陡增，工商业繁荣，大小作坊、店铺挤满了街道，一栋三层楼的修械所，打大刀、长矛、镰刀、斧头，风箱拉出的炉火中，叮叮当当的打铁声不绝于耳。那时，这里还成长了一位英勇的战将，他是贺龙麾下红六军的纵队司令段玉林。

自从红军转移后，反动派洗劫了这片热土，人被杀了，房子被拆了，热闹的横沟市成了荒漠。

幸存下来的横沟人做梦也没有想到，这里还会再度热闹起来。成千上万的移民像潮水一样涌来，在这个荒凉了几十年的土地上开疆辟土。他们在荒野里筑起了一条长达 53 千米的防水围堤，他们从来没有看见过的拖拉机拖着大犁耙，在田野里纵情翻耕，犁出一片湿润的泥土。这些新翻的泥土会开出花来，长出粮来，那是美好生活的基础。

他们砍伐柴山，在原野上用野草芦苇扎起了一间间金黄色的茅屋，谁家的母鸡唱出了下蛋的欢歌，谁家的狗兴奋地吠叫起来，市井之声又回到人间。移民们在这个新居安顿下一家老小后，即投入生产中。

当 65000 名移民全部在这片荒原上安居下来时，已经到了春风浩荡的 1952 年。在割了芦苇的荒滩上，他们用石磙将芦苇碾进稀泥，在泥面上栽上秧苗。

人民大垸容纳的 65000 人，还不到分洪区涉及的移民的三分之一，后期还有 17.5 万位于太平口西南虎渡河沿岸的居民，分别迁移到松滋、公安、石首三县的 30 多个安全区、台内。

这是移民安置的第二步，即结合生产、分田和修堤，这一项工作要求在 1953 年 6 月中旬完成。

国家拨出的移民经费共计 699.51 万元，按不同情况每户补助 34~42 元，发放了 5 万元农业贷款，抽调了 600 余名干部在荆江两岸设立了十几个移民站，组织了 2 万吨帆船帮助移民搬家，采购了 40 万根杉木皮篙、80 多万斤岗柴、1300 多万斤稻草、80 多万根竹子和 20 万斤仔篾，基本满足了移民建房需要。

兵马未到粮草行

即将开始的这一场大战已经一触即发。在大军入境之前，荆江分洪总指挥部及前线指挥部在汉口成立。所谓兵马未到，粮草先行，带兵打仗的人都知道这是打好大仗的关键。

三月的春风拂过江汉平原，杨柳吐出嫩芽，大地返青，指挥部的后勤财务人员率先来到了工地。他们到工地一看，傻眼了，从太平口到黄山头，还没有一间工棚，太平口简直就是一个张着的大口，除了那个口，除了一望无际的原野，什么都没有，就算是黄山头，也只有两家小小的杂货店。

怎么住？吃什么？用什么？一旦大军到来，这可怎么办？那可是一支 30 万人的大军啊！

考察情况迅速上报总指挥部，紧急支前会议立即召开，来自汉口、荆江和长沙、常德的两湖党政要员火速赶往石首县藕池镇。来自荆州、常德两个专区的领导在会上表示，全力听从工程指挥部调遣。并保证负担工程全部供给。工程所需的粮食、柴草、工棚材料、木工工具、铁锹等所有物资供应，全部在三月底运达工地。可此时离三月底只有半个月了！

工棚搭建、粮食保管与发放、伙房、食材及日常用品，还有茅房。

摆在面前的是千头万绪的采购与协调。

首先要解决粮草问题。

荆州与常德的领导们协调了一个具体的方案，他们首先解决粮草问题，采取了两个办法：一是规定两湖各县的民工大队自带粮食，二是就地设立粮食仓库，专门供应解放军。

于是在黄山头和太平口，一栋栋茅草仓库迅速建起，在草仓的四周有一圈排水沟，仓库里先是铺了两层劈柴，劈柴上再铺上稻草，稻草上再铺上芦苇，粮食就堆在了芦苇上。堆粮可有个诀窍，边缘得码得比中间高，这样，粮食既可防潮，又不致升温。

部队的口粮有个标准，即每人每天 2.6 斤粮食，每人每月 3 斤肉。

从分洪工程的档案里看到这样一组数字：大米，559 万斤；面粉，1055 袋；食油，30 万斤，黄豆，28 万斤；木柴，500 万斤。

从太平口到黄山头，共设有 7 个供应站，有一位发粮员在没有磅秤的情况下用杆秤称斤发放，一天竟发放粮食 5 万多斤，胳膊都抬不起来了。

其次是解决厕所问题。

这可是一个令人头疼的大事。吃喝拉撒，解决了吃住问题，得跟着解决厕所问题。想想 30 万人的大队伍源源不断开往工地，如果随地大小便，无疑会臭气熏天。唐天际总指挥指挥了大大小小的战役无数次，但基本上都是在野外作战，全是男人，打起仗来哪顾得了那许多，随地解决大小便是常事。可这是工地，有女工，还是 30 万人作战，这个问题不解决好，可会添大麻烦。

亏得松滋县民工总指挥想了个土办法，在地上挖坑，架起跳板，四周围上芦苇编成的席子，盖上茅草，嘿嘿，这个简易的茅厕可真管用！有人提议在茅坑里撒些石灰，可以杀苍蝇、压臭气。

这个经验迅速推广，呼啦啦，工地上迅速盖起了 562 个茅厕，每个厕所里有 20~30 个蹲坑，这样蹲坑就有大约 15000 个，按 30 万人计算，可以保证每 20 来人有一个蹲坑。

据资料，这 562 个茅厕建成后，工程建设期间清理粪便的任务就交给了太平口、黄山头附近的农民。运粪船来往穿梭，有次大雨后，工地调来了 400 多位农民，一下子掏走 40 余吨粪便。这可是上好的有机肥料，黄山头和太平口四周的村庄的庄稼地那一年是吃足了肥料，所有的田垄都呈现一片绿油油的丰收喜庆景象。

吃喝拉撒解决了，再来看看日常用品的采购情况。

荆州专署抽调了 318 名贸易干部，他们与从沙市、武汉、枝江、长沙、津市、安乡、常德、南县、源陵、益阳等县市抽调来的 100 多人合成了一支近 500 人的大采购团，他们一到工地，就自己动手搭建供应站，做成仓库和商店，82 所贸易站与工棚连在一起，既方便了民工和军队，也方便了物资发放和销售商品。

即使是下雨天，这些供应站也照常营业。黄山头供应站的营业员人均每天接待顾客 300 人以上，供应站每天开出的发票达 1200 张。

其间，工地上出现了一些投机倒把的个体商贩，他们乱抬物价。黄山头有个罗迪安酒坊，套购公营公安酒厂的烧酒在工地高价出售，使工地供应出现混乱。还有汗衫，供应站缺货时，私人商贩就抬高价格销售。为此，荆州商业科决定在太平口、黄山头、茅草街设立专门办事处，登记私人商贩，统一物价，扭转了局面。

有一组供销数字可以反映当时工作量：

食盐，52 万斤；猪肉，22 万斤；鸡鸭蛋，117 万个；香烟，1180 箱；肥皂，3000 箱；煤油，25000 斤；棉布，13700 尺；背心汗衫，5880 打。

荆南四河说"太平"

从沙市四码头溯江而上，西行 10 多千米，即看到长江南岸有一个河口，这就是太平口。

在荆江的右岸，也就是江南，有四条连通荆江与洞庭湖的洪水通道，它是江湖连接的纽带，对确保荆江防洪安全具有重要意义和作用。

这四条河分别是松滋河、虎渡河、藕池河和调弦河，它们在长江的入水口，亦称江南四口。荆南四河地区河多、垸多、堤多、水系紊乱，历来洪涝灾害频繁。荆南四河的堤防为长江支堤，它的级别低于干堤，其总长度为 653.46 千米，其中，松滋河堤防长度为 452.04 千米；虎渡河堤防长度为 59.74 千米，这包括南闸下游左岸水管所至麻雀嘴 5.23 千米；藕池河堤防长度为 112.71 千米；调弦河堤防长度为 10.07 千米。其他串河及围垸堤防长度为 305.327 千米，耕地 14.13 公顷。

到 1952 年修建荆江分洪工程后，虎渡河左岸堤防成为荆江分洪区围堤的一部分。该堤上起北闸，与长江干堤相接，下至南闸与南线大堤相连，长 90.88 千米，今称虎东干堤；虎渡河右岸堤防上起太平口，与长江干堤相连，下止黄山头，长 92.99 千米，其间被中和口汊河自然分割为南北两段，南段今称虎西干堤，长 37.98 千米，北段上自太平口下至大至岗为虎西支堤，长 54.51 千米。虎西支堤上段太平口至里甲口堤段，长 25.3 千米，为涴市扩大分蓄洪区围堤。

荆南四河原为分散的民垸，1860 年、1870 年和 1935 年的几次大洪水时，它多次出现溃决，损毁严重，至 1949 年时大都支离破碎。堤身普遍低矮单薄，堤面宽 3~5 米，堤身隐患众多，无滩堤段长达 150 千米。

太平口是虎渡河的入水口，也是荆江分洪工程的进洪闸所在地。虎渡河在太平口汹涌而入，形成了一条奔腾的支流，太平口的功能就是分泄荆江洪水，经虎渡河入洞庭湖，以保荆江堤防安全。

明代末年，虎渡河进口两岸筑有石矶锁门，口门宽仅丈余。清康熙十三年（1674），吴三桂叛军进驻江陵，为运输粮秣，将石矶尽行拆毁，将太平口门拓宽至数十丈，虎渡河分流量加大。从南宋乾道四年（1168 年），荆江发大水，湖北安抚使方滋"夜使人决虎渡堤，以杀水势"以来，太平口就不再太平，演绎了无数过惊天地、动鬼神的故事，而其根本原因就是湘鄂两省封堵穴口之争。这一争就是数百年，直到新中国成立。1860 年、1870 年，长江两次发生特大洪水，使藕池、松滋相继溃口，而形成了藕池河和松滋河，也就形成了如今的"荆南四口"分流的格局。

江南四河，松滋河称松滋口，藕池河称藕池口，调弦河称调弦口，为何虎渡河不叫虎渡口，而称太平口呢？说起来这里可有一段故事。

据说湖南省有位都督杨令公，有一年，他带兵北上攻打荆州，行军至虎渡口，这时天色已经昏暗下来，江北星星点点的灯光若隐若现。杨令公传令队伍就地安营歇息，第二天再渡江攻打荆州。

队伍刚扎下营寨，军师就慌慌张张地跑来了，一见杨令公便道："主公，快快离开，此地不可久留！"

看见军师气喘吁吁的惊慌模样，杨令公不禁一愣，军师向来稳沉，从来都没有如此失态，他慌忙问道："军师，何事慌张？"

"主公啊，我刚刚向本地老百姓打听，此地名叫虎渡口啊，这不吉利呀，俗话说羊入虎口口吞羊。"

"此话怎讲？"杨令公丈二和尚摸不着头脑。

军师上前一步，在杨令公耳边道："主公姓杨啊！"

"啊！"杨令公一听也着慌了，赶紧传令马上拔营，连夜渡江。

正在此时，跑来一位姑娘，她是随营开拔的夫人的贴身丫头，她慌慌张张地说夫人突然得了急病，大烧大冷。杨令公只得又传令暂时按兵不动。

且说夫人冷热寒战，打摆子难受三天三夜，兵马也只得停留在虎渡口三天三夜。等夫人身体刚刚恢复，这天清晨，晓雾还未完全散去，杨令公即令兵马渡江，准备攻打荆州，而此时早已得到探报的荆州守军已是万事俱备，只等杨令公过江，杨令公的人马乘船快至江北岸边时，岸上守军万箭齐发，船上人马纷纷落入江中，死伤大半。

杨令公只得退回到江南岸，他沮丧地说："这个虎渡口太不吉利了，先是夫人生病，后是出师不利，得改个名字，就叫它太平口吧。愿它保佑我军平平安安。"

据说第二年杨令公又带队来攻打荆州，仍然在太平口扎营，清晨渡江，这一年他果真打了大胜仗。从此虎渡口就叫太平口了。

只是当地的百姓却没有因此而过上太平的日子，每至汛期，荆江洪水一涨起来，虎渡河就跟着涨，这时的百姓长期处于对洪水的畏惧中。

虎渡河流经之地有不少地名蕴有传奇色彩。比如下游距黄金口乡约3千米的金猫口，相传这里曾出土一只纯金所铸的猫，因而得名。另一说是刘备驻军油江口时，其夫人饲养了一只金色猫，每日黎明小猫都准时叫醒主人，侍女奇之，孙夫人说：我喂的那只小猫，就像是一只金猫。坊间甚传此说，久而久之即得名。距黄金口老街不远，原有吕蒙祠，三国时东吴为纪念吕蒙偷袭荆州有功而建。后来明朝一位叫刘珠的进士过此，贬吕蒙而崇孔明，便火烧吕蒙祠，改建武侯祠。后武侯祠毁于火灾。再如黑狗挡河是虎渡河与松滋河东支之间的一条串河，相传1860年前后虎渡河边堤垸常遭溃决，人们为了镇邪，用一只黑狗奠基筑堤。新中国成立前，荆江两岸久旱不雨，村民便请和尚念经，祷告天地，乞求降雨，仪式上，还把一只狗绑在椅子上，由两人抬着，前呼后拥，称之为"狗老爷游乡"。

无论民间有多少传说，虎渡河，这条荆江的支流，千百年来，在它沿岸土地上生活的居民只要到了每年的五月入汛期后，祖祖辈辈都在心中祈祷，在一种担惊受怕中度过汛期。

1950年的寒冬腊月，在一望无际的原野里出现了一支队伍，他们身背行李，用马匹驮着测量仪，浩浩荡荡开进了太平口。他们不顾天寒地冻，挥舞着手中的小红旗，架起一个个机器，眼睛瞄了又瞄，然后插上标杆。

太平口的老百姓不知道这些操着天南海北口音的人是干什么的，直到这些人分散到附近各村的庄户人家投宿，人们才打听到原来他们来自武汉，是长委会的测量队，国家要在太平口修个大闸，他们为选进洪闸的闸址而来。

老百姓们有些不相信，这么大个虎渡河，那要修多大的闸啊？直到一年后，上面正式下达文件，消息从荆州传到县里，再传到乡里，再传到村里，这该是确凿可靠的消息了，老百姓还是不敢相信。他们心想，什么啊，洪水来了就开闸把水放进分洪区关起来，再大的洪水也不怕了？谁有这个能耐，那得修个啥样的人怪物呀，该不是做梦吧？

直到成千上马的解放军如天兵天将涌上南岸，太平口的百姓才真是相信了——咱们这地方是真的要大变样了。

1952年的春天在太平口发生的那些事情至今都为太平口人津津乐道。人们看见江面上成千上万只船往来穿梭，汽船、帆船、驳船、小木划子，它们装着队伍，装着工人、装着农民，潮水一般涌来。不仅仅是江面上，堤防上、公路上，到处是人吼马叫，把个太平口闹得像煮开了一锅水一样翻滚沸腾。小小的太平口在这个百花盛开的春天迎来了88000多人，让太平口的百姓们目瞪口呆。

这才真是做梦都没有想到的景象。

一座座工棚在绿漫天涯的油菜田和麦地中搭起来，一顶顶行军帐篷在宽敞辽阔的大地上支起来，这88000人要在这里拦腰斩断虎渡河，要在这里备物料、挖闸基、扎钢筋、浇灌混凝土、安装闸门，他们的工期是三个月！

指挥中心在沙市

与太平口一江之隔的江北，就是紧挨荆州古城的沙市，荆江分洪工程总指挥部和前线指挥部就设在这里。

沙市是一个小城，它最早出名是因为1895年甲午战争之后清朝政府与日本签订的《马关条约》，在这个不平等条约里有一条：开放沙市、重庆、苏州、杭州为通商口岸。从那以后，日本人在这里设领事馆，在沙市办公司，搞贸易，码头成为一个洋码头。1938年日本侵略军占领沙市后，日本人在这里更是无恶不作，他们在刺柱上刺死平民，烧毁民房，奸掳烧杀，中山路还留有一根刺柱，那是日本人侵略中国的罪证。

1945 年 8 月，中国人民经过十四年艰苦卓绝的浴血奋战，付出了巨大的牺牲，终于迎来了抗日战争的最后胜利。可一年后蒋介石下令调动 20 多个师及 9 个游击纵队向中原进军，发动内战。1949 年 4 月，人民解放军在以毛泽东为首的中央军委领导下，取得辽沈、淮海、平津三大战役的伟大胜利后，强渡长江，万帆竞发，占领南京。从 4 月 23 日至 5 月 17 日，南京、九江、上海、武汉相继解放，国民党军长江中下游全线崩溃，但沙市至巴东长江沿线仍为国民党宋希濂指挥的 14 兵团盘踞。为了加强防守，他们调集重兵，并在沙市至宜昌的长江两岸修筑了大量钢筋水泥工事，构筑了稠密的堑壕、碉堡，埋设了大量地雷，计划一旦失守，即炸开江堤。为了彻底粉碎国民党的阴谋，沙市地下党组织积极开展统战工作，联络有关人士，与驻守沙市指挥炸堤行动的国民党川湘鄂绥靖公署少将副参谋长兼江防司令周上璠多次接触，希望他以大局为重，弃暗投明，保护荆江大堤，将功赎罪。经努力，周上璠三次拒绝执行宋希濂炸堤命令，并派人将执行炸堤任务的 5 名特务处决，保护了荆江大堤的安全。7 月 15 日凌晨，攻打沙市的战斗打响。解放军四野第 49 军 147 师，145 师 439 团、433 团、440 团等参加了战斗。面对强敌，解放军浴血奋战，俘虏 1454 人，歼敌 64 师 190 团一个营及 191、192 团，缴获敌人各类武器数千件。当日下午 2 点左右，战斗胜利结束，沙市宣告解放。

到二十世纪七八十年代，沙市发展成长江沿岸著名的轻纺工业城市，在二十世纪九十年代，沙市又与荆州合并，开始了建设现代化大城市的发展时期。

此时是 1952 年春天，随着荆江分洪工程的紧锣密鼓的准备，一些重要的党政军领导人聚集沙市，这里又成了一个新闻城市，新闻的焦点聚集在沙市江边的一座青砖红瓦的两层楼房中，荆江分洪指挥部即设在此楼上。

指挥中心位于观音矶下，与万寿塔遥相呼应。这是荆江分洪的神经中枢和指挥心脏。所有工程的重大会议都在此召开，所有重大决策都在这里形成，所有重大命令都在这里发出，所有来工地的重要人物和外宾都会在这里留下足迹。荆江分洪工程总指挥唐天际就住在这栋大楼里。

在武汉市委大礼堂召开动员会之后，荆江分洪工程指挥部总政委、湖北省委书记、省长李先念就率领一支车队朝着沙市观音矶这栋指挥大楼而来。他从唐天际那里获知，工地上部分工程已经开工，更多的是在备料准备中，但怀疑和畏难情绪正像一种传染病在工地蔓延。

有人对三个月完成工程任务持怀疑态度，他们认为，美国在密西西比河下游曾修建了一个分洪区，进洪闸与北闸差不多，流量还比北闸小一些，但工程历时三年才建成，而荆江分洪工程不仅仅只是进洪闸，还有一个节制闸，况且，长委会的工程设计还没有完全细致的方案。

打退堂鼓吗？

那怎么可能！千难万险也得克服，没有过不去的坎，咱们靠小米加步枪打下了江山，举全国之力还修不成一个闸吗？

李先念总政委召集了荆江分洪工程各指挥部领导成员开核心会议，他高大魁梧的身躯站在会议室长桌前，激动地说道：“今天这个会就是解决思想问题，咱们领导核心层一定要统一思想，不能有不同的声音！谁光叫喊困难而不去想法克服困难，谁就是右倾！而我们革命工作者，就是不怕困难的。”

在场的人看着总政委，口里不敢说什么，心里却还是没有底。李先念的目光扫视全场，他意味深长地说：“同志们，我给大家讲个故事吧，这是关于苏联元帅伏罗希洛夫的故事。”

34年前，也是这样一个四月的季节，新生的苏维埃共和国遭受外国干涉军和国内反动派的疯狂进攻。为保存实力与财富，列宁命令红军乌克兰第五军军长伏罗希洛夫组织战略转移。

此时伏罗希洛夫正在乌克兰卢甘斯克抗击德军，接到命令后，他一边抵挡德军进攻，一边调集列车，将苏维埃机关、工人和家属以及枪炮弹药、服装粮食、机器设备装载上车，进军察里津。

80列车厢绵延30俄里，共乘坐5万人，大部分是儿童、妇女和老人。地上有追兵，天上有敌机，队伍边走边打，有一次，一列救护车遭到哥萨克的突袭，手无寸铁的伤病员及医务人员几乎全被野蛮地砍死，600人仅活下来70人。

如此惨烈的生存环境让一些同志惊慌起来。他们断言这样无法到达察里津，有人甚至提出丢弃列车逃命。伏罗希洛夫针对这种情绪，立即召集骨干成员会议，统一思想，树立必胜信心，他坚定不移地宣布：

在任何情况下，绝不丢弃列车，必须到达察里津！

伏罗希洛夫带着队伍又出发了，他没有想到，在前面还有更大的困难等着这支队伍。列车进入顿河草原后，发现顿河大桥竟被敌人炸毁了，道路被阻断，哥萨克从四面进逼，情况万分危急。敌人派来了军使劝降。

伏罗希洛夫决定：抢修顿河大桥，誓死不投降！可眼前的顿河大桥被炸得面目全非，想要修复简直比登天还难，这样的破坏程度即使是和平年月，至少也得半年才有可能修复。退路是没有了，5万人的生死全在这座大桥上。修！抢修！用最快的速度抢修！伏罗希洛夫坚定地下达命令。队伍一边构筑防御工事与敌人血战，一边组织战士、工人、妇女和儿童配合工程技术人员抢修。

奇迹出现了！仅仅三个星期，顿河大桥就修复了！前方也粉碎了哥萨克的进攻，这支队伍最后竟然到达了察里津！

李先念的故事讲完，会议室里鸦雀无声，过了一会儿，爆发出热烈的掌声。

正在这时，话务员急步走进会议室，将一份紧急电报递到唐天际的手中，唐天际看罢电文，悄悄离开会议。

大家的热情高涨起来，苏联老大哥在战争中创造了奇迹，咱们中国共产党人在和平的年代一定也能创造！大家全面分析荆江分洪工程战役胜算的因素，再一次研究作战方案，再一次部署工作任务。

这个4月13日的会议，开了整整三天，到4月15日才结束。

李先念总政委主持召开的会议统一了思想，统一了认识。这是指挥中心的关键会议，它及时扼制了悲观怀疑的情绪，鼓舞了士气。这个设在沙市的荆江分洪工程指挥中心，从筹备到开工，从建设到完工，没有向中央叫过困难，没有提出过额外要求。他们像伏罗希洛夫所带领的部队一样，创造了一个为国人、为世界瞩目的奇迹。

再说唐天际当时拿着的电报是什么紧急情况。原来，一支装载石灰的帆船队在岳阳附近洞庭湖中遇险，随时有被风浪覆没的可能，请求援助。

唐天际总是在会议中接到这样的加急电报，在广西召开剿匪庆功会时是这样，此时此刻也是，他立即指挥总指挥部交通运输部派船营救。

可运输部报告，无机动船可派。

唐天际的心中着实着了急，此时此刻，会议室里李先念总政委正在给大家树信心，鼓勇气，这个节骨眼上，洞庭湖的船队可千万不能出什么大事啊。

他不动声色地对随身参谋人员道："走，咱们到前面看看去。"唐天际迈着矫健的步伐，走出大楼，走上江堤，走到观音矶头，走到码头。

此时的沙市江面上，从各地载运货物的轮船、驳船、帆船，停泊卸货，绵延数里，桅杆在江面上好似一片森林。而江岸和荆江大堤上，堆满了机械、钢材、石灰、水泥等货物。他的心陡地一亮，就在江边寻找轮船！用总指挥部的名义征用，另电告岳阳政府和驻军，请求支援。唐天际刚向参谋们发出命令，有人惊喜地报告："将军，看，前面来了一艘轮船。"顺着说话人手指的方向，只见下游的江面上一只美式巨型登陆艇正溯江而上，朝观音矶开来。

这真是逢机遘会。唐天际高兴地道："旗语准备！"参谋们本是跟着唐天际刚从剿匪前线撤下来的全副武装的战斗部队，一听到将军叫旗语，马上从总指挥部警卫营调来了旗语兵。

登陆艇愈来愈近，旗语兵在观音矶的矶头举着红绿手旗，向登陆艇发出"向我靠拢"的信号。

登陆艇不回答。

旗语兵不停地挥舞旗子，登陆艇仍不理睬。

"鸣枪示警！"将军命令。

参谋们几乎同时拔出手枪，举向天空，"砰！砰！砰……"

登陆艇不但没有回答，而且开足了马力，从它的烟囱里腾起一股黑烟。

"砰！砰！砰……"岸上又是一阵枪响。登陆艇再次腾起一股黑烟。

参谋们无计可施地望着唐天际，心里想，随它去吧。

唐天际显然也动怒了，他从牙缝里挤出两个字："炮兵！"

有人转身跑去调动炮兵。一门六〇迫击炮被调来，这时登陆艇已行至观音矶面前。

"瞄准船头200米！"唐天际命令："升炮！"

随着轰的一声震耳欲聋的炸响，10多米高的水柱在江心腾出水面，登陆艇减缓了时速，有手语旗向岸上示意："这是军船！"

唐天际道："命令它迅速靠岸，不然就地击沉！"

登陆艇不得不调转船头，向岸边驶来。从船上走下来全副武装的一队军官，满脸的怒气，他们想知道谁有这样的胆子，竟敢拦截军船！

他们走上堤，看到观音矶上也是一群军人，他们簇拥着一位首长，首长剑眉紧锁地冷眼瞧着他走近。船上来的军人向紧盯着自己的唐天际质问道："你们是干什么的？为何向我舰开炮？"

唐天际上前一步道："我是解放军21兵团政委、荆江分洪工程总指挥长唐天际。"他看着对方道："毛主席派我在此修建荆江分洪工程，现在遇到了困难，我要借你的船。"

对方"啪"地行了一个军礼，然后报告："报告首长，我部是受华东军区命令，赶赴重庆执行紧急军务……"

唐天际此时方知对方是华东军区一位师长，要按期赶往重庆。唐天际道："我这里情况十分紧急，一支船队在洞庭湖急待抢救，现在全国都看着荆江分洪工程，绝不能让船队出事，请你顾全大局，暂时听从我的命令，我马上将这个情况电告华东军区。"

师长马上回答："听从首长指挥！"又对身边的一位军官道："命令部队马上上岸。"

只一会儿，数百名军人就全部登岸。登陆艇随即收拢跳板，调转船头，向下游快速驶去。

就在唐天际向登陆艇开炮之时，荆江分洪总指挥部接到了来自中南局的电话，电话里说周恩来总理十分惦记荆江分洪工程，他说怎么没听到你们叫困难，若是有困难，尽早提出。唐天际从江边回来，读到这份电话记录，心情久久没有平静，总理事务繁多，日理万机，却还关心着荆江分洪工程，他的心理暖烘烘的。他拿起电话，接通了中南局邓子恢："请转告总理，我们能战胜困难！"

营救任务出色完成，三日后，登陆艇返航，分洪总指挥部敲锣打鼓欢送登陆舰的官兵返回登陆艇，船上的军人和岸上的军人依依惜别。

红花献给饶民太

在千军万马涌入荆江分洪工程工地时，有一支特别的民工队伍是最早到达的，他们共有15000人，从松滋县而来，带队的是县长饶民太，他们的任务是在虎渡河上拦河筑坝，以确保下游黄山头节制闸顺利施工。

他们来时，江南的春雨带着寒意漫天而下，让穿着草鞋、戴着斗笠的他们感到寒冷。因为工棚还未修起来，这支万人大军暂时分散到沿河村庄的村民家中借宿。已是黄昏时分，而他们的县长刚带着村乡区三级干部徒步朝虎渡河边走去。

四十出头的饶民太是安陆市刘兴乡饶家中湾人。他幼时曾读私塾 4 年。1938 年参加抗日，次年 10 月加入中国共产党，曾在陂孝汉等地任抗日游击大队长、办事处主任兼敌工科长、公安局局长等职。1946 年"中原突围"后，饶民太留任云孝工委书记兼县长，领导游击队反击国民党军"封湖围歼"。1948 年 5 月任云孝县副县长兼城工部长，组织城工部以武汉为中心，卓有成效地开展地下斗争。1949 年 4 月 5 日，饶民太同曹正科率军解放孝感，5 月奉命赴松滋剿匪，7 月任松滋县长。

此刻饶县长站在虎渡河河口，望着波涛汹涌的河面，耳听得河对岸的闸基地已是人声鼎沸，他对手下的村乡区干部们道："这里就是我们的战场！"饶民太指着眼前的河流道："总指挥部给我们的任务，是拦腰切断河流，筑坝挡水。一来确保南闸施工，二来打通虎渡河西岸与东岸的交通。"

"啊？拦腰切断河流？"跟来的村长、乡长们懵了，这个河足有一里路宽啊！得多少土来填啊？

有人摇了摇头，有人面面相觑，有人伸出了舌头。

"没错！这条坝设计长 557 米，脚宽 169 米，坝高 13 米，计划土方 19 万多立方米。记住：北闸总指挥部给我们的时间是 20 天！"

"啊！"又有人惊叫一声。"老天哪！ 20 天，19 万立方米的土，那怎么可能！"

饶民太哈哈一笑："怎么啦，吓住啦？我去北闸指挥部接受任务时可没有流露丝毫难色的，你们还没开工就胆怯啦？"

饶民太说的是实情，他先一天到北闸指挥部报到时，担任北闸指挥部副指挥长的阎专员见到他，高兴地把他介绍给了其他几位首长，然后对他说："你们的任务已经分配，一会儿指挥部首长会给你们下达命令。"

经历了多次战争的饶民太这几年已经很少听到"命令"二字了，

现在这个威严的字眼让他的心立即收紧起来。

湖北军区副政委兼北闸指挥部政委张广才给他下达了任务，并特别问道："有困难吗？"

怎么没有？饶民太在心中暗想，可这是叫困难的时候吗？三个月要完成整个工程建设，哪个没有困难？他坚定的目光望向张政委："共产党人没有克服不了的困难！"

"好！"张政委紧紧握了握他的手。阎专员特地叮嘱道："要做好动员，这可是命令！"

想到这里，饶民太道："你们听清楚，这是命令啊！命令就是用打仗的办法来干，只有前进，不能后退，只准成功，不准失败，只准坚决执行，不许讨价还价！"他顿了顿突然提高了嗓门："咱们松滋人不是孬种，我们一定要按期完成任务，你们有信心没？"

"有！"他身后的一群男人高声回答。

从县长到区长，从区长到乡长，从乡长到村长，从村长到民工，一个个群众性的动员会在北闸附近的村庄那些借住的村民家进行，短短三天，他们做好了准备，统一了思想，接受了任务，鼓足了士气。

3月26日清晨5时30分，晨曦刚在东方出现，15000人就扛着铁锹、担着箢箕出发了，他们迎着朝霞齐聚虎渡河畔，开始了挖土填河的工程。每个队都巴不得自己挖的土方比别人多，大家拧成一股绳，就想把时间往前赶，把工期往前赶。

从虎渡河口放眼望去，工地上挖的挖，挑的挑，人挨人，人挤人，一条道上去去来来，箢箕碰箢箕，竹扁担碰竹扁担，人们越是着急，越是走不快，忙的忙，等的等，工地上混乱一片，狭窄的地带根本施展不开，一天下来，人工挖土只有 0.2 立方米。饶民太急了，他站在堤上想办法，终于，他想出了一个"堤上分行，堤下插花"的办法，让挑土的人在堤上成队"分行"走，挖土的人在堤下定点"插花"，这真是一个出活的好主意，分行插花扭转了拥堵窝工的局面，做到了事半功倍。由人均工效 0.2 立方米提高到 1.9 立方米，最高达到了 3.5 立方米。

工效提高了，可工地上迟到的人也多了，春季是最好睡觉的时节，早上五点半，天才蒙蒙亮，一些民工准时上工了，可还有些民工一直到七点钟都还未见影子，他们还躺在被窝里睡大觉哩。睡大觉的人影响了准时上工的人，怎么办，光批评可不成，批评了这个，那个迟到了，今天批评了，明天准时上工，到后天又迟到了。饶民太又想了一个办法，他说全体人员咱们明天起个大早，去参观一下大闸基地的建设进度。民工们觉得县长好新鲜，自己的工程还未完工，就想去看看人家的工程。他们果然起了个大早，跟着县长到了闸基地。

清晨的原野上，远处黛色的村庄似乎还在睡梦里，而闸基地已是热火朝天。在嘹亮的军号声中，一队队解放军战士走进工地，搅拌机轰隆隆地唱着歌，工人们有条不紊地在机器下作业。这一情景看得这些民工们发了呆，他们才明白县长带他们来参观的用意。说来也奇怪，饶民太没有批评他们，也没有惩罚他们，只是带他们来看看了闸基地的工作情景，这帮松滋来的民工们就立马改变了懒散拖沓的作风，也少有迟到现象了。

饶民太有一种天然的亲和力，他在工地上巡逻察看，发现有的中队的民工因为工地的紧张和繁忙出现了怕苦怕累的情绪。他知道，这个时候，切不能打退堂鼓，这种怕苦怕累的情绪一旦传播开来，就好比传染病，会感染他人，那将大大影响工程进度。他不声不响地走到这个中队，拿起扁担，让挖土的民工多往箢箕里加一锹土。他挑起土来健步如飞，看得民工们直伸舌头。榜样的力量是无穷的，县长做出了表率，民工们再也没有叫苦叫累了。

土坝迅速向东岸推进，仅仅十天的时间，五百多米宽的河道就只剩下四十多米。

可是就是从这一天起，这四十来米的进度就忽地慢了下来，看上去在这个春天显得还算温柔的虎渡河一下子变得狂躁起来，如同汛期一样变得异常狰狞。土一倒下去，立即被卷走，眼看着倒了无数担土，大坝却还是没有往河东岸推进一尺。

这可咋办？民工们在一起想办法，有人提出在下游堆石头护土，这一招还真管用，大坝又开始向前推进。用石头砌埂护土的办法在大坝向东推进到只剩下 20 米的时候失去了作用。水流得更急了，水面下像有个暴烈的野兽，只要土一倒下去，立马消失，即使倒石头也会被它吞没。

县长着急了，他决定两岸同时填坝，河道边架起了电话线，饶民太像指挥打仗一样对 15000 人进行指挥调度。

上百只木船靠近大坝，搭起了一座浮桥，用以连接两岸运输。

参与过这次填坝的民工们永远忘不了这一天，1952年4月9日，当合龙口只剩下6米的窄口时，已经阴沉了很久的天空突然雷电闪闪，风雨大作。

这是长江的桃汛来了。桃汛这个名词始于汉代："来春桃花水盛，必羡溢。"自此始有桃汛概念。

彼时上游冰泮水积，川流猥集，波澜盛长。而适遇大雨，桃汛涨得突然，窄口急流更是汹涌。危急时刻，饶民太听取技术人员和民工们的意见，决定采取荆江一带传统的抛柳枕法来堵口合龙。

柳石枕是一种较好的水下护坡护根工程，能适应水底的变化情况。在堵塞决口和堵截串沟时，多采用此种办法。它的规格一般为直径1米，长度一般为10~15米，做柳石枕有一定的要求，要打顶桩、铺垫桩、铺柳枝、捆底绳拦扎放龙筋、放石块，最后捆枕而成。

现在，在风雨交加的虎渡河边，民工们砍来柳树枝，在推枕位置的两侧坝顶打留桩控制抛枕位置，又在距河坝肩后3米处打底勾绳桩，一个个重达五六千斤的柳石枕做成了，人们拧成一股绳将柳石枕抛下去，谁也没有想到，费了九牛二虎之力做成的柳石枕也被"水下的怪兽"吞没了，它又张开了血盆大口。

怎么办？怎么办？传统的办法失效了，得想新的法子。

这时候，一位水利工程师向饶民太建议，采取装石沉船的一字抛枕法试试。

好！饶民太立即同意了，于是两只被民工们称为大柏大鼓的木船装满了大块石，一只90吨，一只135吨，工程师指挥人们用铁缆将两只船固定在了窄口与浮桥之间。

现在，要开始凿船沉水了。忙碌喧哗的工地上一下子安静下来，只听得铁锤和凿子的一声声铁器碰撞的混响。终于，船底被凿开了！铁缆随即解开！人们欢呼起来，可是欢呼声一下子变成了惊叹声！只见那渐渐下沉的船只接近窄口时，一个巨浪打来，满载95吨石头的船只在急流中打了一个旋，猛然扭转了方向，顺着急流如同变成了一片树叶，眨眼冲过窄口卷入下流而去。

"再放第二只！"饶民太在风雨中大声而坚定地下达第二道命令。

当船工奉命解开那只135吨船的铁缆时，一个巨大的浪头打来，扣在船上的铁缆瞬间崩断。在人们发出惊恐叫声的霎时间，大船竟折为两截，一半翻卷着随浪头消失在暮色沉沉的河面上，而另一半被还没有崩断的铁缆拉着，在风雨中的急流里翻滚，发出撕心裂肺的哀号。

人们哭了。雨水和泪水交织在一起，有人跌坐在土坝上，有人摔倒在河堤边，爬起时衣衫滚成了一身泥泞。工程技术人员沉默了，他们经历了很多抛石固基的场合，没有看到过像今天这样的情景。谁也没有想到，就在此时，连通东西两岸的浮桥也被风浪冲垮了，这凶险的虎渡口把人们推向了更加慌乱的境地。

东岸的人望着西岸的人，西岸的人望着东岸的人，人们束手无策。

夜色像一个巨大的幕布渐渐拉合，冷雨打在身上，人们都感觉不到寒冷，东岸的民工一齐望向县长饶民太。

此时的饶民太显得异常冷静，他知道，在战场上，这样的危急时刻，指挥员的镇静是能稳定军心的。他用粗大的嗓门高喊："同志们，大家不要灰心！咱们有15000人，还怕这个五六米的窄口吗？大家先回去休息，中队长在芦苇里集合，我们要召开紧急会议！"

饶民太的声音让在场的民工情绪稳定下来。当夜，那一盏马灯照着饶民太和他的中队长以及民工们你一言我一语地商讨办法，风雨交加的夜晚，一个堵口方案已然形成，仍是抛柳石枕，抛更大更重的柳石枕！

且说浮桥被冲垮后，西岸的民工随着一个叫丁永善的乡长也挤到了芦棚，他们也想到了抛柳枕，但他们想到的是抛八字柳枕。丁永善说："我们把柳枕捆成八字形，顶端面向水，减轻水的冲力，然后，两岸成八字形对抛。"

"好！"他的办法提出后，捆枕队的队员们异口同声地拍手叫好！

就在此时，只听得天崩地裂的一声巨响，原来窄口下游挡着急流的河堤崩倒了一大截。这可是个不妙的信号，如果窄口不迅速堵住，急流有可能冲垮虎渡河东堤，那正在施工的闸基地就会被淹没，后果不堪设想！

22岁的丁永善急了，他要将这情况赶紧报告给饶县长，并告诉县长他们想出了八字抛枕法。可是浮桥被冲断了，人到不了东岸，他站在窄口大声喊叫，可他的声音被淹没在风声雨声和河流的咆哮声中，他叫得声音沙哑也无人听到。他急中生智，拉起一位叫丁人伟的好朋友跳上了一只无桨的小船，两人抓住浮桥残存的冷冰冰的铁缆，顶着风雨向对岸慢慢靠近。

此时一个浪头打来，小船被掀得猛地一歪，丁永善掉在了急流里，等丁人伟回过神来，丁永善不见了，他急得大声呼救。西岸的人们终于听到了呼救声，他们一齐涌到坝上，黑夜里马灯照着风雨中急流滚滚的河流，哪里还看得见丁永善？

"快看，在那儿！"不知是谁喊了一声，只见有一个人影影绰绰在水面上沉浮，他伸出一只手，想要抓住那根被水流冲断的铁缆，人们的心提到了嗓子眼，可是，又打来了一个浪头，将他与那根铁缆打开了，河面上再不见人影，人们发出了一阵惊呼。大家跟着丁人伟喊："丁永善！丁乡长！"正在人们焦急万分的时候，从铁缆的另一头又冒出了一个人头——丁永善终于抓住了铁缆。丁人伟拼命攀着铁缆把船挪过去，将丁永善拉上船，在岸上人们的叫喊声中，两人终于上了岸。

精疲力竭的丁永善在水中打湿了衣裳，此时经风一吹，冻得瑟瑟发抖。人们赶紧把他让到芦席棚里，这时，丁永善闻讯赶来的妻子脱下了自己的花棉袄给丈夫穿上，丁永善顾不得和妻子多说话，赶紧去找县长饶民太。

饶民太此时还在和民工们讨论扎大柳枕的方案，听了丁永善的"八字抛枕法"，一把抓住丁永善的双手，大声道："好！你这个建议太好了！"

这个穿着妻子大花袄的男人嘿嘿地笑了。此时，天已微明。

一夜未曾合眼的饶民太按照丁永善的建议迅速组织民工在长江边和虎渡河边抢运块石和砍伐柳枝。他们冒着风雨，脚下踩着泥泞，两天时间共抢运块石 300 立方米，伐柳枝 5 万多斤。做好了捆扎柳石枕的准备。

雨依然下着，到 4 月 12 日，虎渡河的水位又涨了许多，饶民太不得不把民工分成两拨，一拨人加填大坝，水涨堤高；另一拨人一半在河东一半在河西抢扎柳枕，这些柳枕由原来的一丈长变成两丈长，比原来粗了一倍，钢丝捆牢了这个庞然大物，一个柳枕重达一万八千斤，有的甚至达到了四万斤。搬运队数十人甚至上百人一齐用木杠哼哧哼哧地才能把它抬起来。

到 4 月 14 日，柳枕已经扎到了一定规模，饶民太决定流水作业，一边抢扎柳枕，一边实施抛枕计划。人们聚集在坝口，群情振奋，一个决定成败的时刻终于又等来了。

这些庞然大物在岸边摆成了八字形，顶端朝着荆江方向，两边的民工同时抛枕，吼声震天，由于顶端迎向上水，水的压力大大减小，柳枕终于卡在了窄口处，"八字抛枕法"成功了！抛下去的柳石枕总算是把窄口处的那只长着巨口的野兽喂饱了，河底终于垫实。

4月15日，天气晴了，可洪水依然在上涨，而且涨到了最高峰，窄口形成了3米高的洪水瀑布，急流溅起的水花翻滚向前，让人望而生畏。这时候，一队运石船在上游数十米处徘徊不前，船工胆怯地不敢前进了，而捆枕队急需块石，有人提出转运石块，可那样会耽搁很多时间，正在现场指挥的饶民太急了，他跑过去，跳上一只船，操起一根撑船的竹篙，朝所有的船工大喊一声："要死我先死，跟我来！"

船工们被县长大无畏的精神感动了，这时一名叫贾新华的船工勇敢地跳上了饶民太的这只船帮县长架桨。船身在急流中摇摆，随时都有被浪涛掀翻的可能，饶民太死死地撑住竹篙，用篙抵住水的冲击，把稳船舵的贾新华和他相互配合，船终于成功地靠拢到枕架边。那些观望的船工们看到县长架船都安然无恙，于是一条一条跟着划了过来。有了石头，柳枕继续扎捆，抛枕继续进行。可连续三个晚上没有合眼的饶民太却病了，淋雨与风寒使他的哮喘复发，他的通讯员给他在大坝旁搭了个芦席棚子，劝他躺下休息，他却把棚子留给了体弱的民工。

经过几个昼夜的抛枕，虎口终于合龙。4月17日16时25分，惊心动魄的时刻化为眼前欢欣鼓舞的高呼，松滋民工胜利完成了合口任务。

5月1日，阳光普照，松滋县民工指挥部在虎渡河西岸举行了隆重的庆祝大会。15000名民工喜气洋洋地聚集在旷野上。北闸指挥部政委张广才、副指挥长阎钧参加了大会，庆祝大会上还迎来了荆州专区慰问团和松滋县各界慰问团。荆江分洪总指挥部还发来报贺信，并发放奖金1亿元（相当于现在人民币1万元）。

丁永善、丁人伟等一批基层干部和民工被分别授予特等、甲等、乙等劳动模范称号，得到了由李先念、唐天际签署的奖状。饶民太亲手给这些劳模戴上了大红花，还给他们发放了犁耙、锄头、镰刀等奖品。丁永善、刘成风夫妻双双戴上了大红花，会上响起雷鸣般的掌声。

饶民太挽着劳模们的手向全场致意，他的脸上胡子拉碴，20多天，他风里雨里地忙活，还来不及去刮一下，他的脚上还踩着一双沾着泥泞的草鞋。

经久不息的掌声里，突然有人大声叫道："给饶县长戴花！"

全场静了下来，人们扭头四处张望，只见会场的一角站起几位女子，她们举起一朵最大最红的花向主席台跑去，把它戴到了饶民太的胸前。

这显然是一个事先策划好的"阴谋"，会场上的人们一起站了起来，更大更响的掌声和欢呼声响彻了原野。这突如其来的袭击使饶民太懵住了，他的眼睛湿润了，这个轻易不掉眼泪的汉子此时此刻也抑制不住内心的激动，他向他带领奋斗 20 多个日日夜夜的 15000 名民工久久地挥手致意。

这时会场的另一角忽然唱起了歌声：

> 热爱饶民太，
> 是他把头带，
> 为了人民不怕苦，
> 美名扬四海……

昼夜不息铸"龙骨"

饶民太斩断了虎渡河，对河东堤段的塌方也进行了填修，解除了垮堤的后顾之忧，保障了北闸工程基地正常建设。现在让我们来看看闸基地的建设进度吧。

按照长委会工程设计，建大闸首先要挖闸基，这个设计 1054 米的大闸闸基，仅挖掘深度就达 9 米。工程量大而且艰巨。由两个解放军整师和几个县的民工来完成这项任务。

作为荆江分洪工程的设计单位，长委会主要负责工程建设过程中的设计修改、施工控制等技术问题。在施工过程中，长委会工程技术人员组成工程设计小组，分布在荆江分洪工程的各个施工工地，了解工程施工进展情况，掌握第一手资料，及时解决和处理施工过程中出现的各种技术问题，在荆江分洪工程建设的进度控制、质量控制和施工管理等各个方面发挥了十分重要的作用。

八万人的工地，红旗招展，人潮如流，高音喇叭播放着欢快的乐曲，一派热火朝天的劳动景象。

在熙熙攘攘的人群里，有一支解放军的部队干得特别带劲，他们争先恐后，你追我赶，谁也不甘落后。只见其中有个战士个子不高不矮，身材不胖不瘦，你若仔细看，他担着的箢箕可比其他战士要大得多，别人挑100多斤，他看起来总会多挑几十斤。工地有秤，人们后来过秤一称，果然每担达到了200斤。这个连队的工效在全团最高，人均每天挑土竟达到5立方米，而这位战士起码挑到了7立方米。他默默无闻地劳动着，终于，这头老黄牛被人们发现了，无名英雄的事迹感动了战友们，有人提出让他单独挑土，看他到底一天能挑多少。于是，连队专门划了一块土场让他挑，运距与陡坡都与平常一样。

天哪，第一天，他挑了12立方米土！第二天，他挑了15.5立方米土，简直难以让人相信。连队轰动了，团部也轰动了，整个工地都轰动了！工程进度大增，无名英雄成了人人敬佩的榜样。他的名字叫戴国法！

闸基挖成后，接着是要构筑闸身骨架，工程设计，闸底板宽19.5米，高5.5米，长1054米。整个骨架需要数千吨钢筋。

承接钢筋工程的是中国交通建设企业公司中南区公司的钢筋分队。分队的工人们开展了劳动竞赛，在进度榜上一比高下，创造了一个个新纪录。工地上传颂着一个个龟兔赛跑的故事。

原来，在进行竞赛的几个分队里，有一个四分队，他们大部分是新手，没有任何经验。三分队的人虽然比四分队少一些，但他们仗着自己全是熟练工，没有把四分队放在眼里。

第一孔扎下来，有着众多熟练工的三分队成了兔子，他们竟然用了两天都没有完成一孔。而四分队只用了18小时就完成了一孔。原来四分队的人虽然没有经验，但他们在战略上思想统一，刻苦学技术，在战术上进行合理分工，一半人备料，一半人扎钢筋，这样大大提高了工效。而三分队的人心中认为自己是熟练工，对人员没有合理分配，大家一窝蜂地上，工效自然就低了。

明白了自己失败的原因后，三分队奋起直追，迎头赶上，他们认真总结经验教训，科学调配人力物力，有人弯钢筋，有人断钢筋，有人回直，有人扎合，这样，他们创下了17人16个小时多扎一孔的纪录，超过了四分队。

劳动竞赛的小红旗刚刚被三分队拿到，马上传来一分队的新纪录，他们18人扎一孔只用了14小时。

三分队再不敢骄傲了，他们根据自己的经验，不断提高工效，到底是熟练工，他们再次刷新纪录，18人9小时47分钟拿下一孔。

劳动竞赛让几个分队谁也不甘落后，工地上呈现一派你追我赶、毫不示弱的劳动气氛。四分队是最早创下纪录的那一帮年轻人，他们再一次集中智慧，研究战术，把技术能力最强的人放在最难扎的位置，备好材料，又在内部展开竞赛活动。内部的竞赛大大激励了队员们的激情，他们对外团结一心，对内各自使劲，终于创下了5人一口气仅用7小时35分扎完一孔的纪录，这也是整个工地的最高纪录，这个纪录再也没有人打破过。

三分队的经验很快被其他几个小组学习，此后大闸扎孔工效大大提高。

扎下底的孔只是工作的第一步，它只是一个架子，得用混凝土浇筑才行。为了提高工程进度，工地上从4月中旬起，开始边扎最后一些孔边给已经扎孔的闸底板和闸身浇灌混凝土。

可无论人们怎么努力，白天工作，晚上睡觉，按这个进度，三个月要拿下大闸的工程，是不可能的。空旷的田野里，一到晚上，黑乎乎的，大地像罩上了一个黑帘子似的，一切都看不真切。四月初开工以来，部队和民工常常挑灯夜战，人们点起了一盏盏马灯，甚至点上了"夜壶灯"和"竹筒灯"，可灯只带来光明，马达却轰鸣不起来。

指挥部领导看在眼里，急在心里。这一天，武汉冶电工业局第二发电厂工会主席夏汉卿突然接到冶电局组织部领导给他的紧急任务，要求他火速带领25个工友和480千瓦发电机赶赴太平口。夏汉卿不敢耽搁，带着工友和30吨重的发电机上了船，一路逆流而上。4月23日，他们到达太平口，夏汉卿决定先观察情况再做部署。他们爬上岸，翻过江堤，跨过麦田，来到了工地，通过观察选定了地方，然后召开小组会议，决定在36小时以内将发电机运到指定位置。

发电机要运到工地可得费一番周折，36小时分秒必争。他们赶回江边，夏汉卿顾不了许多，带头跳进了江水中。春天的江水还有些许彻骨的寒冷，队员们看到领队跳到水里，也跟着跳了下去，搭踏板，用自带的床铺板铺好路，然后用绞车、滑轮，发电机终于上了路。这个庞然大物在众人的努力下一步一步向工地移去，终于在 36 小时内移到了指定地点。

还没有舒一口气，北闸指挥部政委张广才又下达了一道命令：5 月 8 日发电。

夏汉卿和他的工友们惊呆了，啊！半个月发电？要知道以往在厂里装一部 480 千瓦的发电机可得整整 2 个月啊！

任务摆在眼前，工友们看着工地上热火朝天的情景，又想想 3 个月要完成的大闸工程，立即明白，张政委下达的命令没有价钱可讲。困难再大，自己也得克服。

工友中有个年过半百的人叫陶火娃，他打破了队员们的沉默，说道："向志愿军学习，搭起布篷来干吧！"全体人员才从愣神中清醒过来，马上动手安装。

北闸奇迹一个又一个，这伙工友也创下了他们自己的奇迹，以前 60 天才能装好 480 千瓦的发电机，现在竟提高了几倍效率，按张广才政委要求的时间提前完成任务，5 月 4 日安装完毕，5 月 7 日发电，比要求的时间还提前了一天。

5 月 7 日晚，天空与平常一样，一到傍晚便一片黢黑，马灯也不点了，夜壶灯也熄了，竹筒灯也拿下来了，8 万军民静静地等候着一个盼望已久的时刻。他们屏住呼吸，默然无语，生怕一说话就扰乱了即将到来的惊喜，工地上一片静谧。

终于，随着马达的轰响，工地上亮起来了，啊！电来啦，灯亮啦！人们欢呼雀跃，只见工地上，工棚里，岔路口，码头边，千百盏电灯泡同时放出光来，刚刚还黑黢黢的天空好像到了白天，人们经久不息地鼓掌，工地上一片欢腾。

从这一天开始，工地成了个不夜城。

这些天天气晴好，春天的太阳在北闸的沃野上撒下一片明媚的光亮，青绿的麦田一望无际，在麦田的闸基地，新拖来的 50 部巨大的搅拌机沿着 1054 米长的闸身一字摆开，有了电，就可以开始白天黑夜地干啦！无论白天黑夜，工地上都是机声轰隆，人吼马叫的景象。

混凝土工地的工人余梓良给李先念省长写信，以自己的立功计划向全体建设者挑战，此后，整个工地展开了红五月劳动竞赛。5 月 14 日，劳动竞赛进入高潮，东台一工区水泥中队四个分队为夺得那面绣着"模范"的流动红旗,每队抽出 38 人,共同浇灌第四十一孔闸门下游的海漫。海漫是水利消能防冲设施,其作用是消除水流经过消力池或护坦大幅度后仍然保有余能,调整流速,使过闸水流均匀地扩散出去,使之与天然河道的水流状态接近,以保闸后土地免受冲刷。

工程量共 130 立方米混凝土,平均每个分队 32.5 立方米。晚上八点,竞赛准时开始,白炽灯照得工地如同白昼,而闸门顶上红旗猎猎,迎风招展,各队竞赛健儿使出浑身解数,在北闸指挥部的首长和竞赛领导小组以及观战者的欢呼声中,精神抖擞地投入比赛。

比赛渐渐分出高下。只见一分队的速度将其他三队远远甩下,原来他们使用了一种新的方法,提高了效率。原先,各分队都是派 4 人拌混凝土,第一次拌水泥和沙子,第二次再加石子拌,中间要停顿,每拌一盘得 2 分钟左右。这一次,一分队安排了 6 人拌混凝土,2 人专门拌水泥和沙,4 人拌加入了石子的混凝土,既省了中间停顿时间又增加了拌和速度,每一盘由 2 分钟减至 1 分 20 秒,节省了几乎一半的时间,需要 11 小时才能完成的工作只用了 6 个半小时,创造了混凝土浇灌的纪录。

这个新方法立即被推广开来,进洪闸高达 44 万吨的混凝土浇灌任务,因为这个新方法大大提高了工效,提前完成了。这个一分队是从冀北官厅水库工地来的,此前他们参加过治淮工程中的白沙水库建设,共有 106 人,他们在淮河和永定河荣获了"模范队"和"建设先锋"的荣誉。

参与进洪闸的工地建设的除了 8 万名军人、技术人员和民工,还有 50 台水泥拌和机、80 多台抽水机、40 多部汽车、500 多辆斗车、1000 多辆推土车和一些推土机、起重机以及各种发动机等,在日夜不停的工作中,机器与人一样,也会生病,如果出现故障就全部丢掉,那将是一个巨大的浪费,所以工地指挥部便建了一个机器修配厂,从上海、长沙、汉口和沙市调集了 92 名修理工。

如此,挂了彩的机器全被送来,修理工一番手术,让它们又重返战场。

就是在这 8 万名建设者和这些机器的不断劳作中,一条莽莽大闸的骨架在太平口的田野上立起。

脚踏两省黄山头

了解了进洪闸的建设进度，现在让我们去看看节制闸那边的情况吧。

荆江分洪工程的节制闸位于湘、鄂边陲黄山头东麓，其作用是控制虎渡河向洞庭湖分流量不超过 3800 立方米每秒，以确保洞庭湖地区数以百万人口与广大农田的安全。

黄山头，因境内黄山而得名，又因与安徽黄山同名，新中国成立后被正式定名黄山头。

黄山头镇有着悠久的历史渊源、璀璨的文化遗产以及众多名胜古迹，自古以来，无数文人骚客聚集黄山，把酒临风，吟诗作联，留下了"江河数片白，黄山一点青"等脍炙人口的诗句，贺龙领导的红二军团曾在这里开展游击战争，涌现了邱氏三兄弟等一批革命先烈。

最早发现黄山头旖旎风光的是北宋荆州刺史谢麟。谢刺史是江西吉安人，他常常来往于洞庭湖与荆江之间，每每驻足于此，必登临小小的黄山，流连忘返。他为官清正，知民疾苦，深受百姓爱戴。这位刺史在任上去世，人们将他的遗体运回故乡安葬，当灵柩路经黄山时，陡然飞沙走石，狂风大作，灵柩变得异常沉重，怎么抬它也不能往前移动，但是那灵柩却将抬棺人自动引向黄山极顶，再也不能搬动。于是人们就以石垒墓，将他安葬于此。

这件奇事一下子轰动了乡垸，人们开始在墓旁修建庙宇，并立谢公真人像，把这位刺史当作神来供奉，谢公生前体恤民情，死后仍在保佑百姓，因极为灵验，两湖两广的祭拜者络绎不绝，黄山头渐渐出名。

北宋徽宗政和二年，即公元 1112 年，黄山头大旱，眼看庄稼要枯萎，人畜快要渴死，人们齐聚到谢公真人前祈雨，谁也没有想到竟然真求下雨来，真的是有求必应了。湖南、湖北州县普降甘霖，庄稼与人畜得救了。这一年全国各地普遍绝收，饥荒蔓延，军粮都用来放赈了，唯有这洞庭湖一带仍然获得丰收。徽宗闻奏，就将这谢公真人封为"惠应侯"，并为他的庙"普济寺"赐名"忠济庙"。忠济庙进行了扩建，为三进二十四间。头殿供奉的山神爷是唯黄山头独有的赶山王鞭打山神爷的神像。赶山王怒目圆睁，举鞭欲下，山神爷缩颈护胸，头却偏向一边。

据传，当年赶山王奉秦始皇之命，从武陵山脉中赶出一只已修炼成仙的金凤凰化山填海时，与金凤相约，为不打扰金凤凰修炼，搬山途中只能日落即起，鸡鸣即落。当山头引至黄山头时，山神想：海乃天地造化之物，填之必成灾难，而这万顷波涛的洞庭湖边又恰无山岚，何不将此山坐落于此，造福于民。于是山神灵机一动，学声鸡叫，霎时引得万鸡齐鸣，金凤闻声落地。赶山王陡闻鸡鸣，举目一惊，知是山神所为，无可奈何，于是雷霆震怒，才有了寺观庙宇中唯黄山独有的这尊双人神像。二殿供奉"谢公真人"，门前一副"二千石荆楚赡依，公是前朝贤太守；八百里洞庭环抱，天留此老镇名山"的对联、"忠济庙"匾额系唐代大文豪柳宗元所书。谢公神像底座高 0.9 米，人像高 2.8 米，双目慈善，面目威严，俨然是集神、王、人于一体的最具权威的仙家，这神容、这风范、这仪态无不使人肃然起敬。

山上"黄山有幸埋忠骨，白石多缘寄鹤踪"的石刻对联，是对谢公爱民如子的极高评价。

这里还有荆州刺史刘弘墓。刘弘字和季，西晋沛国人，任荆州刺史、镇南将军等职，其人其事在《晋书》《三国志·魏书》《资治通鉴》《清乾隆县志》等史籍中均有详细记载，病逝于湖北襄阳。刘弘墓后来于1991 年 4 月由文物管理部门清理发掘，共出土金、银、铜、铁、玉、瓷等精美文物 79 件，其中 16 件为国家一级文物，价值连城。两座龟纽方形金印，重 168 克的为"宣成公章"，重 132 克的为"镇南将军章"，均由纯金精雕细镂而成，造型逼真，金光璀璨。由纯金制作、重 50 克的龙牌带扣长 9 厘米，宽 6.5 厘米，中心是金龙戏珠，鳞甲、龙身用翠珠镶嵌而成，细细金丝贯通龙身，稍微倾动，满目生辉。玉樽更是稀世之宝，有位美国考古学者在上海"中华文物精华展"上当场开出高价，并顶礼膜拜。刘弘墓墓室总体为椭圆拱形结构，下方上圆，墓室圆形顶部的四角攒尖，为墓室结构之罕见。刘弘墓和它出土的文物被考古学家称赞为"古无先例的国宝中之极品"。

黄山头山顶有一尊长约 5 米、高约 1.5 米的天然犀牛石，呈驯良的卧伏状，传神逼真。鼻、耳、眼、稍稍隆起的背和前升后盘的四肢对称规则。顺势下垂的尾、盘腿卧伏时的肌肉纹理都形似神似。犀牛头正对前方约5米处，形同满月的月石，月石中天生一小孔。据传，香客游历至此，女子立于犀牛背上，持铜钱投向月石，未孕女子投币进孔者当年可孕，已孕女子投币进孔者得子。在古时，广东、广西、湖南、湖北来此求子女者甚多，每每试之，极为灵验，嬉笑之声响彻山谷。

香客的来来往往使得山脚下渐渐有了居住的人们，居民一天一天增多，成了一个小集镇，小镇的兴起与繁荣惊动了南北两方的官员，不知从什么时候起，黄山头形成了一个南北共管、湘鄂居民杂居之地。据地方志记载："山阳（南）属安乡，山阴（北）属公安。"百姓住地也是一半属安乡，一半属公安。在黄山头，两间房子紧紧挨着，中间隔着一条窄窄的巷子，巷子的左边属湖北，右边就是湖南的属地了。人们站在街上，叉腿站开，一脚在湖南，一脚在湖北。

人们在这个小地方平安地度过了许多年，从20世纪初开始，黄山头方圆十数里的山间林莽与河湖港汊中出没着结伙成群的强盗，这些强盗抢劫时脸上涂上锅底灰，被人称为"花脸"，他们烧杀抢掠，渐渐地，此地居住的人们在此消失。

没有了香客，山上的庙宇败落了，山下的环境萧条了，人们说"黄山除了石头就是匪徒"。

新中国成立前黄山头属石首县杨林区肖家嘴乡管辖。1940年10月，日本侵占石首县城绣林镇和石首的商业中心藕池镇，石首县政府被迫迁往团山寺。第二年日军沿藕池河南下团山及湖南南县，县政府再次被迫迁移，辗转来到黄山头，并在黄山头驻扎大约一年时间。那时黄山集市有了二十多家商铺，形成小有规模的集市。黄山头后来改属公安县管辖。

从1952年3月开始，这个萧条冷清的小镇开始热闹起来。荆江分洪工程总指挥唐天际和四面八方迅速云集于此的十几万建设大军让这个寂寂小镇名声大噪。

按照工程设计，这里要在分洪区的最南端修一条南线大堤，挡住分洪区来的洪水，这是保护湖南的安全屏障；另外在虎渡河上要修建一座节制闸，以控制虎渡河流入洞庭湖的流量。四乡的人们看到不断到来的人流车船啧啧不已，人欢马叫，热闹非凡，一场激动人心的大战即将开始。

长江防洪工程史话丛书

布可夫"斩"黄天湖

与进洪闸同时修建节制闸，是湖南常德专区的告状信让周恩来总理在西花厅做出的一个重大决定。这个突如其来的重大决定可是让长委会的设计人员急坏了。

要知道进洪闸设计可是进行了一年多的时间才有了个完整的方案，且不说曹乐安进行的水工试验遭到很多人的质疑而林一山坚定不移地支持最终取得成功所花费的精力，单是现场勘测，设计组人员也是几次深入分洪区腹地夜以继日地工作才确定进洪闸的设计方案。而眼前，离中央确定的工程开工时间仅只剩下三个月，增加一个大闸的设计，怎么来得及呢？

可这是从西花厅发出的命令，是通了天的工程，是没有价钱可讲、没有退路可走的战斗。武汉的动员大会开了，李先念省长在动员大会上发布了对这项非常工程进军的号令，开弓没有回头箭，长委会的设计人员明白，一场大战在即。

当春天的和风吹向江南，风风火火组建的荆江分洪南闸指挥部到达黄山与虎渡河之间的白家岗挂牌时，长委会的设计人员们在曹乐安的带领下也匆匆到达。他们背来了行李、标杆、仪器，开始了节制闸的测量、设计和施工计划的编制。

这真是一个非常的工程！好在有了进洪闸的设计经验，他们边设计边施工边修改边备料，惊人的奇迹出现了，也许是进洪闸无数次的失败带来的成功积累了经验，按常规一年半载的泄洪闸设计任务仅仅用了20天就完成了！

现在，按照设计图纸，被划定的荆江分洪区是一个由北向南的倾斜地形。它最低洼的地方是分洪区的最南端，即黄天湖。

黄天湖原来可不叫这个名字。据说这片湖区原来是一位姓王的人和一位姓田的人所有，叫做王田湖。只因这个湖每到汛期遇大水经常漫溃，常常酿成灾难，史册记载，此湖三五年一溃垸，八九年两倒垸，沿湖的百姓不堪其苦。大水倒垸后，湖上一片汪洋，村庄田库被淹，庄稼减产，灾民们拖儿带女，扶老携幼，露宿黄山头脚下，只能望湖兴叹。久而久之，人们就将它叫成了"皇天湖"。后来，人们可能觉得"皇天"不合适，故湖名又改为"黄天湖"。

溃垸最可怕的是灾情引发传染病，有一年当地流行起一种叫"窝螺症"的瘟疫，这种瘟疫会让人的手指的螺纹窝凹陷，因为无药可治，很多灾民就在这可怕的瘟疫中死去。人们死的死，逃的逃，黄天湖成了一个"惶"天湖，有个村共有 380 户人家，竟然因瘟疫的传染死绝了，其状惨不忍睹。

在曹乐安和他的设计小组的设计图上，黄天湖是泄洪闸的下游，在黄天湖的南端，虎渡河和安乡河堤在此交汇，正好成为分洪区的南端堤。

在荆江分洪工程的设计施工期间，总指挥部请来了苏联水利专家布可夫。1952 年 3 月，布可夫从淮河工地来到荆江。这一天他到黄山头视察，看到分洪区这个最南端的河堤，一边临湖，一边靠河，如遇大水就很危险，倘若分洪，十多米高的水头压过来，这单薄的堤身怎么能抵得住水的巨大冲击呢？那时汹涌而至的洪水一旦冲垮河堤，对洞庭湖区将会造成很大的威胁，这正是常德的告状信所担忧的。

布可夫视察完地形，凝视着铺开的荆江分洪设计图，拿起一支笔，静静地思索片刻，慎重地在图上添上了一条横线。就是这一条横线，造就了 22 千米的南线大堤。可别看它只有 22 千米，它的级别可不小，等同于荆江大堤。这段堤防与安乡河、虎渡河堤形成一个三角形。这一条横线从黄天湖上轻轻划过，几乎是腰斩了黄天湖。

长委会的工程设计人员望着这条新画的横线，立即明白了苏联老大哥布可夫的良苦用心，这是给分洪区南端的百姓增加了保险系数，堤段与安乡河堤和虎渡河堤形成的三角形成了一个安全区，这道堤使安乡河堤和虎渡河堤摆脱了两面临水的困境。

画一条线很容易，可要在这个拥有 106.67 公顷面积的湖上拦腰筑堤，却是一项浩大的工程，那湖下可是一湖淤泥啊！人们望着那条黑色的线，不禁陷入了沉默。

布可夫却满怀信心地说："荆江分洪本身就是一个奇迹，我相信，中国人民在毛泽东同志的领导下，也将与斯大林同志领导下的苏联人民一样，会创下一个又一个奇迹。没有克服不了的困难，因为淤泥是能够清除的。"

由于泄洪闸的设计时间紧迫，工程建设过程中，采取的是边设计边修改边施工的大胆举措，因此布可夫划出的这一条线，在黄天湖筑一道堤，等于是新增添的工程任务。

布可夫没有说错，在接下来的黄天湖清淤大战中，工地的军民真的克服了重重困难，创造了奇迹。

布可夫是苏联水利专家，是中央人民政府水利部顾问。在荆江分洪工程前，他已于1951年1月到过蚌埠，协助淮委修建了淮河三河闸。布可夫到淮河后，不顾交通不便和生活条件差等诸多困难，深入淮河流域各地进行实地查勘。他先后到浮山、双沟、盱眙、古河、老子山、蒋坝等地勘察和研究淮河中游的治理问题。4月19日，布可夫陪同水利部部长傅作义、苏北行署主任惠浴宇、淮河下游工程局局长熊梯云等查勘入江水道、三河闸及高良涧闸址，以及洪泽湖大堤、里运河险工段等工程。布可夫以他高超的治水技术、不怕吃苦的精神和高度的责任感，迅速编制好《关于治淮设计图的初步报告》，于1951年4月26日至5月2日，淮委在蚌埠召开的第二次全体委员会会议上，向大会做报告，当时水利部部长傅作义和副部长李葆华也听了他的精彩报告。布可夫不仅在淮河治理规划上做出重要贡献，对一些单项工程也积极施展他高超的治水才能。三河闸是当时在治淮工程中兴建的最大工程，布可夫力排众议，坚持不打闸基基桩的设计意见，主张由基础土壤承载建筑物全部重量。三河闸50年的运行实践证明，布可夫的设计方案是正确的。在施工关键时刻，布可夫第二次到三河闸工地现场查勘，帮助解决了闸南岸翼墙下面深淤不深陷、加固等问题。

三河闸在上下游引河施工中遇到坚硬的砂姜土，指挥部决定采取抽槽的办法，指望靠汛期利用水力冲走砂姜土。布可夫说："砂姜土墩如果不搬掉，大水来了，你们要成为历史罪人！"后江苏省委书记柯庆施亲赴工地，指派淮阴、扬州地委书记亲自带队，新增民工10万多人，按时完成了搬掉砂姜土墩的任务，为三河闸后来的排洪打下了基础。

布可夫高超的设计才能让他享有很大威望。他来到荆江分洪工程时，太平口进洪闸设计方案正处于最后审定方案，按原计划方案，进洪闸基要打基础。1054米长的大闸基，要打两万多根大木桩。这么多的大木桩如果用50部蒸汽机打也得半年才能完成，想要三个月完成荆江分洪工程，那是不可能的。

布可夫根据苏联的方法和淮河润河集分水闸的成功实践，建议不打基桩。这个工程建设基地，南闸闸基是黏土，问题不大，可北闸闸基是沙土，1054 米长的大闸等于是建在一个沙地上，要在 8000 立方米每秒的水能冲击下保持稳定，谈何容易。

布可夫的建议，长委会采纳了。

在闸基快要浇灌完成的时候，长委会几位工程技术人员思考着一个问题：在闸基的下游，虽然设计了消力池和水泥护坦，但分洪时的巨大的洪流经过消力池的护坦后还是会有很大的冲击力，下游的泥土经过冲刷会有凹陷，这样闸身就有可能倾斜。长委会的年轻人提出了这个问题，布可夫认为这是一个十分重要的问题，毕竟修这么长的一座大闸，在他的工作生涯里还没有经历过。布可夫经过认真思考，找到了一个方法，即在下游护坦之后再挖一个防冲深槽，槽里填上块石，这样既可以使水流再次消能，又不带走泥沙。这个槽建成后，人们称其为"布可夫槽"。

事实证明，这个决定是正确的，北闸经历了 1954 年的分洪，直至今天，它仍然安伏在太平口的原野上。

布可夫不仅在两座大闸的设计上提出了一些好的建议，对于一些技术性的问题，他亦给予指导。

在南闸闸底板设计上，原设计图在闸板连接处有四排铆钉，承担南闸闸门制造的衡阳铁路局几位年轻的工程师发现该处不受力，只需要两排铆钉就可以了。他们为此专门与长委会设计科进行沟通，设计科以闸门至关重要为由坚持原设计，双方争论不下，几位年轻人去向布可夫求教，得到了布可夫的支持。

闸门设计的修改不仅加快了闸门的制造速度，而且节省了 128 吨钢筋，约合人民币 35 亿元（旧币相当于后来的 35 万元）。

布可夫对淮河三河闸不打基桩的智慧设计给了长委会设计人员很大启示，在南闸闸底板设计中，沿闸轴线的一排混凝土底板上，闸墩、门墩和桥墩都安装在它的上面。这是全闸的基础部分，安全系数相当重要。设计人员照搬德国公路路面应力分析的公式，设计闸底板每米需摆 8 根一寸的钢筋，即每间隔大约 12 厘米就要摆一根。

在荆江分洪工程进行初期设计时，长委会曾派一些年轻的工程技术人员专程到淮河去参观考察，布可夫那座不打桩基的大闸真的稳稳地架在淮河之上，这让那些去参观的年轻工程师们暗暗佩服，正是因此，他们在原来的设计图上进行了大胆修改。

长委会一名叫王咸成的工程师认为，公路路面的载重力量是集中的，而闸底板的载重力则有相当大的一部分是均匀分布的，加上又有左右对称的固定桥墩，完全不需要用这么多钢筋。他根据实际需要计算，每米只需要摆3根就够了，这样，一米就节约了5根钢筋！这个建议引起了南闸指挥部的重视，为此指挥部专门召开了技术研讨会议，王咸成的建议得到了一致赞同。为了保险起见，指挥部决定在王咸成计算的基础上，还是适当加大一点安全系数，最后由最初的相距12.5厘米一根改为相距24厘米一根，这一建议不仅加快了底板钢筋混凝土工程的建设进度，而且节约了75.9吨钢筋。

清淤战会师湖心

一个风和日丽的晴朗春日，黄天湖边聚集了数万名看热闹的人，大家注视着黄天湖，很多人用手指头掩塞着耳朵，怯生生地观看着湖面的动静。

时间一秒秒地过去，人们满怀好奇地等待着。突然，湖心传来一声惊天动地的炸响，一朵乌黑的蘑菇云腾上天空，随即像天女散花一般四散开来，遮天蔽日的淤泥落在人们的头上、脸上、身上，人群中爆发出一阵嬉笑。

原来，这里正按工程技术人员的意见进行爆破清淤试验。可是人们的嬉笑一会儿就消失了，只见湖心炸出的那个巨坑，转眼又被四周的淤泥涌入填平了！

试验失败了！

总指挥部决定抽调两个师，在东西两个方向摆开战场，要求13天完成清淤任务，会师湖心。

黄天湖宽450米，湖中淤泥深达4米，此时正值人间四月天，暮春的湖水仍有刺骨的凉意。

在饶民太带领松滋民工拦腰斩断虎渡河战斗打响的第三天，南闸进驻了一支部队，他们是中南军区直属部队的一个师，师长卢贤扬在南闸指挥部接受了 21 兵团军长兼荆江分洪总指挥部副指挥长和南闸指挥长田维扬下达的命令。在堤两边各筑一道宽 50 米、高出湖面 1 米的禁脚线。全部工程土方 349900 立方米，4 月 1 日开工。

卢贤扬师长啪地行了一个军礼，转身回到了部队的集结地。

此时工地还没有搭起工棚，而离指挥部要求开工的时间只剩两天了。卢贤扬师长就地召开了团以上的干部会，传达了南闸指挥部的命令。会议决定，全师干部战士用两天时间，去藕池口抢运搭工棚的材料，两天后，六成人员开工，四成人员抢搭工棚。

在黄天湖地区筑堤，首先要疏干湖面，这样就得围水筑坝。方案一旦确定，工程就按计划有条不紊地进行。4 月 1 日清晨，战士们集结在湖边，一声号令，战斗打响。田野里一长排战士挖土，一大队战士挑土，更多的战士成群结队地把一筐筐土从湖边倒进湖里，此时的黄天湖中仿佛有个吞土的大口，一瞬间那些土消失得无影无踪。一担、两担、十担、百担、千担、万担，终于湖中露出土来，战士们在惊喜之中加快了步伐，堤坝一寸寸、一尺尺向湖心延伸，工地上一片你追我赶的欢快气氛。

太阳慢慢向西边落下去，夕阳像一个蛋黄悬在地平线上，终于化成了一片晚霞，最后只剩下一片灰暗的云彩。大地的帷幕罩了下来，黄天湖隐在黑夜里，战士们在工地吃罢晚饭，又继续拿起了铁锹、箩筐和箢箕。煤油灯点起来了，黑夜的黄天湖边依然同白天一样热火朝天，挖土的，挑土的，填土的，个个干劲十足，争先恐后，他们看到对岸也亮起了煤油灯，对岸的兄弟们也挑灯夜战啦！两岸灯火温暖了黄天湖的春天，也温暖了湖边百姓的心。他们一生都没有看到这么多的人，这么多的灯火。他们知道，黄天湖的这一场战斗将开辟他们未来美好的生活。但他们不知道，这么多的灯竟燃了一夜，燃到了东方破晓。一个不眠之夜过去了，又一个不眠之夜过去了，到第三天，两个师就在湖心汇合了！这比预定的计划提前了整整半天！战士们像在战斗中会师一样，兴高采烈地握住了对方师部兄弟的手，欢呼雀跃。

黄天湖围湖成功，工地架起了抽水机，湖水慢慢被抽干，鱼、蚌露出来，乌黑的淤泥也露出来，有人在湖里捞鱼丢上岸，大一些的鱼可以改善生活，一些附近的村民也在湖边捡蚌壳螺蛳。

战士们则脱掉了鞋袜，卷起了裤腿，跳进了淤泥中。这可是农历三月春寒料峭的湖水，踩在水中仍然冰凉，可战士们顾不了那么多，7000多人涌进湖中，他们把淤泥用脸盆、箢箕，甚至钢盔运到岸上。

乌黑的淤泥中，很多战士的脚被湖中尖硬的死菱角、螺蛳和蚌壳的碎片刺破，不仅有钻心的疼痛，那些淤泥里的细菌还会导致皮肤感染，很多战士的腿和脚肿起来，又疼又痒，有的还化了脓。上万只脚在湖里一搅动，腐烂的水草和死鱼死虾以及乌黑的淤泥臭气熏天，令人作呕。这一大湖淤泥浅的地方没过膝盖，深的地方就到了胸口，有的战士一不小心，一脚陷进深泥里，得大伙儿合力才能拉出来。

就这样，几千人与淤泥奋战了几天，但似乎没有一点进展。正在人们懊恼之际，突然，天空上乌云密布，一场大雨瞬间下了起来，战士们谁也没有离开战场，任风雨打在身上。因为他们看到本来已经抽干的围塘里又涨了雨水，而围塘外的湖水更是涨得快要与围坝齐平，风浪冲击着刚刚筑好的围坝。战士们在这风雨中既要清淤，又要排水，还要护堤，战斗又进入紧张艰苦的阶段。

卢贤扬师长站在风雨中的堤坝上，万分着急。卢贤扬1912年出生于四川省宣汉县南坝区胜利村。三岁时慈父饿死，四岁时舅夺母志，他一个幼子跟着瞎眼的奶奶苦熬度日，稍大些给人家放羊，兼跟木匠叔叔干木匠活养家活人。1933年7月，中国工农红军四方面军在川陕地区整编，以原73师为基础，合并任玮璋起义部队和独立团等，扩编成立红31军。21岁的卢贤扬毅然投军红31军，成为一名红军战士。

红军时期，卢贤扬亲历反"围剿"战争，即随红四方面军徐向前部长征，曾三过草地，任职连长。抗日战争中，卢贤扬在八路军129师（师长刘伯承，政委邓小平，副师长徐向前）历任营长、副团长、团长。他率团参加了著名的百团大战，在对日军作战残酷的拉锯战中，英勇顽强，一人击毙日军200人，以英勇、血性和执拗闻名军中。1937年与日军作战时，卢贤扬被一颗子弹洞穿右颊，弹头击碎一颗牙齿，卡在两齿之间。子弹若偏上一寸是太阳穴，偏下一寸是颈动脉，真是与死神擦肩而过，从此右颊落下一个深深的酒窝。

同年11月，卢贤扬所在的30团是其中之一。这个独立团升级上来的30团作风稳健，擅打阻击。

同年11月，卢贤扬所在晋冀鲁豫野战军陈（赓）谢（富治）兵团

10 旅向郏县国民党整编第 15 师师部发起进攻，此役活捉敌整编第 15 师师长武庭麟、副师长姚北辰。郏县战斗中，卢贤扬 30 团副团长率敢死队攻城不下，他一把脱去上衣，带着一司号员冲向前沿阵地，亲自号令指挥！这一举动使士气大振，战士嗷嗷叫地冲锋！遂破城。

当时数千米外敌援军的炮火轰隆隆袭来，一炸弹在卢贤扬身前爆炸，卢贤扬胸腹被炸开，血流汩汩，奄奄一息，昏死过去。身边卫兵、马夫当即阵亡，幸好司号员无恙，疾呼战士将卢贤扬抬了下去。当时中野千里跃进中原插入敌区，属于后方作战，医疗条件艰苦，血浆贵如黄金。陈赓将卢贤扬的伤情上报刘邓首长，邓小平下令飞马火速送来两瓶血浆，卢贤扬才捡了一条命，但卢胸部一块弹片未能取出。

卢贤扬戎马半生，南征北战，在血与火的洗礼中，他成为一名特别会打仗的军事指挥员。

此时此刻，他看着眼前大雨中的黄天湖和在湖中与淤泥奋勇作战的战士们，百感交集，他知道在老家川江，春汛即将来临，川江的春汛一到，荆江的水也将随之上涨，荆江的水涨上来，虎渡河的水也会涨起来，那么黄天湖的水也会涨起来！荆江分洪工程必须按规定的时间完成，那么黄天湖这个工程也必须按规定的时间完成！

卢贤扬在风雨中召开师部党委会，强调了按期完成黄天湖工程的重要性，做出了"与黄天湖决一死战，只准成功，不准失败"的重大决定，他那身经百战的威名让党委成员明白，师长又要破釜沉舟决此一战了。党委成员纷纷表示，坚决完成任务。会议最后决定把盖工棚和挑土培堤的两个团也全部投到湖里去。师团首长也全体下到湖里去。一场清淤大战就要打响了。

各连队的动员会开过了，战士们的士气再一次被鼓得足足的。他们带着脸盆、水桶、包袱，甚至裤子、帽子，只要是能装泥的物件，都带上了，并在湖边做好了准备。

一声令下，战士们再次跃入湖水中。在一片长 140 米、宽 104 米的湖心淤泥中，投入了一个师的力量。他们分成纵队，面对面站在湖水中传递发黑发臭的淤泥。

雨不停地下着，战士们的衣服全淋湿了。每个战士只有一套换洗的衣裳，汗水和污泥把衣服捂出一阵酸臭，可雨还是一直下着，衣服干不了，咋办？战士们只得脱光了衣裳去干，他们脱成了光腚猴！

多少年后，时任工程总指挥部副政委袁振回忆说："几万人光着屁股在那里干活，跟罗丹的雕塑一样。"

终于，天放晴了。晾晒的衣裳终于可以穿上身了。

各团都在做宣传，用门板做成的板报搬到了湖里，各种标语也插到了湖里。男女宣传队员也不怕脏不怕累跳进湖里，拿着话筒在战士中进行鼓动宣传。只听一个女宣传队员唱起了鼓词：

> 大风迎面吹，
> 湖水刺骨寒，
> 冻得在湖里直打战。
> 湖里的淤泥有四尺深，
> 一脚踏上菱角刺，
> 第二脚踩上蚌壳尖。
> 十二个人刺破二十条腿，
> 划破腿肚有五对半……
> 今天增了几只船，
> 前拉后推干得欢。
> 同志们都滚了一身泥，
> 班长用泥画花脸，
> 还在工地做宣传。
> 白天的成绩真可观，
> 晚上又来了个突击战……

这番宣传让那些在淤泥里奋战的男子汉们备受鼓舞。随着女宣传队员的说唱，战士们不时爆发出乐呵呵的笑声。

听，高音喇叭响起来了，那是师部架设的广播台，好人好事被这高音喇叭传了开来，一些连队打出了光荣的战旗，一些劳动模范戴上了光荣的小红旗，白天送走了，夜晚接着干，昼夜不灭的灯火，照着满湖在劳动和在呐喊鼓劲的人群。这个黄天湖真的是沸腾了！

正在他们热情高涨的时候，卢贤扬师长来了，他高高地卷起裤腿也下到了湖里，卢师长一下去，师政委也跳了下去，接着团长也跳了下去，团政委也跳了下去。指挥员到了战斗的最前线，无疑是最大的力量，无疑是对士兵们最大的鼓舞。战士们一个接一个地传播着："首长们都下来啦，再加把劲干呀！"

一个小伙子，正用包袱和裤腿运泥，他的脚指甲在湖底的泥中踢裂了，腿肚和脚掌又被坚硬的菱角和蚌壳碎片刺破，鲜血染红了湖水，看见首长们来了，他好像忘记了伤痛，肩上扛着装得鼓鼓满满的裤腿，怀里还抱着鼓鼓囊囊的包袱，拼命地在淤泥中向湖边移动着，他是某团二营一个班的班长，名叫范玉龙。

"同志们！师党委到前线来啦！帅长到前线来啦！共产党员们，共青团员们，为了党，为了祖国，向着淤泥冲啊！"一个连指导员高喊完，接着全连所有的战士齐声高喊："为了党，为了祖国，向着淤泥冲啊！"惊天动地的声音回荡在黄天湖的上空。

身上带着弹片的卢贤扬一下到水中，受过伤的右腿几乎都麻木了，跟着他的萧团长是他的战友、他的老乡，深知师长的身体状况，现在看到师长跳到了水里，他也跟在他的后面跳到水中。他已经在前沿两天两夜未合眼了，他的眼眶里布满了血丝，但师长跳在前面，他已经顾不上许多了，战士们不让他待在淤泥里，他说："这就是指挥员的位置！"

黄天湖湖区的排淤工地出了一个排淤英雄，21兵团的桀志达用最简单的工具，九天八夜，排出的淤泥创造了令世人惊叹的工程奇迹。

战士们挖着泥，运着泥，突然，在对岸传来了一阵欢呼声，兄弟师挖到黄天湖的老底了！这是胜利的消息，它像春风从湖对岸吹了过来，传遍了全连。只见对岸又涌来了一群战友，原来，是兄弟师的增援队伍来了，他们共来了两个兵团的后援力量，工地上又掀起了一股新的劳动浪潮。

不久，工地上再次爆发出欢呼声，原来，这边的战士们也探到湖底啦，3米深哪！卢贤扬在激动的欢呼声中走下这个深沟，踏在了终于露出土地本色的湖底。他激动地躬身下去用双手捧起一块淡黄色的硬泥巴，在手里反复揉捏着，他的眼里闪着泪花。他在那里平复了自己的情绪，大步走上湖滩上的广播台，对着喇叭，用无限深情的声音大声说道："同志们，你们辛苦了！我代表师党委感谢你们！"

军民共筑南线堤

淤泥排干后的黄天湖将有一条 22 千米的大堤在此筑建。经历了排淤大战的英雄师团即将投入筑堤战斗，除了部队，还有民工，从黄山头附近大湾至藕池口的安乡河北堤摆开战场。这是一支 10 万人的筑堤大军，其中解放军战士 56000 人，两湖民工 44000 人，这段堤上人山人海。平均一千米就有 4500 名建设战士。

原先的安乡河北堤不过 15 千米，是一条长不过丈、顶不过三尺的小堤，矮小单薄，坑坑洼洼，的确无法抵挡分洪后 54 亿立方米的大水。这道南线大堤就是湖南的屏障、洞庭湖的屏障。它的设计高度为 10 米，堤顶路面宽 5 米，堤脚宽 76 米。

现在眼前的问题是取土困难。由于是往湖中筑堤，必须远距离取土，如此，效率就低了。为了解决这个问题，除了投入大量人力物力挑土外，部队还专门铺设了一条长 13 千米的轻便铁道，运土的车辆包括平板车和斗车共 45 辆，专门从铁道上运土。当地的老百姓哪里看到过铁道，见这东西运起土来又快又省力，都跑来看热闹。更有一些民工小组和连队，他们用船沿着大堤的禁脚地在湖面上运土，只见那些船一只只被压得像是要沉入湖里似的，它们实在是装得太满太满了！

铁路、水路、公路，三管齐下，齐头并进，军民你追我赶，场面宏大热烈。

为了提高工效，工地上的军民想尽了办法，单说那轻便铁道，就已经大大提高了运土效率。后来可大家发现，轻便铁路是直线的，每一辆车在一个固定位置，前面的车如果没装满，后面的车就只能等着。战士们围着轻便铁路想着改进的办法，有人提出将铁道改为环形，车在环形铁道上通过时人们沿路上土，可不，这下工效就大大提高啦，算起来，每一辆车每天可多运一立方米土。装车上土的问题解决了，那卸车下土有没有更好的办法呢？大家发现卸车时，如果车厢里的残土卸不干净，得用锹去清理，这可耽误时间了。有个战士想出了用竹帘扫土的办法，这样一车土不仅卸得干干净净，而且大大节约了时间。如此，在装车、卸车以及推车等环节上不断创新改进，工效又提高了许多。

正当军民大干快上地取土筑堤时，荆江的梅雨季到了，梅雨季说的是春夏交替的时节，正值江南梅子黄熟之时，故亦称"梅雨季"或"黄梅雨季"。在长江中下游区域，会出现一段连阴雨天气。此时，器物易霉，雨水连连。

"黄梅时节家家雨，青草池塘处处蛙。有约不来过夜半，闲敲棋子落灯花"，这是宋朝诗人赵师秀的《约客》，写的是夏夜之景，雨声不断，蛙声一片。寂静的夜晚，主人耐心而又有几分焦急地等待约定来访的客人，他没事可干，便"闲敲"棋子，静静地看着闪闪的灯花。这是多么悠闲的情景啊，但在荆江分洪工地的人们可是忙得脚不点地了。眼看工期一天天过去，工地上的雨却没有止歇的意思，一直淅淅沥沥地下着，田野里的油菜花也没有那么灿烂鲜艳了，大地仿佛被一张昏暗的大网罩住了，难得看到太阳的影子。人们算了算，一个月里竟然下了半个月的雨，而出太阳的日子竟只有 5 天。

这可让大家着了急，指挥部发出了"晴天大干，雨天巧干"的号召，建闸工地与筑堤工地来了个向雨天要效率的大比拼。

筑堤工程最怕雨水，由于堤防是在黄天湖与安乡湖之间低洼的河湖地区，连天的阴雨更增加了工程的难度。为了防止雨水淹没土场，民工们筑了一道小堤把土场围起来，架起水车轮流车水。工地上一架架水车咕噜噜地将土场里的水往外送，这是工程建设的另一道别致风景，等雨一停，他们赶紧取土，争取每分每秒的时间赶进度。

可别以为在连天阴雨里筑堤会脚踩泥泞，智慧的民工们早就筑好了一条条中间高两边低的运土路，在路上又铺了沙。沙吸水，所以不管雨下多大，只要雨一停，路上就能行走了。而在堤坡上，民工们修了一级级的阶梯，再在台阶上铺上芦苇和稻草，雨停取土，脚上就沾不了泥巴。他们想出的办法可不止这些，即使绵绵的细雨下得再大，民工们也不会休息，他们将远处的土挑到堤段附近，堆成一个大土堆，等雨停后，再挑上堤，虽然费了一道功夫，但湿土在土堆上会渗出一些水分，再挑到堤上的土会相对干一些。

潮湿的梅雨季终于过去了，从四月开始，天气就一直那么阴沉着脸，难得有阳光照耀的日子，可工地并没有因为老天爷的捉弄而减慢进度。据记载，4 月有 16 个工作日，5 月有 15.5 个工作日，以湖南民工为例，由于他们苦干加巧干，5月完成的63万多立方米土竟比4月完成的28万多高出一倍不止。

湖南的民工都知道这一道堤是湖南百姓的生命堤。他们知道历史上存在"舍南保北"的矛盾，他们知道湖南常德专员通过省委书记向毛主席写了告状信，他们知道周总理亲自召开荆江分洪工程专题会，他们知道中央最终做出了对两省人民都有利的决定，而有了这一道堤，即使长江发生大洪水分洪，也将免除洪水对湖南的威胁。所以他们吃再大的苦也心甘。

有个叫苏会人的民工，有一天停雨后，看见堤面上有一个小坑洼，里面渍了水，他竟脱下了自己的土布褂子，吸取了坑洼里的水，在堤外拧干，一次又一次，直到坑洼里的水全部被沾干。看到苏会人的做法，有人不解地问："你咋这么干？"苏会人道："这是俺自家的堤，当然要爱惜！"

南线大堤全长22千米。这道凝聚着两省百姓智慧与汗水的大堤，与荆江大堤一样属于国家一级堤防。如今她静静地卧在荆江分洪区的南端，已经成为一条绿树成荫，芳草环绕的美丽堤防。

碎石英雄辛志英

在荆江的南面有四条河流，称"荆南四河"，这是分泄长江洪水入洞庭湖的重要通道，每年汛期分流约四分之一的长江洪水，对于确保荆江安全发挥着重要作用。四河之中，松滋口是第一道关口，贯城而过的松滋河顺流而下，注入洞庭湖，在松滋河边有一个叫米积台的小镇，碎石英雄辛志英就出生在这里。

关于米积台这个奇怪名字的来历，可有一段故事。说的是清同治以前，此处为一片荒湖，松滋境内的浣米河由此至浣市入长江。河东有一处较高的土台，常有泗鸡子栖息其间，后台上建起小店，逐步发展成集，人称"泗鸡台"。东松滋河形成后，湖南米商船运大米至此，将米堆积台上，再转运各地。久而久之，"泗鸡台"旧称被"米积台"取代。后来，米积台合并到沙道观镇。

紧依松滋河的米积台多年来为水担惊受怕，防汛的锣声一响起，人们便卷起铺盖往堤上逃命。荆江分洪总动员时，全镇人一致响应，家家户户积极报名参加建设。小时候几次跟着父母逃命躲水的辛志英第一个报名，这一年她十九岁，任镇妇女工作委员会委员。在"花木兰"的带动下，米积台镇共有 50 多名乡亲响应，其中包括十多名女子。松滋县各区参加工程建设的民工共 9000 多名，他们负责南闸工地的碎石任务，这支特别的娘子军被编入各自的中队。米积台二街的居民被编入米二街中队，辛志英成为其中一名女民工。

碎石组的任务是将从黄山头采下来的大石块捶成一两寸口径的小石子，供建泄洪闸拌和混凝土使用。

说起石头的开采地，又要说到苏联专家布可夫。按照设计预算，黄山头节制闸共需数十万吨粗沙与石子，原计划从湖南益阳和宜昌南津关采购，用船运回至藕池口，再用轻便铁路运回工地。按此计算，光是推斗车的民工就得 8 万人。而此时布可夫正好来黄山考察，他认真检验了黄山的石与虎渡河的沙，认为质量虽然差一点，但不会影响工程的安全，消除了工程人员对黄山石头质量不合标准的顾虑。于是大伙儿就地取材，黄山上响起惊天动地的炸山取石的炮声，这个建议节省了 20 万吨石头和沙的长途运输，不仅节约了资金，还缩短了工期。

辛志英和她的兄弟姐妹们来到工地，就是要打碎从黄山采下的石头。他们都来自平原，没有跟石头打过交道。虽然每天工地上锤声响成一片，但石头很硬，一天下来累得腰酸背疼，一个人只能捶出 0.2 立方米小石子，即使是壮年男劳力，每天也只能打 0.3 立方米。这样的进度要按时完成 16420 立方米的工作任务，简直不可想象。4 月 14 日，松滋县南闸民工指挥部召开全体民工大会，号召大家想办法提高工作效率。

辛志英看在眼里，急在心里，她日夜琢磨提高碎石工效，终于摸索出"鹞子翻身碎石法"。

第二天一早上工时，她邀约了 4 个民工说："我们合起来打吧！"这几个民工立即同意了，他们各自闷着头干实在觉得无趣，合起来打，你看着我打，我看着你打，说说笑笑，劲头越十越大，一天下来，他们 5 个人共打了 2 立方米，平均一个人打了 0.4 立方米，这可比平时工作量翻了一倍，工效明显，"合起来打"还真是个办法，大家心里无比高兴。

　　晚上，辛志英将自己这个小组由 5 个人扩大到了 11 个人，正式成立了一个互助小组，后来人们称之为"辛志英小组"。小组成立后连夜召开了会议，他们商定采取分工合作的办法，有人专门运石头，有人专门打大锤，有人专门打小锤，这种流水作业法经过几个实验，工效猛增，全组平均每人每天碎石工效比最开始提高了 7 倍。辛志英一个人一天竟打了 1.38 立方米。很快，队伍又由 11 人扩大到了 32 人，力量越来越大，工效也越来越高。

　　辛志英小组的经验轰动了黄山头工地。工程总指挥部总指挥长唐天际知道后，号召全工地向辛志英学习，推广辛志英的碎石方法。工地上涌现了 80 多个碎石互助小组，工效日渐提高。辛志英和她的小组戒骄戒躁，劲头更足，他们又摸索出了碎石的技术和经验，比如打石头找纹路和缝隙打，打不破的换一面打，用草绳和石头圈起来打，等等。

　　除此之外，辛志英还发明了一种新的打法，碰到多角形的石块时，因纹路不清，就把尖角放在底下，平面朝上，这石头就像是一只鹞子，再猛一锤子砸在平面上，块石很容易就碎了。实践证明，"鹞子碎石法"大大提高了工效。经过 40 多天的连续作战，松滋县民工提前完成了碎石任务。5 月 13 日，县指挥部召开了隆重的庆功大会，会场上，由十一名女民工每人举着一张写了大字的红纸，站在会场中央一字排开，组成了一句标语："我们胜利完成了碎石任务。"

　　而湖北省民工指挥部首长则亲自奖给辛志英一面大红锦旗，上面绣着几个金色的大字："她做得很好！"

　　碎石庆功会后，本来可以回家去了，但辛志英看工程建设任务还未完成，她又主动邀约了四位好朋友留了下来，参加了南线虎渡河堵坝战斗，又立了新功，她被奖了一头水牛。

　　荆江分洪工程完工时，辛志英被评为全国特等劳动模范。1952 年 9 月，辛志英等劳动模范代表到北京参加国庆观礼，受到毛泽东、刘少奇等中央领导的接见。

　　荆江大堤沙市段耸立着一座荆江分洪工程纪念碑。这座纪念碑就是为了纪念新中国第一个水利工程——荆江分洪工程。在这座 13 米高的塔形花岗岩建筑物下方，有一幅用汉白玉雕琢而成的工农兵三人浮雕肖像，其中那位扛锄头的农村妇女的原型，就是松滋人辛志英。

　　辛志英在松滋、在荆州、在湖北省甚至在全国范围，都是荆江分洪的民工代表，在 20 世纪 60 年代，她在担任龙台大队党支部书记期间，为改变家乡面貌，带领一班人深入田间地头进行调查，制订了龙台大队发展规划。用几年时间开挖了 5 条排水渠，治理了 2 条旧河槽，搬走了 3 道废堤，解除了渍涝灾害。为了解决大同垸旱涝频发的难题，向省、市领导和有关部门反映情况，多方寻求支持，先后建成了米积台、跃进闸、大同闸电排站，使全垸 10 多万亩农田丰收有了保障。

辛志英先后担任省地县各级妇联领导职务，并连续三届担仕全国人大代表，在四届人大一次会议上，她被选为主席团成员，还出访过朝鲜。

在松滋，人们一直把她视为松滋的骄傲，提起她，人们交口称赞。而辛志英，无论她获得多么高的荣誉，她都一直没有离开过她在米积台的家，一直没有离开基层干部的职务，她始终保持劳动者的本色。

辛志英是个老实人，至今在她的家乡还流传着她老实本分的一个故事，说的是她在北京参加四届全国人大第一次会议时，由于是第一次坐在人民大会堂的主席台上，她紧张得正襟危坐，目不斜视。坐在她旁边的是一位副总理，会后主动问她需不需要帮忙。她说："我不需要首长帮忙。"副总理笑了笑说："我是说你们公家，大队里、公社里、县里，难道不需要什么吗？"

辛志英竟一时不知道说什么好，还是副总理说："你们要拖拉机吗？我给你写条子。"

拖拉机在当时的农村可是紧俏的机器啊，辛志英想，县区和公社各送一台，大队留两台，便说："那就要 4 台吧。"

副总理呵呵一笑："我给你 10 台！"松滋人听说了这件事，都替辛志英后悔，说她太老实，为什么不要 100 台或者 50 台呢？

人民剧场授锦旗

在工地上干得热火朝天之际，在江北的沙市，新落成一座气派的人民剧场。荆江分洪指挥部选择在此举行一个隆重的授旗仪式。

1952 年 5 月 24 日，从红五月劳动竞赛现场——太平口、黄山头、荆江大堤的三大工地走来了千余名代表，他们欢聚在一起，等待着一个激动人心的时刻。

原来，两天前，荆江分洪工程迎来了一位珍贵的客人，他就是中央人民政府水利部部长傅作义。他代表毛泽东主席率中央慰问团来工地慰问，并给工地送来了毛泽东主席为荆江分洪工程授予的锦旗。

傅作义，出生于1895年，籍贯山西，他可是大名鼎鼎的人物，谁都知道他是国民革命军将领，是一位抗日名将、追求进步的国民党员。他参加过辛亥革命、北伐战争以及中原大战。1931年任晋绥军第35军军长、绥远省政府主席等职。1936年11月初，他发起百灵庙战役并肃清了绥远境内的伪军，挫败日军西侵绥远的阴谋。抗日战争时期，历任第七集团军总司令。解放战争时期，任华北"剿总"司令。1949年1月，在平津战役中，他率部起义，促成北平和平解放，使文化古都及其全部珍贵历史建筑完好地得到保存，200万市民的生命和财产免遭兵燹之灾，从而赢得举国称颂。

北平的和平解放，背后又有一段故事。1949年2月22日，傅作义作为国民党高级将领，被中共中央邀请到西北坡与周恩来副主席见面。下午两点，傅作义怀着一颗忐忑的心迈进中央机关招待所，已经恭候在此的周恩来上前一把握住傅作义的手，热忱地说："欢迎你啊，傅将军！识时务者为俊杰，你比蒋介石先生聪明多了……"

傅作义心中的忐忑疑虑一扫而光。他紧紧握住周恩来的手，久久没有放下。

把傅作义迎进招待所安顿后，周恩来亲自向毛泽东主席通报。习惯通宵达旦工作的毛泽东刚刚起床，他赶紧穿上大衣，围好围巾，顶着寒风赶往招待所。

中共最高领导人的到来让傅作义又感到局促起来，他低着头说："我是罪人！"毛泽东主席打断他的话："我们应该谢谢你！北平和平解放是最好的解决方式，你为人民做了一件大好事！"

毛泽东的态度让傅作义一下子释然。毛泽东问："傅将军，我想听听，你将来愿意做些什么工作呢？"

傅作义道："我的老家在黄河岸边，我想回到老家做点水利方面的事。"

"军事上你是很有才干的，没想到你会对水利感兴趣！"

傅作义看着毛泽东主席，诚恳地说："我对水利一直感兴趣，就让我回到老家黄河河套去吧。"

毛泽东主席急忙摇头："河套太小，你去那里是大材小用。"他看了看周恩来，又看了看参与接见的朱德，再看着傅作义，道："将军，你可以当水利部部长！"

"好！"朱德和周恩来笑着赞成。

傅作义就这样当上了中华人民共和国的第一任水利部部长，一干就是二十多年。他是一位十分称职的部长，黄河、长江，大江大河都留下了他的足迹。

授旗仪式上，人们等待着这个叱咤风云的水利部部长的到来。下午两点，军乐队奏起了雄壮的迎宾曲，傅作义在中南军政委员会副主席兼湖南省人民政府主席程潜、荆江分洪工程总指挥唐天际的陪同下步入会场，全场起立，雷鸣般的掌声响起来，上千双眼睛注视着这位毛泽东主席派来的代表，与他一同进入会场的还有苏联水利专家布可夫。

荆江分洪总指挥部副总政委袁振主持大会并致辞，在如潮的掌声中，傅作义走到讲台前，随行人员将一个一米来长的长方形盒子放在讲台上。

会场瞬时安静下来，傅作义亲手撕开盒子的封条，拿出一面锦旗，红色的绒面锦旗上，绣着两行金色的大字："为广大人民的利益，争取荆江分洪工程的伟大胜利！毛泽东"这时唐天际总指挥走上前来，从傅作义手中接过了锦旗。

这是毛主席亲笔题写的锦旗啊！顿时，台上台下的掌声随着"毛主席万岁"的口号声响了起来，许久之后，这暴风雨般的声音才平息下来，傅作义讲话时，全场鸦雀无声。

傅作义说："我这次出发前，毛主席给我打了电话，向我交代：荆江分洪，只准搞好，不准搞坏，只准成功，不准失败！"他话音刚落，会场又有人领头喊起了口号："坚决响应毛主席的号召，争取荆江分洪工程的伟大胜利！"

傅作义继续说道："荆江分洪工程是新中国成立以来的第一个大型水利工程，这样大的工程，只有在共产党、毛主席的领导下才能完成。这个工程所需的钱，如果换成银圆，可以从长沙摆到汉口，再从汉口摆到北平。这么多的钱，国民党政府是绝不可能拿的，只有共产党才肯拿啊！"

这是傅作义心底的感慨，他动情的讲话激起人们一阵阵热烈的欢呼与掌声。

锦旗共制了四面，授旗仪式共举办了四次，另三次分别在南闸、太平口和荆江大堤举行。傅作义分别出席，每一次锦旗到达工地，就激起一阵风暴。

傅作义对部队有一种特殊的感情，他到荆江分洪工程，便与往常一样，想去工地看望一下部队官兵。由于部队人多，他决定在南闸以集体接见的方式接见所有部队连排以上的干部。

没有一个能容纳所有干部的会议室，接见便在露天地进行。这些部队的干部议论纷纷，当傅作义真正走到他们面前时，他们全体肃立，这到底是一个统帅过数十万重兵的将领，当傅作义在总指挥部南闸指挥长的陪同下出现时，干部们不禁肃然起敬。

他高高的个子，宽阔的脸庞，两道剑眉凝起一股英姿勃发的气概，不怒而威。

傅作义刚刚讲话，天气就开始下起雨来，雨水顺着傅作义的脸往下淌，随行人员把雨伞举到傅作义的头上，他轻轻地推开了，示意随行人员收起雨伞。刚刚还在议论他的一些中下层干部见状，对傅作义的敬意更深了。

工程质量是关键

无论施工现场你追我赶的场面如何激动人心，无论人声鼎沸的竞赛如何动人心弦，有一支小队，总是沉着冷静地关注着每一个工程技术环节，他们是长委会质量检查小组。这支小组里有一个青年叫文伏波，总是认真细心地检查每一个影响施工质量的环节。他住在拌和机房的竹棚内，寸步不离现场。

早在阳春三月，当荆江分洪南闸指挥部到黄山与虎渡河之间的白家岗挂牌时，文伏波也随着曹乐安及工程技术设计人员匆匆到达。他们背来了行李、标杆、仪器，开始了节制闸的测量、设计和施工计划的编拟。由于工期紧张，他们边设计边施工边修改边备料，完成两闸设计任务后，他们立即投身到施工技术监督的岗位，他们要承担起指导和监督施工质量的任务。文伏波还担任北闸指挥长任士舜的秘书，并兼北闸质量检查组组长。文伏波跟着指挥长任士舜查看现场、检查质量、通报进度。虽然赶在洪水到来前完工是一道死命令，但质量绝对不能马虎。抢时间就很容易影响工程质量，指挥部有的领导不懂技术，又坚持主观意见，每当这时候，文伏波总是牢记林一山的叮嘱，施工一定要服从设计，一定要坚定不移地按照施工图纸和设计要求施工。

大闸的骨架扎成后，混凝土就是骨架的血肉，44 万吨的混凝土将要浇灌在闸底板和闸身上，这是全闸的主体工程，也是质量的关键所在。

有一天他检查混凝土的闸底板，看到里面有垃圾和泥土，对民工道："每一个小问题都会影响到大闸的质量，你们可马虎不得。"民工们赶紧将闸底板清理干净，再不敢小看这个年轻的面孔。

文伏波没有周末，没有节假日，没有任何娱乐活动，他不分白天黑夜，随时指导监督。

闸底板轴线上的闸墩、桥墩、门墩是全闸的基础，可出不得半点差池。钢筋是否按设计放置？混凝土中添加石头的数量和间距把握得是否正确？混凝土浇筑时的温度如何？闸门的安装与门墩的浇灌是否同步？

质量检查组组长，这顶帽子给文伏波戴了紧箍咒，他不放过一个可疑点，不遗漏一个小事故，不折不扣严把质量关。年轻的质量检查组组长一丝不苟的工作作风给人们留下了深刻印象。这个工作不到 2 年的中央大学毕业生对工作一丝不苟的敬业态度，对质量精益求精的求实精神，让领导看在眼里，喜在心上。

荆江分洪工程结束后，文伏波又投身于杜家台闸的设计中，在此后的丹江口水利枢纽工程、葛洲坝水利枢纽工程建设中，他扎根工地二十四载，为我国大型水利工程建设做出了巨大贡献，在 1994 年成为首批中国工程院院士。

在工程质检人员中，除了长委会的工程技术人员，还有一个人，他是专为荆江分洪工程的质量而来。他，就是苏联水利专家布可大。三月初，他来到荆江时，为荆江分洪工程的设计提出了一些很好的建议，成倍地提高了速度，节约了资金，并且因为"腰斩黄天湖"，筑建南线大堤，解决了湖南人民的后顾之忧。设计问题解决后，他便在现场检查督办工程质量。

在南线大堤上新填的堤土中，他蹲下身抓起一把湿泥巴，细心观察土质。

在高高的模板架上，他爬上去看闸身钢筋扎得牢不牢靠。

布可夫检查了北闸再查南闸，他骑着一匹大马，奔波于两闸之间，他从闸的东头走到西头，又从西头走到东头，仔细检查每一颗螺丝钉，看它们铆得结不结实。

有一次，他从北闸工地几台拌和机旁走过，见工人用江里的浑水拌和混凝土，他马上沉下脸停住脚步，指着不远处的虎渡河堤下澄清的水说："为什么不用那边的清水呢？请马上停止用这江里的浑水！"浑水拌混凝土会影响混凝土的质量，使混凝土的强度降低。

又有一次，布可夫走下正在浇灌的北闸下游二号消力池，亲手抄起一根插钎，在刚浇灌的混凝土上试探，发现有的地方捣固不均，有的地方甚至没有捣固。他严肃地问这里的工程技术人员："你们认为这样做对吗？"工程技术人员不好意思地说："不对。"他缓和了一下语气："你看见不对，又不纠正，这是不光荣的。一个工程再好，施工不好，也不能达到水利建设的目的。"

正是因为有了如文伏波一样负责的工程技术人员到现场监督和检查，有布可夫这样的苏联专家把关与督办，荆江分洪工程的质量经过1954年的开闸分洪和70年的岁月洗礼，如今依然正常运行。

这里，对于布可夫，容许我多花一些笔墨介绍一下。

布可夫在荆江分洪工程建设的日子里，一丝不苟地工作。他骑着一匹高头大马，在五月的雨雾中，细心查检工地上每一处工程质量。有一天他走到一个叫八家铺的地方，在一间茅棚里，这个蓝眼睛、大肚子的外国人要了一碗甜米酒，当他付款时，卖米酒的大嫂怎么也不肯收。布可夫笑着指着碗里的甜酒向她伸出了大拇指。他在草棚里歇息了一会儿，换上了深筒套鞋，人们搀扶着他在雨雾蒙蒙中离去。大嫂后来知道这位洋人是来帮助修荆江分洪工程的苏联专家时，逢人就夸："苏联老大哥了不起，天下雨，路又滑，他还去查堤。"

荆江分洪工程主体工程大致完工于5月底，布可夫要告别荆江分洪工程。在荆江大楼会议室里，总指挥唐天际参加了欢送布可夫的会议，总部的其他指挥长、有关部门的负责人、长委会的工程技术人员都来送行，人们把会议室挤得满满的，浓浓的不舍充满了会议室。

布可夫看了看这些为荆江分洪工程与自己共同工作过的人，激动地说："……水，其实是人民宝贵的财富，它可以用来发电，造福人民。在我们苏联的伏尔加河上，就修建了伏尔加列宁水电站和伏尔加格勒水电站。斯大林同志领导的苏联能做到，毛泽东同志领导的中国也一定能做到。伏尔加河上能办到的事，长江上也一定能办到。长江上游的三峡，有多么丰富的水力资源啊，将来一定要在那里建一个巨型水力发电站，那将远远超过我们的伏尔加列宁水电站和伏尔加格勒水电站，这样既发了电，又控制了洪水……"

布可夫对三峡工程的设想，在他说出这番话的40多年后，经过建设丹江口水利枢纽工程、葛洲坝水利枢纽工程，又经过数十年的论证，终于成为现实。可惜布可夫没有看到，他没能等到三峡工程建成的那一天。

布可夫是苏联共产党取得政权后培养的新一代优秀水利专家，也是最早援助我国的水利专家。在中苏关系破裂后，布可夫归国后受到迫害，最终含恨逝去。

布可夫腰斩黄天湖，布可夫修闸不打桩，在当时的荆江分洪工程基地，布可夫是一个引人注目的名字。直到今天，人们在北闸参观时，还能看到布可夫槽静静卧在北闸的南面，这个以这位苏联专家命名的深槽，经常被人们津津乐道。

工地来了外国人

荆江分洪工程即将竣工之时，从总指挥部传来一个振奋人心的消息，亚洲及太平洋区域和平会议筹备会的代表要来工地参观了！

工地上一片欢腾。

这是1952年的6月10日，参观团在荆江大楼听取荆江分洪工程总指挥唐天际的介绍后，即前往工地。乘船渡过长江的代表们一进工地，就被建设大军的气势惊住了。在北闸，密密麻麻的建设队伍沿着一座莽莽大闸摆开，浩浩荡荡，气势磅礴；这是一条卧在中国长江之南的巨龙啊！惊叹声中，赞赏写在他们的脸上，在他们各自的国家，还从来没有见过如此巨大的建设场面和如此巨大的水闸工程。

澳大利亚的代表弗洛德是位铆钉工人。当他在进洪闸看到54个闸基上那密密麻麻的铆钉时，吃了一惊，工地负责人介绍说这些铆钉是一个月内铆上去的，他顿时惊呆了。弗洛德对中国同行竖起了大拇指，他说这在他们那个工业化程度很高的国家至少得一年时间才能铆完，更不消说建设整个工程了。

代表团是6月9日下午乘飞机从北京飞往汉口机场的，中南区、湖北省及武汉市的领导人赵毅敏、李尔重、王任重、郑绍文等在机场迎接了这批有着不同肤色的客人。代表们欢快地走下舷梯时，一双双热情的手紧紧握在了一起。

亚洲及太平洋区域和平会议由中国著名和平人士宋庆龄等发起，这是亚太地区的一次重要会议。由于美国片面制造对日和约，加速了日本军国主义的复活，另外，美国侵略者破坏朝鲜停战谈判和在亚洲区域建立军事基地，准备发动更大规模的战争，亚洲及太平洋区域的和平和安全遭到严重的威胁。宋庆龄、郭沫若、彭真、刘宁一等11人代表中国人民的意志，并根据世界和平理事会和国际和平保卫者的热忱建议，于1952年3月联名邀请亚洲和太平洋区域的和平人士共同发起了这次筹备会议，会议于6月3日至6日在北京召开。

参加此次筹备会议的有来自亚洲、大洋洲、南美洲及北美洲等20个国家的47名代表。会上，代表们听说诞生还不到三年的新中国一边派兵跨过鸭绿江抗美援朝，一边在荆江之滨兴建利国利民的荆江分洪工程时，都非常赞赏，特别是听说这个巨大的工程三个月就能完成后，他们更是觉得不可思议。

会议一结束，来自日本、印度、巴基斯坦、墨西哥、英国和澳大利亚等国的代表共26人就怀着好奇心踏上了这次参观之行。

他们在武汉停留休息后，就登上专车，沿着汉沙公路连夜前往沙市。

数十辆小车、吉普车组成的车队向荆江挺进时，荆江分洪工程所在的公安县孟家溪到黄山头数十里长的简易公路也连夜进行突击检修，灯笼火把一直点到黎明到来。

代表团参观完北闸，往南闸行进，他们踏上了工地昨晚整夜突击整修的公路。来到黄山头节制闸，大闸也如北闸一样，基本竣工，相比北闸，这条拥有32孔闸门的节制闸稍小一些。了解到这个大闸是兼顾湖南湖北两省人民的利益而建时，白发苍苍的印度代表辛格激动不已，他一把抓住唐天际的手，连声赞叹。

这么大的一个工程，只用了三个月不到的时间？代表们还是将信将疑。

有位代表不声不响地走到茅草盖成的工棚前，他站在屋檐下，踮起脚伸手掀起檐子下的茅草，发现那些草还带着一股草香，草的成色的确不像盖了一年半载的。他还不相信，又进了工棚，从棚内看到铺在屋顶的竹子，那竹子都是青色的，他这才真的相信这个工程是在很短的时间内完成的。

代表们每到一处，都给工地的建设大军带来巨大的欢乐和鼓舞，受到军民的热情欢迎。30万大军的场面，让这些不同肤色的代表们不时露出惊奇与开心的笑容。

有位日本的代表拿着相机在工地不停地拍照。他回日本后，一直珍藏着这次参观拍下的照片，后来他在东京专门出版了一本画册，并寄给了后来当选为第五届全国人大常委会委员的唐天际。他清晰地记得当年在荆江分洪工程与他亲切握手的正是这位工程指挥部的总指挥长。

荆江分洪工程的参观团不仅在现场给建设大军以巨大鼓舞，他们回国后，还将发生在荆江岸边的故事流传开去，荆江分洪工程在国际上产生了深远的影响。

1952年10月2日至12日亚洲及太平洋区域和平会议在北京召开，参加会议的有中、苏、朝、蒙、印、日、澳、智利和墨西哥以及美洲太平洋沿岸国家共37个国家的代表。会议一致通过"告世界人民书""致联合国书""关于日本问题的决议""关于朝鲜问题的决议""关于文化交流问题的决议""关于建立亚洲及太平洋区域和平联络委员会的决议"等多项决议。为了庆祝这次盛会召开，中国邮电部在会议开幕当天发行了一套纪念邮票。

三十万人铸丰碑

1952年6月20日，荆江分洪工程宣告全面竣工。从4月5日开工算起，历时仅 75 天，30 万人创下了一个不可思议的神话，一个举国震撼的奇迹。这在世界水利史上是绝无仅有的高效率的水利工程。

这日下午，阳光灿烂，蓝天上白云飘飘，北闸工地停止了一切劳动，往日那热火朝天的发动机声和吆喝声，此时被阵阵的锣鼓声和欢呼声取代。一座莽莽大闸横卧在太平口广袤的田野上，从四面八方赶来的百姓和工地建设者们面对这雄姿勃发的庞然大物啧啧称奇。四野辽阔，万众欢呼，下午四点，北闸举行进洪闸落成典礼，总指挥长唐天际为大闸剪彩。

主席台上悬挂着毛主席的巨幅挂像，除了毛主席授予荆江分洪工程的锦旗，还有一面周恩来总理赠送的锦旗也挂在主席台上。红底金字的锦旗上写着"要使江河都对人民有利"。

所有的机器停止了转动，50 部水泥拌和机，80 多部抽水机，40 多部汽车，500 多辆斗车，1000 多辆手推车，还有推土机、起重机及各种发动机，它们现在也安静下来。30 万军民热血沸腾的施工现场安静下来，人们静静地听总指挥部宣读《荆江分洪工程胜利完工公报》。公报这样报道：

> 荆江分洪工程于本月二十日竣工，从此荆江两岸千百万人民永久摆脱了历史的灾难，开始了自己的新时代。他们已拥有一座像长城似的 54 孔的进洪闸，坐落在分洪区的北端，长达一千零五十四米，将吞吐着从长江三峡奔放出来的洪水。并拥有一座同样雄伟的 32 孔的节制水闸，坐落在分洪区的南端，长达三百三十六米，调节和拦蓄住巨量的洪流。分洪区围堤从四面八方构成了一座天然的蓄水库，蓄纳洪水量为五六十亿立方米，将可以用作消除水患发展水利灌溉之需。按中央人民政府政务院暨中南军政委员会批准原定三个月（90 天）计划，不仅缩短了 15 天，以 75 天时间完成了任务，而且在实际施工数量上与原工程计划相比已经超过。
>
> 从 4 月 5 日全面开工至 6 月 20 日止共计 75 天，其中全雨天 11 天，半雨天 9 天，故 75 天中只有 61 个晴天是可以进行全面施工的。但由于把黑夜化为白昼，抓住每个晴天与黑夜，实现日夜轮番突击，就把这一困难克服了。

公报对荆江分洪工程做出真实描述，这个巨大的工程实实在在地完成了。单是进洪闸上那一颗一颗拧上闸门的 32 万颗铆钉，如果把它们连起来，从太平口的进洪闸上排起，是不是一直可以排到黄山头的泄洪闸呢？

这不是神话，那两座大闸真真切切一南一北地卧于江南的沃野上。它是新中国的第一个大型水利工程，它是一个奇迹，是一块丰碑。

落成典礼上掌声雷动，笑语喧哗。

隔一天后，荆江分洪工程英模代表大会在沙市隆重举行。

6 月 22 日上午八点多钟，英模们在位于江边的沙市打包厂集合，来自三大工地通过层层评选出来的 800 多名劳动模范代表着 30 万解放军、工程技术人员、工人以及农民。他们穿上崭新的服装，人人胸前佩戴一朵大红花，脸上洋溢着骄傲和快乐。最引人注目的是解放军英模代表，他们穿着整齐的夏季军服和崭新的皮鞋，一个个雄赳赳，气昂昂。

看呐，腰鼓队来了，随着有节奏的鼓点，秧歌队扭起来了，雄壮的军乐也奏响了，人们涌上节日的街头，但见彩旗飘扬，鲜花舞动，歌声和口号声响彻沙市的大街小巷。游行队伍走到哪里，哪里就是欢乐的海洋，人们拥簇着劳模，年轻人踮起脚跟看，大人把孩子架在头顶上看，有人倚在门前搭起台来看，他们就想看看这支热闹的游行队伍，看看荆江分洪工程的劳动模范们。游行的队伍从通衢路起，经中山路、新沙路、中山公路旁的马路缓缓向便河路人民剧场进发。八百名英模一路上不停地向市民们挥手致意，这支游行队伍最终到达了人民剧场。

总指挥长唐天际率袁振、蓝桥、白文华等总部首长早已等候在剧场的大门口，欢迎英模们入场。

鼓乐声更加热烈地响起，鞭炮声震耳欲聋，腰鼓队、鲜花队、军乐队列队夹道欢迎，英模们迈着昂扬的步伐，精神抖擞地进入会场。他们在剧场门口看见了总指挥长，尽管两个多月的时间，总指挥长一直和他们在一起，可紧张的劳动中有多少人有机会近距离地见过这个威风的总指挥长呢？只听说过他受命于危难之际，从剿匪表彰会接到任务就赶到了荆江，只听说过他炮轰军舰，拦下过路的舰艇到洞庭湖抢险，这个威风凛凛的将军现在就在大门口喜笑颜开地迎接他们，所有的劳动模范都向指挥长投去深情的注目礼，而总指挥长也如看着他的爱将一样，向每一位劳模投去亲切的目光。

主席台上挂着毛泽东主席的挂像，"为广大人民的利益，争取荆江分洪工程的伟大胜利！"毛主席的题词制作的锦旗挂在一边，另一边是中南局及中南军政委员会的锦旗。四周的墙壁上挂满了开工以来各个慰问团的锦旗和各单位荣获的奖旗。

英模大会于上午9点正式开始，大会宣读了来自中央革命军事委员会政委会，中共中央中南局及中南军政委员会，中央人民政府水利部，湖北省委、省政府，湖南省委、省政府，湖北省军区，湖南省军区等的29封贺电，掌声经久不息。

之后，在隆重的军乐声中，展开一面紫绒锦旗，它的上面绣着一行金色大字："要使江湖都对人民有利！"人们顿时爆发出雷鸣般的掌声。这时，突然从台下走出一群少年，他们和沙市各界代表手拿鲜花和锦旗，一起涌上主席台，将鲜花和锦旗献给了英模代表和总部首长们。在掌声与欢呼声中，他们一起手挽着手站起来向观众致意。镁光灯不停地闪烁，定格这难忘的一刻。

唐天际总指挥长发表了重要讲话，他说："荆江分洪工程胜利竣工了，这个功劳归功于谁？首先，归功于毛主席共产党的英明领导，归功于中央人民政府政务院和中南军政委员会的正确决定。其次，归功于全国人民特别是武汉市和两湖人民的大力支援。还有苏联老大哥及其代表布可夫同志的帮助。再就是归功于今天到会的英模们。整个工程涌现了1200名功臣，200个模范单位。"

唐天际总指挥长用他那亲切而威严的目光扫视全场，又说道："荆江分洪工程的伟大胜利，离不开思想政治工作者、鼓动宣传工作者、文化娱乐工作者、后勤卫生工作者、交通运输工作者以及战地作家们，胜利也归功于他们！"

八天之后，南闸也举行了落成典礼。这一天是1952年7月1日，正是中国共产党成立31周年的纪念日。南闸工地在一阵阵欢天喜地的锣鼓声中从黎明中苏醒，四面八方涌来了湘鄂边界上数十里居住的村民，他们也赶来参加这个盛大的落成典礼。

总指挥部的首长们全部参加，武汉、长沙的荆江分洪委员会委员也赶来了，湖南、湖北两省，荆州、常德两专区，南北比邻的公安、松滋、石首、安乡、礼县、华容等县都派来了代表。节制闸本是为两省人民利益所修，江湖两利，南北共荣，大伙儿都满怀激情来见证这一盛大典礼。

中央人民政府水利部副部长张含英专程来南闸出席这次典礼。

32 面巨大的彩旗插在了 32 孔闸门上，旌旗猎猎，迎风招展。主席台设在闸身中央，与英模表彰大会一样，主席台上挂着毛主席的巨幅挂像，毛泽东主席、周恩来总理赠送的锦旗挂在主席台的两旁，其他各式各样的锦旗也依次挂着。主席台上庄严的气氛与闸上飘扬着的五颜六色的旗帜交相辉映，南闸仿佛播撒上了一层奇特的水雾，连空气都是快乐而热烈的。

当东方的朝阳托着一轮红日喷薄而出时，黄山脚下，虎渡河旁，人头攒动，人们翘首盼望着庄严的时刻到来。

突然，在黄山上冲腾起一股股白烟，随即隆隆的炮声响彻云霄，那是礼炮的响声，一声、两声、三声……一共 32 响，这是为 32 孔节制闸胜利竣工而鸣的礼炮！这是为伟大的中国共产党而鸣的礼炮！这是为英雄的中华儿女而鸣的礼炮！滚滚炮声如惊雷震撼荆江，震撼湘鄂边界，震撼数万见证这一伟大历史时刻的军民。

中央水利部副部长张含英到会并讲话，湖北省人民政府主席、荆江分洪委员会主任李先念致辞，他说："中国人民在毛主席和共产党的领导下，不仅能够获得解放，而且在祖国的建设事业中也能创造像荆江分洪工程这样伟大的奇迹！"此时，全场掌声雷动，爆发出热烈的欢呼。

在荆江分洪工程 75 天战天斗地的劳动竞赛中，涌现出了许多劳动模范，南闸工地的劳动模范也在大会上做了发言。

最最激动人心的时刻到了，典礼活动进行到最后一个议程——开闸放水！只见一支由解放军战士组成的威武雄壮的启闸队，他们步调一致，健步登上大闸，每 12 人一组，迅速列队肃立在闸门的 64 部绞车旁。

全场一片安静！

主席台上，女战士们拉起了一条鲜红的绸缎。李先念主席精神焕发走上前去，他高高挽起两只衣袖，用双手握着一把大剪刀，用力地剪开了开闸放水的彩带。

人们的目光由剪开的彩带望向启闸指挥员手中的令旗，只见他将令旗高高一举，立时，肃立在绞车旁的战士们在每部绞盘上插上了六根木杠转把，接着指挥员手上的红旗一挥，战士们推起转把就跑起圆圈来，大闸上顿时响起一片隆隆的轰鸣声。

随着这巨大的轰鸣，只见 32 扇铁灰色的闸门徐徐开启，巨大的浪花像被放出笼的猛兽怒吼着从闸门奔腾而出，被关在闸门外两个多月的虎渡河水似乎冲出牢笼一样，向着闸门南边急驰而去，那是洞庭湖的方向。

人们被这壮观的景象惊呆了，数万人发出雷鸣般的欢呼！

这两座分别为 54 孔和 32 孔的大闸是中国水利史上的奇迹，也是英雄的荆江人民创造的神话，更是伟大的中国共产党为了人民利益所铸的丰碑。这两孔闸均为近代新式水利工程，进洪闸之大，为世界所鲜见。从今以后，长江中游洪水浩劫之灾祸得以解除，两湖人民生命财产得到了保障。

竣工验收严把关

荆江分洪工程竣工了，但是否合乎设计要求还需要专家组和工程技术人员进行全面检查验收。

经过一个多月的认真细致的检查、评估，中南军政委员会荆江分洪工程验收团出示关于荆江分洪工程的验收报告。

这份在 1952 年 7 月 26 日所出的工程竣工验收报告详细说明了荆江分洪工程的具体工程建设任务、完成时间、检查情况及整改结果。报告说，荆江分洪工程是加强荆江大堤的同时在南岸分洪，以减轻江流负担，降低荆江水位，而使荆江大堤取得一定的保障，同时又不因分洪致使洞庭湖滨湖地区发生水灾，以便争取时间，准备条件，从事长江治本工程。

报告指出，荆江分洪工程总指挥部于 1952 年 3 月 18 日编就荆江分洪工程计划，其全部工程包括：

一、荆江大堤加固工程。

二、进洪闸工程，在太平口附近。

三、节制闸工程（包括拦河坝），在虎渡河黄山头附近，距太平口以南约 90 千米。

四、围堤培修工程，包括培修安乡河北堤、穿越黄天湖新堤及虎渡河丘陵地带西围堤。

五、安全区十处堤防及涵管工程。

六、刨毁分洪区内旧堤、高地及临时堵口工程。

七、虎渡河裁弯取直工程。

以上工程，除第 5 项安全区十处堤防及涵管工程的五处堤防及涵管工程、进洪闸的备用闸部分，第 6 项刨平横堤附近高地，太平口虎渡河西岸高地和建设新堤以及第 7 项虎渡河裁弯取直等在汛后兴工建设外，其余 4 项及第 5 项五处堤防及涵管工程、第 6 项内涉及分洪区内的旧堤、高地，横堤、进洪闸前堤防太平口临时堵坝和中河口堵坝，均要求在 1952 年汛前完成。

验收组对要求汛前完工的各项工程、各指挥部施工报告均详细说明，验收后出示验收报告，其内容如下：

一、荆江大堤加固工程

荆江大堤自江陵枣林岗至监利麻布拐，全长约 133 千米。原计划加培翻修 42 处，施工长度 38316 米，计土方 380282 立方米外，对于祁家渊、冲和观等八处险工共长 5849 米均以抛石护岸，计需石方 41193.65 立方米。

该工程于 4 月 3 日开工，6 月 14 日竣工，完成土方 408575 立方米，石方 41383 立方米，施工长度与原计划相符。全部工程均超额完成任务。工程所抛块石，采用抛水方，改善过去岸下抛石头重脚轻之弊。沙市至郝穴段原有堤上房屋亦迁移安置共 1476 栋。堤的断面一般符合标准。龙二渊、祁家渊、冲和观、杨二月等处抛石护岸及矶头修补经过此次加固后，均属稳定，同意初步验收报告，准予验收。

二、进洪闸（北闸）工程

进洪闸工程原计划包括进洪闸及备用闸各一座，进洪闸位于太平口下金城垸内，共 54 孔，每孔净宽 18 米，全闸总长 1054.375 米，采用钢筋混凝土底板"空心垛墙、坝式岸墩、弧形闸门、人力绞车启闭"，计划需用钢筋混凝土 80691.60 立方米，砌、抛块石及碎石垫层合计石方 78062 立方米，闸底高程 41.60 米，闸顶高程 46.50 米，分洪时最大进洪量可达 8000 立方米每秒。备用闸建筑在太平口以东腊林洲上，全长 590 米，于汛后开工，进洪闸限于 6 月底以前完成。

该工程于3月26日开工,6月18日竣工,较计划提前12天完成。总计完成钢筋混凝土84185.53立方米,较原计划超出4.4%;石方82677.89立方米,较原计划超出5.9%。有关进洪闸南北岸墩发生倾斜以及第一号与第五十四号闸墙伸缩缝与底板裂缝4至5厘米的问题,验收时倾斜未见发展,裂缝已用水泥灰浆修补。验收时试开第二十八号闸门(上下游无水),计用12人绞动,需时约17分钟,相当灵活。有些闸门与闸墩间、闸门与底板间不能紧密结合,验收组提请长委会曹乐安科长设法弥补。其与全部工程应起的作用并无妨碍,同意检查报告,准予验收。

三、节制闸(南闸)工程(包括拦河坝)

节制闸位于黄山头东麓,计划全闸共32孔,每孔净宽9米,总长336.825米,采用钢筋混凝土底板、空心垛墙、坝式岸墩、弧形钢板闸门,人力绞车启闭。闸底高程35米,闸顶高程43米。主要作用,在洪水时期限制虎渡河流入洞庭湖的流量不超过3800立方米每秒,计需做钢筋混凝土29858立方米,砌抛块石及碎石垫层52381立方米,限定6月底完成。

节制闸3月间备料,4月2日开工,6月15日全部完工,提前完成任务。计共完成钢筋混凝土32501立方米,较原计划超额完成8.9%,抛砌块石及碎石垫层59314立方米,较原计划超额完成13.2%。6月29日,检查验收组在太平口临时堵坝扒开前,一部分工作人员前往黄山头检验闸底板及闸门等,6月30日,全体检查验收组成员到达黄山头,上午参加放水典礼,下午进行节制闸的验收,并试开西岸八个闸门放水,晚上召集原初步验收人员及施工负责人员座谈并交换意见。7月1日下午除中间四孔不能启开外,其余28孔闸门全部启开。

验收组认为,节制闸已全部完成。其工程质量大致与施工报告、竣工图表以及初步验收报告相符。工程上尚有一些如混凝土有孔穴蜂窝,个别桥墩、门墩和岸墩的隔墙有细微裂纹,闸门与闸板间不紧密等缺点,对于工程的安全并无影响,准予验收。

虎渡河拦河土坝位于节制闸东头,属于限制虎渡河流入洞庭湖流量的工程之一,计划土坝长430米,坝顶高程43.50米,顶宽15米,上游坡比1:3,下游坡比亦为1:3,只在33米高程处留10

米平台，估计填土 327000 立方米，亦限 6 月底完成。此坝因为人力不够、洞庭湖水位抬高停工、东岸有沉陷现象及下游坝上有显著裂缝等原因，未予验收。

四、围堤培修工程

原计划培修安乡河北堤 15.969 千米，土方 1737647 立方米，清淤 5000 立方米。4 月 1 日动工，6 月 22 日竣工，共计完成土方 1731986 立方米，堤段全长与原计划相符，清淤因缺乏工具未做，堤表面有断裂等处需翻修夯实。准予验收。

原计划培修由大湾穿过黄天湖接虎渡河拦河坝之新堤，全长 4.074 千米，计土方 1975645 立方米，清淤 63440 立方米。4 月 5 日开工，6 月 24 日竣工，完成土方 2071337 立方米，超额完成任务。黄天湖新堤为荆江分洪工程最困难之工程，黄天湖底淤泥深自 2.5 米至 3.85 米不等，全凭人工清除，异常艰巨。因任务紧迫，清淤不够彻底，施工过程中堤身随着加高而下沉，严重时每日下沉超过 1 米，因堤顶高程超过规定标准的 43 米，每日下沉减至 10 厘米，采取以抛石护堤的办法，堤身下沉趋于稳定。予以验收。

原计划虎渡河西围堤由黄山头北麓经丘陵地带至黑狗垱对岸补修堤段共长 18 千米，计土方 401144 立方米。此堤于 3 月 31 日开工，5 月 31 日竣工，共计完成土方 398985 立方米，均系补修性质，验看数处符合标准，准予验收。

五、安全区及涵管工程

分洪区内设 10 个安全区，分散在分洪区内高地上，毗连围堤边缘，共需做土方 6019409 立方米，每个安全区建排水涵管一座，汛前应先完成 5 个安全区的工程。5 个安全区的土方工程值验收时均已全部完成，因为长江水涨，轮渡码头被淹不能渡江，验收组未能进行验收工作。

六、刨毁分洪区横堤及临时堵口工程

1. 分洪区内横堤在进洪闸下游约 14 千米的狭颈处，堤的一般高程均高出分洪区上游地面，为分洪时不致影响进洪量起见，计划将该横堤刨平，需挖土 326215 立方米。工程于 3 月 27 日开工，6 月 9 日完成，计做土方 289873 立方米，该堤尚未刨平到原定高度，因运距太远，无处堆放土方，只能就地刨毁，因人力投入建闸工程，此横堤刨平工程按人力酌量进行。因渡口被淹，未能验收。

2. 虎渡河太平口及中和口各建临时堵坝一座，以便于节制闸施工。

太平口堵坝3月26日开工，5月14日完成，计划土方189918立方米，实际完成土方191539.90立方米。6月29日验收时，正进行刨毁，尚未过水，6月30日决坝放水，准予验收。

中和口堵坝5月6日完工，计划土方40121立方米，实际完成土方39786立方米，验收时暂未刨毁。

亲爱的读者，我在这里不厌其烦地记下这些单调的数据，只是为了忠于历史。透过这些单一的数据，我们不难看到荆江分洪工程的巨大工程量；透过这些单一的数据，我们不难看到工程严格验收把关的流程将确保工程的质量与运转；透过这些单一的数据，我们不难看到千军万马同建这个巨大水利工程的辛劳与成就。

中南军政委员会荆江分洪工程验收团在验收时还对财务审核进行了说明。关于财务器材收付使用、结存等情况，由财务检查小组进行专项检查，这个小组系由中央财政部、中央水利部、交通银行总行、交通银行中南分行等派员组成。

我们所知道的是，这项如此巨大的工程，没有一人涉嫌贪污受贿。

荆江分洪纪念亭

荆江分洪工程是新中国创建之初在世界著名大江——长江流域修建的第一个巨大的水利工程，

它于1952年4月初开工，6月底竣工，投入30万人，75天建成。这是值得纪念的伟大工程。

早在红五月的劳动竞赛中，荆江分洪工程总指挥部就发出通知，征集荆江分洪纪念亭或纪念碑的设计方案。现在，工程胜利竣工了，纪念碑亭也按照设计方案建成，由中国建筑工艺大师莫紫尧设计。

荆江分洪工程纪念碑亭共有三组11座，一组位于太平口，一组位于黄山头，另一组位于荆江大堤沙市大湾段，纪念碑亭分别于1952年底至 1953 年建成。这三个地方是荆江分洪工程的战场，这样的布局具有非凡的意义。

这是纪念亭，也是功德碑，昭示后人，在那战天斗地的年月，英雄的荆江人民创造了世界奇迹。

在江北荆江大堤沙市大湾段矗立的这一座碑亭占地数百平方米，两座琉璃瓦六角攒亭阁分置两旁，中间建有塔形花岗岩碑，四周有汉白玉栏杆。站在此处，看大江东去，碧空如洗，心旷神怡。亭阁内各立大理石碑块，上面镌刻有参加荆江分洪工程建设的 928 位英模的名字。而纪念碑体的下层四壁浮雕是工程建设兴建时的画面，中层四面镌刻有题词、碑文。南面是毛泽东同志的题词："为广大人民的利益，争取荆江分洪工程的胜利"；北面是周恩来同志的题词："要使江湖都对人民有利"；东面是邓子恢同志的古言颂词；西面是李先念、唐天际同志撰写的纪念碑文。

在江南太平口所建的纪念碑亭又是另一种风格，在长达 1054 米的莽莽大闸的两头各建有一座琉璃瓦六角攒亭阁，再由两头各延伸数百米，再各建一座碑，如果从空中俯瞰北闸，这样的布局呈现出一种对称的壮美。现在人们去参观北闸，在北闸的大门外，最先见到的一块纪念碑的正面汉白玉石上，镌刻着毛泽东主席的亲笔题词："为广大人民的利益，争取荆江分洪工程的胜利！"字迹遒劲有力，白底红字，鲜艳夺目。纪念碑的背面是邓子恢的七言韵语以及李先念、唐天际写的碑文。

左右两侧中央分别镌刻的是 539 名荆江分洪工程建设中涌现出的中国人民志愿军英模和地方民工英模，它体现了这座丰碑修建的伟大意义。塔顶呈小方顶，四周各镌刻着一只白鸽，它象征着和平，表现了广大人民团结在党中央的领导下，建设社会主义的汹涌澎湃的热情。整个纪念塔古朴、典雅而又具有鲜明的新时代精神。

四幅浮雕镶嵌在大碑座的四周，碑座正面的一幅浮雕是工、农、兵的劳动形象，象征着三十万军民肩扛铁锹、镢头、大扳手向荆江分洪工程进军，再现建设大军雄赳赳、气昂昂，迈着矫健的步伐，从四面八方奔向荆江分洪工程工地的场景。

塔座的右侧是一幅表现工地运砂石的浮雕。这幅图分为两个部分：一个部分是船运泥沙，前面四个人肩背纤绳，使劲地往前拉，后面的两个人用力向前推，将砂石运往工地；另一部分是人工搬石，民工们肩扛、背驮，在齐膝盖的淤泥中，把一块块大石头运到目的地。这幅浮雕反映了当时缺乏现代化的运输工具，正是建设者们凭借他们的双手，一副铁肩膀，垒砌了一道道堤坝，建成了一座座分洪闸、节制闸。

塔座的背面是工地打夯的浮雕，画面上民工们头戴晴雨斗笠，脚穿草鞋，身扎腰带，八人一条心，把一块块几百斤重的夯石抛向空中，砸在大地上。站在这幅浮雕前，仿佛听到了铿锵有力的号子声，感觉地球都因此而震动。

塔座的左侧是一幅反映工地预制大型梁柱，搅拌混凝土的浮雕。看着这幅浮雕，我们的耳边仿佛响起了搅拌机的轰鸣声，眼前出现了军民同心操作，紧张施工的画面。

这四幅浮雕展现了荆江分洪工程建造的全部过程，讴歌了英模们的光辉业绩。

进入大门，穿过一条长长的由塔松夹道而建的笔直公路，在闸的东北角看到那座六角亭。纪念亭由六根红色石圆柱构成六边形的底座，亭梁上雕刻着和平鸽、镰刀、锤子组成的图案和一串串玲珑剔透的葡萄，形象逼真。碧绿的琉璃瓦和黄色的翘檐是那么庄重、灵秀。纪念亭上的和平鸽、镰刀、斧头印记着中苏人民的深厚友谊。亭内设有石凳，前去参观的人可以在亭内休息、下棋、娱乐。在大闸的南面，另建的六角亭与纪念碑，与北面一样的规格，一样的内容，不同的是北面的正面镶嵌的是毛泽东主席的亲笔题词，而南面的那块碑的正面则镶嵌着周恩来总理亲笔题词。

这两个六角纪念亭与两座纪念碑隔着大闸遥相呼应，气势宏大，美不胜收。

在北闸管理区，还有一座新型的雕塑，雕塑整体是一个三面支撑"闸"字变形，"闸"字高 5.2 米，象征着 1952 年北闸建成，每一面有 18 个孔。三面加起来是 54 孔，表示北闸的 54 个泄洪闸。雕塑中间有印章图案，表示心心相印，决心坚定，每一个印分别以篆文图形刻着"荆江分洪""蓄泄兼筹""江湖两利"的字样，既有装饰效果又有深刻寓意。工农兵雕塑是三十万工农兵大团结的缩影，人物有 2.3 米高，和闸字组成就是 7.5 米，表示北闸工程 75 天完成，雕塑底部是翻腾的浪花，也具有荆江分洪的寓意。

　　而建在黄山头的碑亭则另有新意，它的碑亭不似荆江大堤上的那一座中间一块碑两旁一座亭的"巨人挑担"型；也不似北闸在大闸两头各建一座亭，亭外数米各建一块碑的"碑亭夹闸"型，而是呈"立式渐进"建筑格局。它依山而建，从黄山头脚下拾级而上，可以看到左右两边各有一座六角琉璃瓦攒亭阁，此处风景秀美，在亭子里休息片刻，再往上爬，才看到左右各有一座碑，两碑两亭，交相辉映，融入黄山的俊美里，让人流连忘返。

　　三座碑亭风格一致，内容一致，都刻有近千名劳动模范的名单，都刻有毛泽东主席、周恩来总理的题词，另有邓子恢副主席的七言韵文，以及李先念、唐天际合撰的碑文。

　　邓子恢副主席的七言韵文共40句，抄录如下：

> 荆江分洪工程大，设计施工现代化。
> 北闸长逾千公尺，南闸规模亦不亚。
> 南闸腰斩黄天湖，虎河修起拦河坝。
> 蓄洪可达六十亿，从此荆堤不溃垮。
> 两岸人民免灾害，万顷沙田变沃野。
> 洞庭四水如暴涨，随时可把闸门下。
> 节制江水往南流，滨湖年长好庄稼。
> 长江之水浪沧沧，万吨轮船可通航。
> 如今荆堤无顾虑，物质交流保正常。
> 根治长江大计划，尚待专家细商量。
> 荆江分洪工告竣，赢得时间策周详。
> 这对国家大建设，关系重大意深长。
> 卅万大军同劳动，艰巨工程来担当。
> 热情技术相结合，又有专家好主张。
> 施工不到三个月，创此奇绩美名扬。
> 中国人民长建设，勤劳勇敢素坚强。
> 自从出了毛主席，革命威名震四方。
> 现在功成来建设，前途伟大更无量。
> 人民比对今和昔，永远追随共产党。
> 纪念分洪新胜利，主席英明永不忘。

　　李先念省长和唐天际总指挥长合撰的碑文精辟地概括了荆江分洪工程的来龙去脉和建设过程，这里抄录部分碑文，以飨读者。

　　长江为世界著名大江，我国一大动脉。两岸肥沃，生产最富、航利最大，对中国民族之生存、经济之繁荣关系至深且巨。然长江中游荆江段狭窄淤垫，下游弯曲，急流汹涌，不能承泄，两岸平原低下极易泛溃，为千百年来长江水患最烈之区，历代人民甚以为苦。东晋年间，始修荆堤作为屏障，明万历年间加工复修。清乾隆时决溃，费时十年乃稍修复，此后人民常年与水搏斗，不遗余力。而历代封建帝王及国民党反动政府对千百万人民生命所系之大业置若罔闻。且以邻为壑，垦殖洲垸，阻塞水道，与水争地，于是水患迭起，险象环生，使长江水位高出两岸达十数米。而剥削阶级复乘民之危，籍修堤之名，行敲诈之实，以致洪峰逼临，防不胜防。故荆堤之安危，不独千百万人民之生存所系，长江且有改道之虞，影响遗害实非浅鲜！

　　一九五〇年，中国人民伟大领袖毛主席下令治理淮河，今年又下令修建荆江分洪工程，解除长江水患。并决定由中南军政委员会副主席邓子恢督责此项巨大工程，限于四月初开工，六月底完成。中南军政委员会乃决定成立荆江分洪委员会，以李先念为主任，唐天际、刘斐为副主任，以黄克诚、程潜、赵尔陆、赵毅敏、王树声、许子威、林一山、袁振、李一清、张执一、张广才、任士舜、李毅之、刘惠农、齐仲桓、徐觉非、田维扬、潘正道、刘子厚、郑绍文为委员；并成立荆江分洪总指挥部，以唐天际为总指挥，李先念为总政委，王树声、许子威、林一山、田维扬为副总指挥，袁振、黄志勇为副总政委，蓝侨、徐启明为正副参谋长，白文华、须浩风为政治部正副主任；并在总指挥部下成立南闸指挥部，以田维扬、徐觉非为指挥长，李毅之为政委；北闸指挥部以任士舜为指挥长、张广才为政委；荆江大堤加固指挥部以谢威为指挥长，顾大椿为政委，专司荆江分洪事。并集中大批干部、技师，调动人民解放军十万人，民工二十万人，在中央水利部、苏联水利专家之指导与协助下，发扬爱国主义精神，夜以继日，历尽艰辛，克服重重困难，终于提前十五日完成。继治淮之后又一伟大建设乃臻于成。

完竣工程计：一为荆江大堤培修加固，凡一百一十四千米；一为分洪区大水库，凡九百二十平方千米，可蓄水六十亿立方米，其中堤工长百余千米；进洪闸五十四孔，长一千零五十四米；节制闸三十二孔，长三百三十六米，均为近代化新式工程，而进洪闸之大又为世界所鲜见。从此长江中游洪水浩劫之天灾人祸得以解除，长江航道得以畅通，两湖人民生命财产得以安全，广大群众未来之幸福生活具有保障矣。然此丰功伟绩属谁？应属毛主席之英明领导，中央、中南、两湖暨全国各级党、政、军与广大劳动群众之努力，尤以三十万参加工程之劳动建设大军及代表新中国劳动人民优秀品质之数万劳动英模，其中多是中国共产党员、中国新民主主义青年团员与男女青年，不分昼夜，不分晴雨，以爱国主义、革命英雄主义精神忘我劳动，发挥无限智慧，取得无数发明创造，涌现出如"父子英雄""夫妇模范""兄妹光荣""师徒双立功""人民子弟兵战斗生产英雄"等事迹。再则归功于苏联水利专家布可夫之伟大国际主义友谊援助。

兹值大功告成，江湖变象，自然改观，千万人民欢呼胜利之际，谨志于此，为后人鉴耳！

李先念、唐天际敬撰

一九五二年七月一日　立

这三组碑亭记载了人民的伟业殊勋，七十年来，逐渐成为人们观光游览的胜地。一批一批的游客在此领略荆江分洪工程的雄伟气势，一代一代的青少年在此了解那过去了的峥嵘岁月，这里留下了党和国家领导人的关怀，也留下了外国友人及各路媒体记者的赞叹。

桂花树与观礼团

北闸，荆江分洪工程进洪闸的简称。在工程竣工之时，进入北闸的一条长长的道路两旁栽上了万年松柏常青树，在大路的一旁，人们种上了水杉树林。

而在北闸工程指挥部前，新种上了两株幼苗，它们叫四季桂花树。这两棵树可有一定来历。

它们是长委会主任林一山特地从云南带回来送给北闸栽种的。

荆江分洪工程，这个动用全国30万大军修建的著名水利工程，缘于林一山的设想，正是这位叱咤风云的将军的一个奇妙想象成就了荆江分洪工程，林一山的名字永远铭刻在荆江人民心中。

这两株桂花树刚刚栽下不久，荆江分洪工程的11位英模代表就在不同的岗位上接到了来自北京中南海的国庆观礼邀请。

1952年的国庆节，是新中国成立后的第三个国庆节，而对于荆江分洪工程的代表们来说，这个邀请不仅仅是参加国庆观礼活动，更是离别不久的战友们的一次喜相逢。这11名代表是，松滋碎石女英雄辛志英、长委会第四测量队工程师李怡生、夏汉卿、程三保、鲍福汉，另有两名解放军及长委会两名工作人员，还有一名独臂女英模谭文翠。

说起谭文翠，这里可有一段令人难忘的故事。18岁的谭文翠本是宜昌秭归青滩人，她出生于一个贫苦家庭，小小年纪就很懂事，烧火砍柴，样样抢着做，帮着父亲分担生活的重担。她与邻居订了娃娃亲，1949年，邻居青年从秭归来到宜昌当了一名油漆工人，两年后，他把谭文翠也接到宜昌干了同样的活。白天，他们一起做油漆工，晚上谭文翠在油漆工会家属夜校学习，两人已经领了结婚证，准备建立新家庭。三八妇女节的那一天，两个人在油漆工会的庆祝大会上听到参加荆江分洪工程的动员，双双报名参加建设。

谭文翠到工地后先被分配到采石组，后调到藕池口为修建轻便铁道运送枕木，这些枕木每根都在百斤以上，要从几十里远的地方运来，天雨路滑，只有扛着或抬着走。谭文翠像那些青壮年的男子一样，也扛起一根，四月的天气，雨水常使路上泥泞不堪，她即使滑倒了，脚扭筋了，也不放下枕木，而是一瘸一拐地搬到指定的地方，她的倔强与坚忍让与她一同干活的民工们十分感动。

轻便铁路修成后，从汉口、沙市、宜昌等沿江城市运来的各种器材便运抵这里，然后装上斗车，由这条铁路运到黄山头工地。谭文翠参加了斗车运输队，并被选为宜昌斗车中队的副队长。此时正值梅雨季，工地白天黑夜抢工期，运输线也随之紧张，常常要突击抢运器材。4月

16 日，一批钢筋、水泥又要突击抢运，她指挥装车、调车，还帮忙推车，三天两夜没有合眼，才算把任务完成。4 月 18 日，极度疲惫的谭文翠正准备休息一下，这时又有突击任务来了，33 车钢筋要连夜运到黄山头去。谭文翠抖擞起精神，又投入战斗。由于货物集中，车多人少，中队部决定由 4 人推一辆车改为 2 人推一辆。为了多装一些货，谭文翠与推车组长丁世秀将三辆斗车连在一起，共装了五吨钢筋。

午夜时分的工地上，阴雨绵绵，33 辆斗车出发了，谭义翠和丁世秀两人用肩膀抵着车沿，让长长的车队在铁轨上滑行。由于大家完成任务心切，每在下坡时，有人干脆往车上一跳，下坡路时，车直往下冲，急得谭文翠不停地提醒大家要注意安全。

车行到藕池口附近时，又是一段下坡路，人们又凭着车的惯性往下冲了。困乏至极的谭文翠正准备再次提醒大家，无奈她一阵晕眩，倒在了铁轨上。黑暗中后面的车没有发现她，一辆载着四五吨重钢筋的车从她的身上碾过去。她还没有来得及叫一声就昏过去了。

谭文翠的左手臂被压断，那一节手臂被车轮甩到了铁轨的另一边。丁世秀看到这一幕惨景，吓得大声惊叫，人们呼地围了上来，见此情景，很多人急得哭了起来。谭文翠在人们的惊喊哭叫中醒来，忍着痛对大家说："你们快去，任务要紧！"

谭文翠在石首茅草街部队医院养伤时，工地上的工友们、解放军战士前去问候并给她写了慰问信，她回到宜昌时，又召开隆重的欢迎会迎接这位为荆江分洪工程付出巨大牺牲的女英雄。她被评为特等劳模，并被保送到湖北省工农速成中学学习。正是在武昌学习时，她收到了进京观礼的通知。这个工农速成中学的学生系来自全省各地工厂和农村的优秀青年，听到谭文翠去北京的消息，一个个跟谭文翠一样激动不已，那是要去首都啊，是要去见毛主席的呀！他们为自己的同学感到骄傲，这是全国最高的荣誉。

荆江分洪工程国庆观礼团在汉口乘上一列特别快车到达北京。水利部用专车将他们安置在部招待所里，还专门为他们准备了崭新的服装，并给他们每人送来了写着他们各自名字的信封，打开一看，这些来自湖北的代表们简直高兴得跳了起来。那是一张印有鲜红国徽的请柬，那是毛主席的请柬！捧着这印着金字金边的请柬，有人泪水止不住流了下来。信封里还有用红布做成的绶带，正面写着水利劳动模范，反面写着入场座号。

激动人心的时刻终于到来，1952 年 9 月 30 日 18 点 30 分，观礼团成员在水利部部长傅作义的带领下来到中华门，前来迎接的水利部副部长李葆华领着他们走进了怀仁堂。

还没有来得及细细看看中南海的景色，周恩来总理就朝他们微笑着招手了，李葆华快步走上前向总理介绍："总理，荆江分洪工程的代表来了。"敬爱的周恩来总理高兴地向前一步，向代表们伸出手去，李葆华向总理一一介绍。这幸福来得如此突然，代表们被总理握住手，一股暖流瞬刻流遍全身，总理微笑着，总理的手温暖而有力，总理对他们的赞赏与慈爱都在他那双睿智而慈祥的目光里了。

怀仁堂灯火通明，长条桌上摆满了酒食瓜果。荆江分洪观礼团被安排在会场靠前的座位上。大厅里安静极了，但所有人都感受得到这种安静中无法按捺的激动与兴奋。

7 点刚到，大厅里响起了《东方红》的歌声，啊，毛主席来了！毛主席，还有朱德总司令、刘少奇副主席、宋庆龄副主席，他们在周恩来总理的陪同下走进了大厅！雷鸣般的掌声经久不息。

毛主席红光满面，他微笑着向大家鼓掌点头，健步走到前排的桌子前。啊，毛主席就坐在荆江分洪工程的代表们的旁边啊，他们按捺着激动的心情仰望着毛主席，认真听主席讲话，恨不得把每一个字都牢牢地刻在心里。

宴会开始了，周恩来总理首先向大家举杯敬酒，代表们彼此也敬礼示意。李葆华拉起谭文翠说："你去代表荆江分洪观礼团向毛主席敬杯酒。"小小个子的谭文翠心跳加速，她端着酒杯走到身材魁梧的毛主席面前，激动地说："毛主席，荆江分洪向您敬酒！"李葆华忙向主席介绍谭文翠，毛主席微笑地看着她道："我知道你！荆江分洪工程的谭文翠，这么点女娃娃，挑得起那重的担子？"毛主席边说边向她伸出手来，谭文翠用右手握住了毛主席的手。

荆江分洪工程观礼团在怀仁堂参加宴会后，第二天又集体登上天安门观礼台观看了声势浩大的国庆游行。

国庆观礼团是党和国家给予荆江英模的最高礼遇。观礼团的记忆留在了人们的心底，而林一山的两株桂花树留在了荆江分洪工程。

林一山与谭文翠，他们一个是赫赫有名的"长江王"，一个是籍籍无名的"女娃娃",但他们都受到中华人民共和国的领袖毛泽东主席的赞赏,他们都为荆江分洪工程奉献了人生中最宝贵的智慧与热情,并做出了牺牲!他们都是荆江分洪工程的功臣,这两个名字将与荆江分洪工程的其他英模一样永存史册。

谭文翠最终没有与当年同时奔赴荆江分洪建设工地的青年漆工走到最后。她在武昌一个厅机关的传达室一直工作到退休。林一山1972年被查出患了眼癌。这时他受毛泽东主席和周恩来总理的重托,仍通宵达旦地研究影响葛洲坝工程的技术问题,最终形成"一体两翼"方案,将一个陷于困境的工程引向了成功。

在长期实践的基础上,特别是在双目失明的艰难条件下,林一山先后完成了《林一山治水文选》《葛洲坝工程的决策》《中国西部南水北调工程》《高峡出平湖》《林一山论治水兴国》《河流辩证法与冲积平原河流治理》等著作,成为一代水利理论大家。

林一山40余年的水利生涯不仅在诸如长江流域规划、三峡工程、南水北调这些国家的重大建设项目上做出突出贡献,他还率领长江委广大科技人员完成了许许多多支流规划和工程建设。

2007年12月30日,林一山与世长辞,水利部长江水利委员会在悼念首任主任林一山时,用短语概括了他传奇的一生:

> 近百年岁月,叱咤风云。十五载戎马生涯,求索北平,驰骋齐鲁,鏖战辽沈,南下荆楚,壮志冲天。矢志不渝也,情操高尚矣,大禹传人难忘林一山。
>
> 逾万里巨川,奔腾浩荡。六十个治江春秋,辩证问水,三段固本,高峡平湖,南引北济,厥功至伟。哲人其萎乎,余泽长存焉,西陵石壁永镌长江王。

令人惊异的是,2007年,在林一山主任生病离世的这一年,北闸办公楼右侧的那一棵树竟然如生病的人一样,开始掉树叶,最后竟掉得只剩下光秃秃的树干了。北闸的工作人员着了急,想了很多办法,施肥,浇水,都没能让这棵树恢复到原来枝繁叶茂的样子。这可是林一山先生亲自带回来的树啊,绝不能让它就这么枯萎,他们请来了林业专家,给树挂营养液,经过精心的护理,奇迹发生了,那棵树终于活了过来。

如今这两株桂花树葱茏青翠，枝繁叶茂，芬芳馥郁，多少年来，一直伴着荆江的那座莽莽大闸。

设立归并荆江县

荆江分洪工程分为两期，第一期主体工程为进洪闸工程、节制闸工程、荆江大堤工程、南线大堤工程。共完成土方 834.58 万立方米、石方 17.13 万立方米，耗用钢材 5864 吨、混凝土 3.55 万吨、木材 1.03 万立方米，投入经费 4142.51 万元，已经成功进行工程验收。

由于当时指挥部集中力量保证主体工程汛前顺利完成，为减缓后勤压力，分洪安全区围堤工程往后延迟。第二期主体工程包括公安长江干堤培修工程，虎渡河东西堤培修工程，安全区围堤及涵闸工程，进洪闸东引堤延伸及闸前滩地刨毁工程，黄天湖新堤、安乡河北堤及虎东堤护岸工程，分洪区排水工程等。

分洪区内共有 108 个村庄，还有藕池、闸口、斗湖堤、黄金口、夹竹园等集镇，共有 24 万人，分属公安、江陵、石首 3 县。移民过程中，6 万人远移江北，18 万人就近移到包括上述集镇在内的 21 个划定的安全区。

1952 年 11 月 22 日，经中南军政委员会同意，以荆江分洪工程为核心，将公安、江陵、石首三县所辖的分洪区共 6 区 1 镇划出，成立荆江县人民政府，并于次年 4 月得到中央政务院批准。划归荆江县管理的堤防由新成立的荆江县堤防管理总段负责，县长申保和兼任段长。

1952 年冬，荆江县集中千军万马进行分洪区加固工程，在 210 千米的分洪区围堤和 21 个安全区摆开战场，来自荆州专区和宜昌专区 10 多个县市的 18 万民工投入战斗。人们习惯称之为荆江分洪二期工程。这项工程于 1952 年 11 月 14 日开工，到 1953 年元月完成，历时 70 来天，正是寒冬腊月、北风呼啸的季节，民工们克服重重困难，在长委会中游局局长任士舜和荆州地委书记阎钧总政委的领导下，完成荆江安全区围堤工程任务。

这 18 万民工都是从旧社会走过来的人，很多家境贫寒，从小尝尽生活的苦难，特别是那些饱受地主阶级压迫的人，对旧社会苦大仇深，对新社会满怀感恩，所以他们干起活来特别积极。

松滋县第六区榆杨乡19岁的青年妇女裴新慧，从小由于家庭贫穷，13岁给地主家当使唤丫头，饱受地主打骂，她不堪忍受这种折磨，便投奔了定下娃娃亲的公婆家。新中国成立后她在土改中成了积极分子，这次听说荆江分洪第二期工程要开工了，她便决定去报名，公婆听说要到200千米以外的地方去挑堤，把她关了起来。

裴新慧知道婆婆是心疼自己，她想，第一期工程她所在的区乡没有任务，她没有机会参加，她们县里出了个辛志英，让她好羡慕，这第二期工程再不参加，可就没有立功的机会了。一定要想法去。打定主意的裴新慧第二天起了个大早，她拿起一只空油瓶，对公婆说去街上打油，然后回来烧早饭。公婆看她闭口不提出门修堤的事，也就相信了她。裴新慧一出门就跑到了大哥家，她请大哥帮忙说服公婆。看到媳妇娘家的哥哥出面来说情，婆婆只得遂了媳妇的意。

裴新慧到了工地，此时已是天寒地冻的季节，民工们睡在暖和的被窝里，早上总是赖床。当上民工小组长的裴新慧可负责了。她总是第一个起床，然后挨个儿去叫工友，有几个工友还是不愿起来，她就把洗脸的热水端到他们的铺前，这招数真管用，工友们再没有赖床的了。

为了激励他们不怕严寒，战胜困难，她还打起赤脚上工，雪下起来时，她才穿上鞋袜。

时令已是三九，在松滋完成挑堤任务后的裴新慧转入黄天湖渠道的工程中，依然是要到浅水滩清淤。此时北风怒号，湖面上已经结冰，瑟缩着脖子的民工将双手笼入袖口，不知该如何是好。又是这个裴新慧，第一个脱掉鞋袜，挽起衣袖和裤腿走入冰湖中。在她的带动下，民工们一个个下到冰冻的湖滩里，开始清理淤泥。

裴新慧出色的表现得到民工和指挥部的好评，她被评为特等劳模。

还有一个从当时宜都县红花套乡来的农民工王友太，他从小给地主当长工，长大后租地主家的地种课田，一年下来，除了交租，另要还高利贷，到年底只落得收成的零头。为逃壮丁，他跑到江陵县一家寺院，以挑水为生，不敢回家。真的是上无片瓦，下无立足之地。直到新中国成立后他才回到村子里，他不仅分到了田地，还分到了房屋，另外还分到了耕牛和农具。翻身不忘共产党，过上这样的生活，他打心眼里感谢国家感谢党。他生产积极性高，被乡亲们选为互助组组长。

荆江分洪区修堤的动员会开完后，他就想报名，农会看他家有个70多岁的老母亲生病在床，还有一个孩子不满周岁，没有同意。王友太找到农会，诚恳地说："我娘苦了一生，我很想在她床前尽尽孝，可我今天的幸福生活是政府给的，我去修堤，就是要报答政府的恩情。"农会知道他受过太多的苦，批准了他的请求。

王友太把母亲托付给了同组的好友，他甚至为母亲买好了棺木，这一去不是三两天，他怕万一母亲有个好歹，自己难得赶回来，便备好了烟酒茶等物品以防万一。并交代妻子，如果娘有个三长两短，可将家里的猪卖了。安排好了一切，他就随大伙儿出发了。

他一路上帮着同行的炊事员挑柴米，到达工地后，他又组织一个五人挑土小组，想方设法提高工效，在工地上创造了人均7.73立方米的纪录，这是宜都县民工的最好成绩。他这个"挑土英雄"在工程结束时在英模会上作为优秀代表做了典型发言。

修堤期间，王友太的母亲没能熬过这个寒冷的冬天，农会和左邻右舍帮忙将老人的丧事安排得很是妥当，葬礼隆重而周到。

为了提高工效，工地上的一些小组还定出了"五快五不怕"的规矩。这五快是：起床快、吃饭快、上工快、挑土快、开会集合快。五不怕是：不怕困难、不怕风吹、不怕雨打、不怕泥路难走、不怕寒霜冷冻。

工地上气温低，环境差，出现了一些病号。各地的指挥部设立了防疫休养所，23岁的"南下干部"徐怀英就是一名模范医务工作者。他本是中南第一防疫队的医生，这次来荆江参加二期工程，被分配在当时的荆门县指挥部防疫队担任护士长。他把民工当亲人，给病号喂饭喂药，甚至端屎端尿，一个男同志，比女护士还细心。有一晚下起了大雪，他把自己的被子给生病的民工加盖，自己仅盖几块油布和草垫过了一夜。病人们非常感动。又有一天，一位民工在病房里发出了痛苦的呻吟，原来他已经三天解不出小便了，肚子胀得难以忍受，又发起了高烧，徐护士长和医生迅速给他做了检查，诊断为急性膀胱炎，必须马上排出尿液，不然会有生命危险。

徐怀英按医生吩咐用导尿管导尿，未能成功；又改用注射器抽尿，还是没有成功，因为积存的尿液过浓，病人痛苦不已，渐渐昏迷。突然，徐怀英将导尿管用口咬住了，他俯身用力吸吮起来。在场的人被他这个举动惊呆了，一分钟、两分钟、五分钟，十多分钟过去了，他终于"叭"

的一声，张嘴吐出一口红棕色的脓尿。病人苏醒了，而徐怀英却快要昏过去。恶臭的脓尿让他恶心反胃，但为了民工的生命，他歇息片刻，又衔起了导尿管。

"徐同志"是民工们对他的称呼，民工们谈起徐同志，无不伸出大拇指。

在工地上被民工们伸大拇指敬佩的还有一位炊事员周明春。周明春是宜都县姚店大队六中队炊事组长，这个炊事组有4个人，要烧100多人的饭菜，用一口灶烧实在忙不过来，一天要烧570斤柴火不说，还常常烧出夹生饭。他睡在床上苦思冥想，终于想出了一个"流水做饭法"。这个办法可真不错，不仅节约了柴火，也减少了炊事员。他们先在第一口灶上将一锅水烧开，然后下米，水开两次后，盖紧锅盖，马上将灶里的明火用火剪夹入第二口灶内。将第二口锅里的水烧开下米烧开两次，盖紧锅盖，马上将明火夹入第三口灶内。如此，再夹入第四口灶。

这个流水做饭法提高了工效，很快在工地推广开来。

1953年1月19日，冬阳暖照，荆江分洪工程第二期工程举行了盛大的英模大会，锣鼓敲起来，鞭炮放起来，秧歌队扭起来，英模大会依然在半年前召开过荆江分洪工程代表会的沙市人民剧场举行。

总指挥长任士舜做了总结报告，十位英模代表做了典型发言，英模们还参观了沙市纱厂，并与工人进行了座谈，观看了以本期工程为题材编排的四幕现代楚剧《荆江儿女》。

会议还通过了给毛主席、志愿军全体指战员、中南军政委员会邓子恢代主席、湖北省李先念主席和刘子厚主席的致敬信。之后，会议授予松滋、公安、石首、江陵、监利、荆门等县及宜昌专区所属的宜昌市、宜昌县、宜都县、当阳县、远安县、枝江县共12面锦旗。

五天的代表会结束了，戴着红花的英模们胜利返乡。大家依依难舍，挥手告别。

第二期工程共完成土方1100余万立方米，投入经费572.55万元。

荆江县不仅成功组织了荆江分洪第二期工程，还在1954年的长江大洪水中三次开启荆江分洪工程，之后开始灾后重建。

1955年4月6日，经国务院批准，荆江县并入公安县，这是新中国历史上设置时间最短的一个县，前后仅有三年。

一级战备紧急令

日历翻到 1954 年，这是新中国成立后的第 5 个年头。这一年，长江流域自入汛以来就气候反常，连续发生暴雨，洪水峰高量大，持续时间长。五、六月份，暴雨中心分布于长江中下游湘鄂地区，致使荆江下段江湖均处于较高水位。七月份，中游地区降雨未止，而上游地区又连降大雨，不仅雨区广，而且持续时间长。到八月下旬，上游洪峰接踵而来，而中游江湖满盈未及宣泄，以致荆江形成特大洪水，干流在沙市以下全线突破历史以来最高洪水位 0.18~1.66 米。

5 月 3 日，湖北省政府召开全省水利工作会议，全面部署防汛任务。接着成立湖北省防汛抗旱指挥部。至 6 月上旬，各地防汛机构陆续成立，并以农村区（乡）、城市街道和工厂为单位组织防汛大军。6 月中旬，中央、中南局和长委会联合组成的防汛检查团专程来荆江大堤和荆江分洪区检查防汛准备工作，要求加强分洪准备，包括进洪闸闸门启闭、工程技术人员培训及分洪区群众安全转移等。这是要做好荆江分洪的准备，万一水位居高不下而持续上涨，将启动荆江分洪方案。

6 月下旬，中南军政委员会发出《关于加强防汛工作的紧急指示》，省委、省政府召开防汛救灾紧急会议，省委第一副书记张体学代表省委、省政府做紧急动员报告，要求"全面防守，重点加强，克服麻痹思想，进一步做好防大汛的准备。"并要求："无论付出多大代价，都要确保荆江大堤安全。"荆州、常德、长委会中游局共同组成的荆江防汛分洪总指挥部奉命在沙市成立。

此时的北闸，早已接到随时准备开闸分洪的命令，那条卧在太平口的长龙，警惕地睁大眼睛，关注着荆江水位。早在 6 月上旬，中央水利部就派检查组对大闸的闸门、绞车进行了全面检查，发现故障立即调武昌造船厂钳工进行了检修。下旬又从沙市调近千名启闸工人集结训练，按 54 孔闸门分成 54 个班，每班 14 人。沙市市劳动局派干部 32 人，配合管理所干部和警卫战士共 54 人加强各班，原有闸工和钳工则分在各孔，随时检修机件。

全闸配备了先进的通信网络，有5千瓦的发电机2部，电工9人。通信设备包括电台1部、无线电话4部和闸东西两端电话系统，与沙市中山横街的总指挥部保持全天24小时的联系，条条电话线把闸的东西两端和54座闸门的108部绞车连成一体，另外还有4部无线步话机在闸上巡回，还架设了高音喇叭以备呼叫。沙市总部的电话早已与中南区防汛指挥部甚至政务院保持直通。有线与无线通信将北闸现场、沙市总指挥部、武汉省城与北京中南海连接在一起。

6月20日，北闸全体驻守员工进行启闭闸门的实战演习，演习时间选在傍晚，启闭27孔闸门。当夕阳西下，大地的帷幕渐渐落下，发电机的轰鸣声响起，一瞬间，上百盏启闭闸门指挥灯同时放亮。这时，在每个闸墩安装的红绿信号灯按不同的组合，分为准备、开、关三种指示，一千米长的巨闸顿时变成了一条耀眼的灯龙。

就在千名启闸工精神抖擞地守在大闸的绞车旁严阵以待时，只见54座闸墩上同时亮起了绿色信号灯——这个预备信号让108部绞车旁的启闸工同时将双手放在了绞车的杠杆上，他们摆好了推动的姿势。接着绿色信号灯熄灭，红色信号灯骤亮，随着转动起来的108部绞车的轰隆隆的响声，巨大的弧形闸缓缓开启，只听得闸门底下呼的一声巨响，白花花的江水在电灯光的映照下如脱缰的野马腾空而起，向闸南奔腾。

演习成功了！这一次演习，实际只开启了27孔闸门，另有27孔只是模拟演习。几分钟后，红色信号灯尚未关闭，绿色信号灯又亮了，红绿信号灯意味着即将关闸，在耀眼斑斓的信号灯指示下，弧形闸缓缓关闭。

7月5日，上游出现第一次洪峰，沙市水位高达43.89米，这个水位已经超过1931年的最高水位43.63米。当年在这个水位时，洪水已团团围住了荆州，荆江大堤溃决。

7月6日，荆江防汛分洪总指挥部奉命在沙市中山横街工人俱乐部成立，单一介任指挥长，孟筱澎任政委、饶民太、赵工、程敦秀、赵炳伦任副指挥长。同时成立荆江县防汛指挥部，成立仅仅两年的荆江县将面临历史上最为严峻的考验。各区相应成立指挥机构，每个安全区成立联乡指挥部，共18个。联乡指挥部内设组织、宣传、公安、工程、卫生和供应 6 个组，供应组 10 人，其余每组 3~5 人。

荆江大堤全线进入抗洪紧张阶段。荆州、沙市和沿江县共火速组织 13.58 万民工上堤防汛，各党政负责人奔赴前线坐镇指挥，并抽调大批干部上堤加强防守，层层划分责任堤段，定点定人，专人负责。最紧张时防汛大军高达 20 余万。间隔不到一米就有一人防守，这是荆江大堤有史以来最声势浩大的防汛场面。这是一场没有硝烟的战斗，是新中国成立后党领导广大人民群众与洪水灾害进行的史无前例的较量，是对新生人民政权的一次重大考验。

面对特大洪水，在党中央的坚强领导下，各级党委政府紧急行动，动员全社会力量投入抗洪抢险。中央、中南局、湖北省政府和长江委，相继调来大批登陆艇、轮船、拖船、帆船、汽车、抽水机，还从东北、广州、西南、宜昌运来大批麻袋、蛮石等防汛器材。

此时分洪区移民安置已经结束，除了移出 6 万多人到荆江北岸的人民大垸，另有 16 万人迁到了安全区。各安全区的人数分别是：斗湖堤安全区 5113 户，21475 人；杨厂安全区 3886 户，17171 人；永兴垸安全区 1528 户，6354 人；八家铺安全区 799 户，3210 人；谭家湾安全区 837 户，3519 人；倪家塔安全区 546 户，2172 人；裕公垸安全区 2233 户，9007 人；孔雀垸安全区 546 户，2172 人；黄水套安全区 310 户，1173 人；吴达河安全区 4453 户，18552 人；新口安全区 737 户，8541 人；黄金口安全区 2524 户，8319 人；任家湾安全区 640 户，2626 人；埠河安全区 3839 户，17262 人；雷洲安全区 1785 户，7590 人；义和垸安全区 1685 户，7091 人；各安全台 2748 户，9540 人。

但是，在 1954 年汛期到来前，大量移民又返回他们原先的屋场，更有一些孤寡老人，因为眷恋故土，一直滞留在安全区外。

面对长江大洪水，荆江县奉命开始了分洪区内移民的转移工作，动员和帮助滞留安全区外的群众迅速进入安全区。在 21 个安全区中成立了联乡移民指挥部。

7 月 8 日首次洪峰到来后，防汛分洪总指挥部命令荆江县必须在 7 月 10 日前将群众全部转移完毕，全县连夜派出大批县区乡干部火速下乡督促转移。到处都有固执的老人哭叫着不肯离开家园，干部们只得背上他们往安全区走，有的老人在干部背上又捶又咬，但阻止不了干部们的脚步，因为一旦分洪，这里将是一片汪洋，群众一个不留地转移，这是一道死命令。

转移群众的同时，分洪区二万头耕牛也进行了转移。由于要避免人畜混杂发生瘟疫，这些耕牛都不能转移到安全区，只有转移到外县去。各乡都专门成立了耕牛队，每个耕牛队配备了兽医，按计划转移到了公安、松滋、石首、江陵以及荆门。

浩浩荡荡的耕牛队热闹非凡，赶牛人的吆喝声、牛鞭的噼啪声和牛的嗷叫声引得沿路好多人看热闹。牛群中似乎也有恋家的牛，有的牛走着走着就不走了，任你怎么鞭打也不移步，打急了，牛便使了犟劲，挣脱缰绳狂奔，赶牛的人不得不去猛追猛赶。

人畜转移完毕后，分洪区内各区乡又奉命在 7 月 20 日之前，赶在荆江第二次洪峰到来之前，抢割完已成熟的早稻。同时，荆江县下达了分洪紧急动员令。

紧急动员令内容如下。

荆江县防汛分洪指挥部紧急动员令

长江上游洪峰陡涨，为荆江大堤及江汉平原千百万人民生命财产安全，奉荆江防汛分洪总指挥部命令决定分洪，特发布命令如下：

一、荆江分洪是我县全体人民的光荣任务，应积极动员起来，保证胜利地完成这一任务。

二、各级指战员及全体民工应坚守阵地，不得因为分洪而放松对干堤的防守。必须确保分洪区干堤、安全区围堤的安全，安全区涵管应昼夜紧闭，加强防守，并加紧完成堤段防浪铺防工程。

三、凡在蓄洪区进行生产的农民渔民应于七月二十一日十二时以前，全部回到安全区、安全台，以策安全，保证不淹死一人。

四、设立分洪警报，以鸣锣放炮为开闸分洪信。

五、全体革命工作人员、武装部队紧急动员起来，与群众一起，堤上堤下，进行严密巡查，加强防汛，保证堤不溃口，并领导群众有组织地抢割黄粮。

六、保证粮食供应，保证物价稳定，做好生产救灾工作，保证不饿死一个人。

七、全体人民应做好防疫卫生工作及消防、治安等安全工作，如有造谣破坏者，必须依法惩办。

以上各项，希我全体人民切实遵照执行为要。

此令

指挥长：申保和

政治委员：温瑞生

一九五四年七月

千古奇观闸门开

1954年汛期，川江先后出现较大洪峰五次。7月8日的首次洪峰通过沙市后，上游金沙江、岷江和嘉陵江流域又连降暴雨。7月19日、20日，三峡和清江地区上空暴雨倾盆，三峡腹地的巴东、巫山两日间降水量各为80~90毫米，清江之滨的鹤峰降水量竟达160多毫米。从川江出口南津关汹涌而下的洪流，在宜都又汇合了清江出口的洪流，直向荆江涌来。

7月21日，沙市水位又涨到43.63米，预计即将到达的第二次洪峰水位将超过44.41米，沙市至郝穴一线均将超过保证水位。此时荆江大堤经过数日洪水浸泡，先后发生脱坡、浑水漏洞、散浸、浪坎、堤防管涌险情多处。仅21日报警的浑水漏洞就达25处。荆江又到了最危急的时刻，如同1931年与1935年一样，荆江的百姓们面对上涨的洪水，祈祷水位下降下降再下降，而水位线在滔滔洪水中却居高不下。

位于沙市中山横街的荆江分洪总指挥部灯光彻夜不熄，一片紧张。

在省城，武汉中南区防汛总指挥部的电话几分钟就向沙市呼叫一次。

在中南海，日理万机的周恩来总理放下手中的文件，焦急不安地等候着荆江的消息。

下午，沙市站水位超过44.00米！

一个命令不得不通过无线电波由中南海向荆江艰难下达：紧急预备，准备分洪！

经过演习后的北闸早已严阵以待，当黄昏的幕布落下，北闸的绿色信号灯亮了！所有的人都清楚，这次可不是演习了。这次是要动真格的了！此时，白浪滔天的洪水离闸面只有一米多，站在闸门绞车旁的启闸工们，望着闸身外那一望无际的洪水，腿都吓得抖了起来。

安全区只准进不准出了。持枪的民兵对21个安全区实施了戒严，示警的枪声和锣声响起来了，这是告诉人们，马上要分洪了，赶紧回到安全区。

182.35千米的荆江大堤灯火通明，十多万防汛大军此刻已涌上江堤，望着脚下的满盆洪水，所有的心都牵系在太平口那条莽莽大闸上。

这是一个难忘的夜晚，这是历史上最值得记忆的夜晚，这一晚，荆江分洪工程首次应用，在中国共产党的领导下，如1931年、1935年的洪水压境时一样，人们焦急，人们惊惧，但人们怀抱着希望，人们期待奇迹发生，那就是通过荆江分洪工程的启动，荆江大堤不要溃口。

深夜，水位还在上升，还在上升。二郎矶的水位刻度升一格，在沙市中山横街荆江分洪总指挥部的水位示意图上，那条红线就上升一格，中南区防总和政务院的水位示意图也跟着上升一格。

44.22米，44.28米，44.37米！

所有站在水位示意图前的人们的心都提到嗓子眼了。

44.38米！总指挥长单一介的耳机里，终于传来了从中南区防汛总指挥部发出的一个庄严而冷静的声音："开闸！"

1954年7月22日凌晨2时20分，接到指令的启闸工看到北闸那一直亮着的绿色指示信号灯随着高音喇叭播出"开闸"的命令，一下子变成了红色，瞬息之间，肃立在108部绞车旁的启闸工飞快地转动起绞车。当闸门渐渐启开，只见涨满的江水如同野马出山，由闸北"砰"地向闸南冲出，发出阵阵嘶鸣，巨响中闸身闪电般地掠过一阵颤抖，说时迟，那时快，那江水腾空而起，射向了黑夜里的闸南旷野。激起的水雾使闸上降下一阵迷蒙的雨雾。闸上的灯光瞬间暗淡。所有的人都被这惊心动魄的场面惊呆了！

洪涛钻过开启的闸门卷起巨浪向南一路咆哮，这座大闸好比洪水中的一只巨型舰艇，它摇晃了一下，闸上的人们脑海里闪过一个骇人的念头，这个没打桩基的大闸该不会被大水冲走吧？一会儿人们就明白了，这个担忧是多余的，只见大闸像一个学步的孩子，摇晃一下后，就稳稳地站住了。这是首次分洪的考验，总指挥部如同在大闸进行启闭演习时只开27孔一样，也采取了稳妥的措施：先开单号孔，再开双

149

号孔，闸门开启过程中以 0.25 米为一格，上升一格的间隔时间听从总部的电话通知。事实证明，这个办法确保了北闸平稳分洪。

至 22 日 8 时 22 分，北闸 54 孔闸门全部打开，分洪流量为 4400 立方米每秒，雷鸣般的巨响震耳欲聋。这真是千古奇观，现场的人很多流下了激动的泪水。

沙市二郎矶的水位渐渐回落！荆江大堤转危为安！

这一次分洪总量为 23 亿立方米，加上分洪区原有溃水 8.2 亿~10.3 亿立方米，分洪蓄水约 31.7 亿立方米。第一次分洪后，沙市 7 月 22 日 4 时最高水位 44.38 米，比预计洪峰水位 44.85 米降低了 0.47 米。郝穴 7 月 22 日 5 时最高水位 41.28 米，比预计洪峰水位降低了 0.28 米。藕池口、石首、调弦口水位也相应下降，减少入湖水量 7.267 亿立方米。

北闸第一次分洪引发国内外关注，新华社发出电讯，《人民日报》头版刊载了这则电讯。节录如下：

> 荆江洪水从 21 日下午 8 点后，每小时以平均 6 厘米的速度上涨，到 22 日凌晨分洪时，沙市水位已达 44.38 米，洪水还有猛涨的趋势。因此，洪水严重地威胁着荆江大堤的安全，也威胁着洞庭湖区的安全。此时，中南区防汛总指挥部经呈请中央人民政府政务院批准，当即命令荆江分洪防汛指挥部开闸分洪。开闸后，沙市水位当时就停止涨势，22 日上午 11 点，沙市水位已落到 44.30 米，下降了 8 厘米，水势暂时保持平稳。

三天后，《人民日报》又在 7 月 26 日的二版，对北闸开闸分洪进行连续报道：

> 长江中游的荆江分洪区自 22 日夜晚开闸蓄洪后，到 24 日下午 6 点，分洪区内藕池以上又蓄起水来，自开闸到现在，闸身、闸基、堤段都安全无事。开闸后，长江在太平口水位顿落 1.3 米，沙市水位到 7 月 24 日下午 2 点已降至 43.93 米，荆江大堤沿江水位均相应下跌，使荆江大堤安全度过了第二次洪峰。现在，湖北、湖南省的荆江、沙市、南县等 8 个县市及长江水利委员会等单位的 4 万余工人和干部，正在不分昼夜地看管南、北大闸，坚守分洪区周围 259 千米的堤段安全。

这次分洪一共持续了 5 天，到 27 日 13 时 10 分北闸关闭。

人们后来记述了北闸分洪时的情景。分洪之时，分洪区人畜早已转移，空空的村落死一般寂静。忽然，人们听到一阵急流奔腾的声响，那是凶猛的洪水来了。洪水所到之处，屋子轰然倒塌，树枝叭叭折断，走过的桥呼的一声散架，所有的轰隆声都是破坏。那是令人恐怖至极的声响，树倒了，树上的鸦雀窝翻了，鸟儿们惊恐地哇哇乱叫，让人胆战心惊。而地下的蛇、獾、鼠、兔等动物也从洞穴里跑了出来，除了蛇，所有的动物都被洪水吞没，一只只鼓胀着肚子随波漂流。蛇在水中游得辛苦，只要找到可以栖身的树和木划子，它们就成群结队地爬上去。

洪水卷过百里分洪区直指黄天湖，黄山头变成了一片汪洋中的一个孤岛。分洪区的水与长江的水处于同一水平线上。

当 54 孔闸门徐徐闭合，向南奔腾的江流被大闸阻隔在了闸北，此时守候在大闸绞车旁的千名启闸工已精疲力竭。他们走下大闸，只想美美地睡上一觉。

可就是在闭闸的当晚，那座莽莽大闸上的绿灯又亮了！它们此时像一只只野兽的眼睛，充满了杀机。启闸工们如听到上战场的命令一般，从困倦中翻身而起，再次进入紧张的预备状态。

7 月 27 日，长江上游各站受金沙江、岷江、赤水、乌江来水影响，水位一再上涨，7 月 28、29 日两天，三峡地区又普遍降雨。7 月 30 日 5 时，宜昌出现洪峰，水位 54.77 米，预计沙市洪峰水位将达 45.03 米，因而于 7 月 29 日 6 时 15 分沙市水位达到 44.24 米时，总部再一次下令开闸分洪。至 8 月 1 日 15 时沙市水位降至 44.18 米时关闭。最大分洪流量为 4000 立方米每秒，分洪总量约 17.2 亿立方米，分洪蓄水已达 47.2 亿立方米。黄天湖 8 月 1 日水位达 40.06 米。第二次分洪后，沙市水位在 7 月 30 日 6 时最高水位为 44.39 米，比预计洪峰水位低；藕池口、石首、调弦口水位也相应降低，减少入湖水量 3.794 亿立方米。

1954 年夏天，似乎天公打开了缺口，不停地下雨，又似乎有意考验荆江分洪工程的作用与能力。就在北闸第二次开闸分洪的同时，上游的洪峰接踵而来，金沙江、岷江、嘉陵江、乌江又开始降雨，刚刚分洪下跌的水位又急剧涨起来。

上游连降暴雨已使宜昌水位达到 55.73 米，这是有水文记录以来的第二高的水位。如不继续分洪，预计洪峰将使沙市水位涨到 45.63 米，洪水将漫过荆江大堤堤顶。

8 月 1 日 21 时 40 分，北闸第三次奉命开闸。

根据当时水情计算，若维持水位 44.3 米，尚需进洪十多亿立方米，而分洪区经过前两次蓄洪，所剩下的库容只有 7 亿立方米左右。

第三次分洪后，北闸最大分洪流量 7700 立方米每秒，而吐洪则只有 4450 秒立方米，由于进大于出，分洪区水位急剧上升。

北闸以南百里开外的黄山头一直在密切关注北闸分洪情况，一样处于高度紧张状态，此时，早已严阵以待的南闸到了启用之时。

南闸系节制闸，北闸分洪后，洪水首先流向黄天湖，8 月 4 日 8 时黄天湖水位已达 41.27 米，如吞而不吐，估计黄天湖水位将超过 42.0 米，如此，势将危及南线大堤的安全。

为此，中央决定向洞庭湖泄洪。

8 月 4 日，在虎东干堤肖家咀扒口由南闸向洞庭湖泄洪，口门宽度 1436 米，分流 4450 立方米每秒，分洪总量 48 亿立方米，同日 21 时 40 分又开排水闸泄洪。有着 32 孔的南闸虽然比 54 孔的北闸小许多，但数百名启闸工一样做好了充分准备，依然是绿色信号灯一亮，启闸工便肃立在绞车旁，等红色信号灯一亮，64 部绞车同时启动，闸门启开，洪水从分洪区内涌出闸门。此时南北闸同时打开，洪水自北闸进，自南闸出，流向洞庭湖，分洪区水位得以缓解。

8 月 6 日，扒开虎西岗堤，扒口宽 565 米。

8 月 7 日，由于上游又复降雨，黄天湖水位已达 42.08 米，超过控制水位 1.08 米，致使荆右干堤郭家窑段于 8 月 7 日 0 点因堤顶高程不够而漫决，决口宽度 2275 米，最大流量 5160 立方米每秒，约占长江干流的十分之一。同日，扒开枝江上的百里洲，扒口宽 300 米，最大分洪流量 3150 立方米每秒，分洪总量 1.76 亿立方米。

8 月 8 日又扒开北闸下腊林洲，扒口宽度 250 米，同时在郑家榨扒口进洪，分洪流量 1800 立方米每秒，分洪总量 17 亿立方米。

到 8 月 16 日止，总出水量 26.2 亿立方米。郭家窑溃决后，下荆江负担骤然加重。监利于 8 月 8 日零时在上车湾扒口分洪。直到沙市水位退落到 42.7 米时，北闸开始关闭。包括腊林洲扒口进洪量在内，第三次分洪总量为 81.9 亿立方米。

这一天，分洪区的上空来了一架徐徐低飞的军用飞机，它在北闸的上空盘旋了几圈后往南闸飞去，在南闸的上空盘旋几圈后，又回到北闸，它反复来往，久久不肯离去。它还飞到了安全区的上空，成千上万的人向它欢呼。有人看见飞机里有首长在向人们招手致意。这个人就是唐天际将军，他此时担任中央军委防空部队政委，他是专程重返分洪区来看看他曾经战斗过的荆江分洪工程的汛情的。

从飞机上看分洪区，安全区如同在海洋上漂浮着的救生圈。唐天际看到北闸、南闸、荆江大堤都平安，江汉平原和洞庭湖平原都平安，他亲手指挥的荆江分洪工程首次运用成功，他是高兴的，但他的心情也是沉重的，分洪给分洪区的百姓带来的是巨大的牺牲，是天大的灾害，分洪区人民舍了小家，保了大家。唐天际满怀着异样的心情，在分洪区上空久久徘徊，他不忍离去，他是在向分洪区人民致敬！

飞机在分洪区上空逗留了半个小时后才依依不舍地离去。

北闸的三次分洪总量为122.6亿立方米，加上分洪区渍水8.2亿~10.3亿立方米，分洪区蓄水约130亿立方米。北闸经受了严峻考验，顺利完成三次开闸分洪任务。

130亿立方米的水，可以使13000平方千米的面积，覆盖1米深的水。如果平摊到921平方千米的分洪区地面，水深将超过14米。

1931年汉口大水渍水最高为6米，如果130亿平方米的水倾涌到江汉平原，那么整个江汉平原将会是一片汪洋，而武汉三镇，其渍水将超过数十米高，将面临灭顶之灾。

分洪区这一年受灾严重。据长江蓄洪垦殖委员会筹备处1954年8月20日《荆江分洪区渍水情况了解报告》记载，自3月起到6月30日为止，分洪区共受渍458589.24亩，占总面积的73.75%。损坏房屋26281栋，死亡或出卖耕牛952头。分洪后，灾情扩大，除虎西章田寺丘陵地带近3000亩未淹外，其余农田全部淹没，共淹没农田65.78万亩，占总田亩的99.54%。灾民20.4万人。

随着长江水位回落，10月底至12月中旬，69.64万转移至外地的灾民陆续返乡，其中洪湖25万人，监利36.9万人，江陵6.33万人，荆江1.41万人。

在党和政府的组织下，群众积极恢复生产，重建家园。党和政府重点实施水毁工程的修复，其中工程量最大的为堵口复堤。

　　荆江灾民开展以互助合作为中心的生产自救运动，从事纺织、捕鱼、砍柴、运输、采药和加工等副业生产。商业部门对于灾民从事副业生产所需的生产资料及其副业产品大力组织供应与收购。同时，国家从四川、湖北宜昌等地调来大批粮食和其他生活资料，确保灾民生活所需。先后六次发放寒衣 16077 件，棉被 1053 床，供应大米 4897858 斤，杂粮 1760752 斤，食盐 274714 斤，烧柴 6245542 斤。发放贷款和各种生活补助 280 万元。

　　江陵、荆门、松滋等县还成立了支援蓄洪区委员会，帮助分洪区安置了 1.5 万多头耕牛。

　　湖北省人民政府和荆州公署还专门派近百名医务人员组成 25 个医疗队，为灾民免费检查治病。在如此恶劣的环境下，安全区没有发生流行性传染病，没有淹死一个人，没有饿死一个人，也没有病死一个人。

　　1955 年春，洪水洗劫过的村庄又架起了房屋，屋顶又冒出了炊烟，村里又听到了鸡鸣狗叫声。

第三部分

荆江安澜

领袖脚印留荆江

时间的年轮转到了 1958 年，又是一个早春二月。长江岸边的柳枝还没有抽出新芽，呼啸的北风还在呜呜作响。冰冷的寒风夹着雪花刮过荆江江面，只见江上行来一艘豪华客轮，它渐渐向荆江大堤郝穴江段靠拢，缓缓地停在了一艘趸船旁。客轮上书着三个字——"江峡轮"。

从船上走下来一群衣着整洁的乘客，他们一个个气宇轩昂，步伐稳健。他们不顾寒冷，簇拥着一个人，迎着风雪，踏上石阶，走上江堤。

这是谁呢？他戴着一顶印度尼西亚的黑皮毡帽，他那两道剑眉和一双慧眼让他的脸显得无比英俊，多么熟悉的面孔啊。不会是敬爱的周恩来总理吧？

是的！正是日理万机的周恩来总理来了，他来考察荆江了！他与李富春、李先念以及华罗庚等一批科学家一道来考察他牵挂的荆江了。湖北省委第一书记王任重和长委会主任林一山陪同考察。

郝穴江段是荆江最狭窄处，两岸之间只有 700 米。周恩来总理在荆江大堤上考察了几个重要的险段，听取了林一山同志的汇报。林一山说，长江洪水水位在汛期高出地面十多米，假如荆江大堤有一处决口，不仅江汉平原几百万人生命财产将遭到毁灭性的灾害，可能有几十万，甚至上百万人被淹死，武汉市的汉口也有被洪水吞没的可能。

林一山说，在大水年，湖南洞庭湖区许多垸子也将决口受灾，长江有可能改道。加高培厚只是治标的办法，要想根治荆江洪灾，只有修建三峡大坝。修了三峡大坝，配合修堤防汛，安全程度就大不一样了。再遇到 1954 年的洪水，分洪区也可以不用了。建立分洪区，是两害相权取其轻的做法，在一定程度上减小洪水灾害。只有修建三峡大坝，迎头拦蓄调节汛期上游的洪水（占中游洪水来量的 70%），才能从根本上防止洪水可能产生的大灾难。

周恩来总理听到这里，频频点头。鹅毛大雪纷纷扬扬飘下来，飘在聚精会神听林一山讲话的总理身上，飘在总理身边的科学家们身上。总理双手插在荷包里，弯腰查看江堤上出现险情的堤段，他的呢子大衣的两肩已经落了一层雪花。总理站起身来，慢慢地向铁牛矶走去。

郝穴的这一尊镇江铁牛雄视江面，总理手抚着牛身，向人们讲述当年乾隆皇帝铸铁镇水的典故。之后，总理望着苍茫的大江下飘扬的大雪，动情地对林一山说："我站在荆江大堤上，真感到如履薄冰，如临深渊。在三峡大坝兴建之前，荆江大堤一定要加固加高。"

这一天，周恩来总理考察荆江大堤几乎花去了一整天时间。总理一行在郝穴登上江堤后，就沿着江堤朝沙市行进。江峡轮则在江面上跟着。郝穴到沙市整整 50 千米，这是 182.35 千米的荆江大堤的险要地段，很多堤段直接临水。总理一行或步行，或乘车，走走停停，停停走走。雪越下越大，到中午时，天地间已经被银色的大雪笼罩了，飞舞的雪花让江面的航道也看不清了，江峡轮只得在江心抛锚。行走在荆江大堤上的总理一行，皮鞋已经被雪水与泥泞弄脏弄湿了。

午后，周恩来总理一行到达沙市，匆匆吃过几块点心当作午餐后，就与荆州地委和沙市市委的负责同志就荆江大堤的加固和荆江河道裁弯取直等问题进行了座谈。15 时 30 分，总理一行才在码头登上江峡轮继续西上。船驶出半小时后，总理特意走进驾驶台，举起了望远镜，只见一座巍巍大闸呈现在总理的视野里，那是他曾经亲自督办的荆江分洪工程啊，总理拿着望远镜久久地看着。似乎是要让总理看得清晰一些，飘了大半天的雪花竟停止了，江面上视线清晰，轮船也奉命减速。

江峡轮慢慢驶过了太平口，继续溯江西上。这一年总理 60 岁。这一天是 1958 年 2 月 28 日。

一个月后，同样是那艘江峡轮，却是顺江东下，直往荆州而来，船上的贵客是中华人民共和国主席毛泽东。

周恩来总理考察长江，是为了一个伟大的梦想。早在 1950 年，当长委会林一山提出荆江分洪方案，将《荆江分洪工程设计书》送达毛泽东主席的书案时，毛泽东认真审读了三天两夜。他读完后派专人从北京到汉口找到林一山，问："荆江分洪工程可使用多少年？"林一山回答："可保用40年到100年！"毛泽东说："只要20年就够了。"在他的心里，他设想不出20年要再兴建三峡工程，从根本上治理长江洪患！

如今，荆江分洪工程建成使用，已经让人看到了工程发挥的作用，中华人民共和国主席就又开始思考那个伟大的蓝图了。

周恩来总理考察完长江，写出了《关于三峡水利枢纽和长江流域规划》的报告。就在几天前，毛泽东主席主持了中共中央政治局成都会议，会上通过了周恩来总理的报告。成都会议一结束，毛主席就决定顺江而下，考察长江。四川省委第一书记李井泉、湖北省委第一书记王任重、上海市委第一书记柯庆施陪同考察。

他们自朝天门登上客轮，一路穿瞿塘峡、巫峡、西陵峡，领略了三峡的秀美景色与磅礴气势，一行人到了沙市。毛泽东主席披上大衣，围上围巾，从船舱中走上甲板，凭栏远眺那横陈在眼前的巍巍荆江大堤。

这个中华人民共和国的领袖，此时此刻，心潮澎湃。一千多年来，各朝皇帝都关注这道堤，特别是清朝，乾隆帝在乾清宫发出的24道圣旨，所铸的9尊铁牛，都是为了这道大堤。这是真正的"皇堤"、命堤。可无论修多少铁牛也无法阻止滔滔江水的肆虐，以至生灵涂炭，百姓流离失所。而新中国成立后修建的荆江分洪工程才真正起到了抗洪抗灾的作用。

毛主席叫荆州地委第二书记陈明到自己身边来，陈明一听主席的召唤，赶紧走过来。他已做好了功课，对于沙市的人口、工农业生产及经济发展情况，他了如指掌，只要主席问他，他就能对答如流。

主席看着陈明问道："沙市这个城市名字，从何而来？"

这可把陈明问住了。

主席笑了笑，又问："三气周瑜的芦花荡在哪儿？"

陈明脸上的汗已经流了下来，他所做的功课里可没有这些内容。

主席宽和地笑了笑，跟他讲起了诸葛亮三气周瑜的故事。在场的人听得津津有味，陈明对主席佩服得五体投地。

讲完了故事，主席又问荆江防洪情况，这个问题陈明对答如流，他了解荆江分洪工程的所有情况。他告诉主席，荆江防汛入汛时间，防汛时荆江大堤防守人员达 10 万人，他介绍了 1954 年防汛的情况，并告诉主席，沙市的年均降水量为 1200 毫米。

主席听到这里道："不得了！外洪内涝，这么多的雨水！"又说："南方水多，北方水少，借点水给北方也是可以的。"

没有人知道，成都会议后，主席在沙市与陈明对话时，是否一个南水北调的计划亦在他的心中形成了。总之，若干年后，三峡工程建成了，再若干年后，南水北调工程也建成了！

江峡轮走过了沙市，走过了郝穴，主席仍不肯回船舱，他久久立于甲板上，望着绵绵不断的荆江大堤，任凭三月的江风吹动他的衣衫。

荆江这块土地，一直倍受党和国家领导人的关注与厚爱。除了毛泽东、周恩来来过，还有不少领导先后光临视察指导。

1954 年 7 月，中央人民政府政务院副总理李先念视察荆江分洪工程，检查荆江防汛工作。

1965 年 5 月，国家副主席董必武在湖北省省长张体学的陪同下视察荆江分洪工程和荆江大堤。

1980 年 7 月，中共中央副主席、国务院副总理邓小平考察荆江分洪工程和荆江大堤。

1988 年 11 月，中共中央政治局常委乔石在湖北省委书记关广富、荆州地委书记王生铁的陪同下视察荆江大堤。

1991 年 11 月 24 日，全国人大常委会副委员长陈慕华视察荆江分洪工程进洪闸——北闸。

1998 年 5 月 29 日，中共中央政治局委员、书记处书记、国务院副总理、国家防汛抗旱总指挥部总指挥温家宝，在沙市观音矶视察荆江防汛严峻形势。

1998 年汛期，中共中央总书记、国家主席、中央军委主席江泽民在荆州洪湖长江干堤上发出"坚持、坚持、再坚持"的号召，向广大军民做抗洪抢险决战决胜的总动员。

1998 年 7 月 6 日，国务院总理朱镕基视察江陵县铁牛矶险段和荆江分洪工程北闸。

1998 年 8 月 21 日，中共中央政治局常委、全国政协主席李瑞环视察荆江大堤并看望抗洪军民。

1998 年 9 月 2 日，中共中央政治局常委、国务院副总理李岚清慰问公安县灾民。

1998年10月9日，中共中央政治局常委、全国人大常委会委员长李鹏冒雨到荆州市公安县孟溪灾区视察，慰问军民。

1999年2月7日，中共中央政治局常委、中国共产党中央纪律检查委员会书记尉健行在观音矶听取荆江防洪情况汇报。

1999年7月12日，中共中央政治局常委、国务院总理朱镕基视察荆江，询问荆江防洪形势。

2003年5月13日，中共中央政治局常委李长春在中共中央政治局委员、湖北省委书记俞正声的陪同下视察荆江大堤。

2007年6月，中共中央政治局委员、湖北省委书记俞正声视察洪湖新堤夹崩岸现场。

2011年6月3日，国务院总理温家宝第八次来到荆州，再次视察观音矶。

2012年7月25日，国务院副总理回良玉在荆州检查防汛工作。

2018年4月25日，中共中央总书记习近平在荆州考察长江沿岸生态环境与发展建设状况。

四十四载分洪区

1954年的分洪，让荆江南岸星罗棋布的村庄消失了，那些曾居住了数辈人的村落被洪水洗劫一空，但大水过后，人们还是回到了自己曾经居住过的村庄，在田园里搭起了一个个"A"字形的剪夹棚。他们有了两个家，一个是安全区的新家，一个是田园里老家的临时住所。

自1954年荆江分洪工程分洪以来，荆江分洪区逐渐修起了移民路、排水渠等设施。六十七八年来，安全区一直是中央和地方关注的建设热点，它的很多建设项目都是独特的。无论你从哪个方向进入分洪区，你都会发现前方并不见江河湖海的陆地原野上会突然出现一道大堤，翻过大堤便是一个小镇，穿过小镇，再翻过一道大堤，才看到原野。这些一道道环绕在广袤大地上的旱堤，就是安全区的围堤。

21个安全区加起来面积有20万平方千米，从空中鸟瞰，在辽阔的原野上，21个安全区便如21个圆圈画在大地上。分洪时，圈子以外的原野便蓄成一池洪水,而圈子就是人们栖身的安全岛,安全区是救命区。

这些圈圈有的面积达 2.78 平方千米,称为"大土围子",如裕公垸安全区;有的则只有不到 0.1 平方千米,算是弹丸之地,如东港子安全区。

这些安全区多少年来已成为分洪区人民的精神支柱,他们相信,再大的洪水,也淹不死人,即使再分洪,也能保命。因为有安全区,那是他们心中的大后方。

安全区除了这样的圈圈,还有一些傍堤而筑的土台。它们建在堤段的内侧或外侧,土台或与堤平,或稍高或稍低,在这些土台上建有一栋或者数栋风格一致的砖瓦平房,这就是安全台。

安全台在分洪时当作临时转移处,最长的安全台有 3000 多米,最短的才 100 来米,最宽的 70 多米,最窄的只有 10 来米。面积最大的土台是马家嘴长江堤外洲上的土台,长 1670 米,宽 68 米。而面积最小的是青龙咀长江堤段外侧的一个土台,长 1000 米,宽只有 12 米。

分洪区的安全台,共有 95 个。

为了防止荆江再次分洪,1964 年起,国家投资兴建了移民房,以便分洪时群众临时居住。在分洪区只要看到红房子,那就是移民房,这是移民房独特的色彩,红砖红瓦。大的安全区内,成排成片的移民房看上去红彤彤的一片,犹如一个村落。移民房按每户 15 平方米计划,到 1972 年止,共建成移民房 950 栋,总面积 368000 多平方米。

这些移民房建成之后大多空置,因为再没有分洪,后来渐渐出租供人暂住或留作他用。但每到汛期,移民房的对口村就会派人来检查房子,一旦分洪,这些房子无条件地要腾空给移民居住。

分洪区的农民大都在自己老家的剪夹棚与在安全区的新家来来回回,在农忙季节,他们会在剪夹棚歇歇脚,住上几日,免得来去费时间,他们称这样种田为"种吊田"。

1954 年分洪后,一晃几十年过去了,尽管年年都在荆江汛期中忐忑不安地度过,但是荆江分洪工程一直没有启用。

居住在分洪区的农民都习惯了这样的生活,有个口号可谓家喻户晓,即"分洪保安全,不分洪保丰收。"

随着时代的发展,分洪区除了安全区、安全台和移民房外,另建起了躲水楼。这是对安全区、台、房的又一补充设施,供百姓在分洪时来不及转移而临时躲水而建。最早的躲水楼是建在荆江分洪区的腹地杨厂镇绿化村，它于 1984 年 10 月 1 日国庆 35 周年落成，当时方圆几十里的乡亲都来看热闹。那是一栋四层楼的房子，高 16 米、长 36 米、宽 34 米，平面呈回字形，建筑面积 4000 平方米，可供 4000 人躲水。大楼底层为钢筋水泥框架，可经受洪水冲击和浸泡。

1984 年后，原野上的躲水楼做了一栋又一栋。

由于一直没有再分洪，人们又渐渐地自发返归他们原先的家园，那些一度消失的村落又一个个在原野上出现，对于思家的人，政府采取了宽容的政策，未加硬性阻止。每到汛期，他们仍是一边提心吊胆地关注汛情，一边在自己的土地上劳作。荆江南岸本是富饶之地，没有洪水的年份，十里荷塘，满畈稻香，丰收让农民们庆幸又度过了一个安全之年。

尽管自 1954 年后荆江再没有分洪，但分洪区的人民仍经历了几次惊心动魄的大逃离。一是 1980 年的夏季，一是 1998 年的汛期。前者是一次谣言引起的大骚乱，后者是一次有组织的大撤退。一样的触目惊心，一样的摄人心魄。

1980 年 8 月，长江又处于汛期的戒备之中，这一年荆江汛情严重。8 月 4 日，距南闸仅数里的黄泗咀松东河堤溃口，与分洪区一河之隔的孟溪大垸被洪水吞没。江水还在上涨，分洪区数十万居民的神经一下子绷紧了。

8 月 8 日 22 时，位于分洪区腹地、观音垱四周，忽然响起了此起彼伏的呼喊声：

"快跑啊，水来啦！"

"分洪啦，快跑啊！"

这是一个满天星斗闪烁的夜晚，酷暑已被夜晚的凉风吹散，人们辛苦一天已经进入梦乡。一些闲逛的年轻人和在禾场上乘凉的人首先听到呼喊，他们如惊弓之鸟飞快地向家里跑去。人们跌跌撞撞地推开家门，叫醒熟睡中的家人，"分洪了，水来了！"这是逃生的信号，所有的村镇都被惊动了，人们惊慌失措地叫喊着。

有个村民听到"分洪"的喊声，吓得腿都软了，他想收拾点行李衣物和粮食带走，可是收了半天，什么也没收好，看到左右邻舍都跑了，他只得拿了条毛巾，跟着别人跑了。

有一年近花甲的民办教师，听到"分洪"的喊声，对双目失明的岳母说："姆妈，不是我们不讲良心，我们背不动您了，水已经来了，我们先走了，看看情况再来接您。"夫妻俩走了，把老人锁在家里，老人爬起来，禁不住号啕大哭。

另有一名妇女听到"分洪"的喊声，背起孩子就往外跑。她的丈夫想带点粮食走，慌乱中竟找不到放米的坛子，只得抓了袋喂猪的碎米跑出了家门，连油灯也没吹熄。

还有一村民听到"分洪"的喊声，背起久病在床的妻子就往外跑，妻子说："拿点吃的。"丈夫说："来不及了，逃命要紧。"

这晚，乱成一锅粥的村民们各自逃命。他们仓皇奔跑，跑出好远，没见水来，一些空手逃出门的人又大着胆子回家，去抢运粮食和牲畜。

逃出来的，返回去的，把路上挤得水泄不通。人流在路上蠕动，有着急的人跳下水田，涉水前奔。不仅是人，还有车，拖拉机、板车、手推车、自行车，人挨人，人挤人，人挨车，车挤人，全部堵在路上。当队伍行进到闸口附近的一座桥上时，一辆手扶拖拉机坏在了桥上。有人喊："别拦路，掀开它！"于是有一群人上去将那辆拖拉机掀翻在路边。拖拉机上堆满了粮食、日用品和猪狗鸡鸭，这些牲畜在田里、在路边咯咯汪汪直叫唤，主人也急得大哭。

这一次星夜逃离的规模大约有十万之众。人们后来说："从来都没有这么慌乱过。"

这是一次自发的骚乱，其原因一方面是谣言被散布，另一方面是人们对分洪存在恐惧心理。公安县委、县政府得知消息，连夜紧急布置，安排县区乡各级干部组织工作组下乡辟谣，平息骚乱。

可是当工作人员赶赴各地时，惊魂未定的人们又开始了搬家转移。在瓦池村，工作组的人劝搬家的人回家，但没有人搭理；有一个村民用了两天一夜时间，拖了6板车粮食和行李到闸口安全区的堤上，把家里的屋拆了，挖坑埋瓦，铁丝绑住屋檩子拴在大树上。这个村搬家的占了90%。搬空了的占了10%，有的人连大门都下了。

有的村民担心水来了冲垮房子，就想了个埋"地牯牛"的办法，即挖深坑埋下笨重结实的木桩，在木桩上系上铁环。然后用铁丝将屋檩系上，牵到铁环上绷紧。有四川到分洪区打工的山民，看到人们在埋"地牯牛"，他们就将行李绑在大树上，想如果水来了，就爬到树上去。

分洪区的人，年年都是这样担惊受怕地过着，一年又一年。

这一次星夜大逃离的骚乱发生后的第二年，即1981年夏天，长江又一次暴发特大洪水。那一年，站在荆江大堤上，可以在水中洗脚。

1981年的洪水主要来自上荆江。7月18日，宜昌最大洪峰流量70800立方米每秒，最高洪峰水位55.38米，沙市洪峰水位44.47米，仅低于1954年最高水位0.20米，相应新厂站洪峰流量54600立方米每秒，较1954年最大流量多4600立方米每秒，为新中国成立以来最高纪录。

长江上游四川盆地腹地发生历史罕见的大面积暴雨，强度大，范围广，雅砻江下游、岷江中下游、大渡河上游、沱江、嘉陵江、涪江、渠江等地区被暴雨笼罩，史称"81·7暴雨"。暴雨导致山洪暴发，洪水泛滥，荆江地区受到重大影响。

这个大水年份，让荆江分洪区又一次处于紧张的戒备状态。有了前一年的骚乱，在1981年的汛期，公安县防汛指挥部加强了宣传，严禁造谣惑众，积极投身抗洪抢险中。

在党中央、国务院高度关注下，在荆江防汛前线指挥部直接领导下，广大抗洪军民严防死守，终于战胜洪水。7月19日20时，洪峰顺利通过沙市，水位逐渐回落。

长江干流虽然洪峰过境，但分泄荆江洪水的洞庭湖的松西河却出现了1905年以来的最高水位，危机四伏，险象环生。

7月21日，松西河公安金狮堤出现溃口性跌窝险情，四处漏水，情况十分危急。布防在荆江大堤上的33764部队和荆州军分区直属教导队300余名指战员水陆兼程150千米，于次日凌晨0时50分赶到出险堤段，投入防汛抢险。

松西河公安金狮堤段因外有围垸，退为第二道防线后有20余年没有挡水，白蚁隐患严重。当围垸溃口而用二道防线挡水时，约1000米的堤段内脚出现68处浑水漏洞、管涌，险情逐渐恶化。至21日9时，突闻一声巨响，一段长10米、宽8米的堤身突然跌窝下陷，坐于其上的5名民工随之跌入洞内，咫尺之外，松西河水呼啸而过。县委领导和工程技术人员将民工救出后，紧急调动在场民工向洞内甩土袋。已经奋战通宵刚刚下堤休整的解放军指战员闻讯后飞奔而来投入战斗。

为防止波浪对跌窝堤段冲击，30余名解放军指战员和民工跳入齐颈脖的洪水中，背靠堤岸，手挽手筑起一道防浪人墙。随即，数十名干部、民工拉起一张30米长的大油布潜入水下铺垫。水上水下密切配合，两小时内投下土袋400个，填平陷洞，在迎水面堤坡外又筑起一道长15米、宽8米的外压堤台。险情得到缓解。

类似于1981年的大洪水，在1996年也出现过。其他的年份，虽然洪水没有这两年这么大，但是也是年年让人提心吊胆，可以说，每到汛期，分洪区的人民都在心理上做着分洪逃离的准备，都忐忑不安地听着每日汛情水位播报，都在祈祷洪水顺利过境，荆江大堤平安无事。

在汛期，分洪区的百姓如此，分洪区的地方官更是绷紧了神经。每一位在分洪区任职的官员，从上任的那一刻起，就在考虑防汛与民生问题。

20世纪70年代，在公安县和分洪区传颂着一段县委书记张明春治水办电的佳话。

那是1973年的汛期，应该算是秋汛。9—10月，虎渡河连降大雨，降水量达到600多毫米，长江的主汛期一般在7—8月，这9—10月的大雨也厉害，把公安县的沟河湖汊全灌满了，特别是几个大湖，眼看着水就要漫出湖面，千万亩良田丰收的稻谷庄稼就要遭到损坏。

10月初，从玉湖传来警报，总长75千米的湖面即将漫溃，沿湖4个公社将要被洪水吞没。于是张明春连夜召开紧急电话会，动员全县3万民工每人带3根木桩、1个草袋，连夜增援玉湖。

在伸手不见五指的黑夜里，张明春和县委的同志们赶到玉湖东岸，跳上一只小船向抢险指挥部划去，3000米宽的湖面上茫茫一片，只有这一只小船在与风浪搏斗。谁知天公不作美，船行至湖心，突然刮起一阵大风，霎时大雨瓢泼，一丈高的浪头打来，小船倾斜，一下子舀了半船水，幸得呼救声引得渡船来救援，一船人才脱离险境。

踏上岸的那一刻，张明春和县委的几位领导百感交集，他们决定大办电力排灌站。几年前，县委针对全县特别是分洪区湖多怕涝的特点兴办了一些开沟挖渠、围堤堵坝的农田水利基本建设，但没能从根本上建立排涝设施，因此洪水仍积在湖垸里。

这一个夜晚，县委一班人终于统一了思想认识。风雨一过，就对全县的湖区进行了踏勘。湖区的百姓听说县委要修电站，高兴得不得了，他们说："领着我们干吧，我们恨不得把这湖里的水端起来倒出去！"

张明春领着班子成员来到分洪区南端的水窝子黄天湖。从黄天湖踏上南线大堤，走过南闸，登上黄山头半山腰的荆江分洪纪念亭，看着毛主席、周恩来为荆江分洪的题词，看着那些上千名英模的名单，他思绪万千，当晚给地委写了一封信，对"五湖十八站"做了一个预想，提出了方案。

这个预算在当时叫是一个吓人的数字：资金1200万元，钢材1142吨，水泥7200吨，电杆1400根……

1973年，一个人均工资才三四十元的年代，一个在农村一个工分才5角左右的年代，这样的设想与预算需要多么大的豪情与决心啊。

"没有钱，当了裤子也要办！"这是张明春在专题会议上表明的决心。专题会做出了不向省委地委"等、靠、要"的决定，要求全县"自筹资金、自筹材料、自筹设备"。

县委的决心鼓舞了全县人民，人们把多年积攒起来建房子的钱捐了出来，孩子们把过年的压岁钱捐了出来，还有的孩子把捉鱼和鳝鱼所卖的钱捐了出来。

这一个冬天，公安县的人被一股从没有过的热情激动着，自筹资金达543万元，为自办电站打下了基础，拉开了序幕。

几万名民工上到了工地，红旗漫卷，人欢马叫。工程建到了寒冬，混凝土中出现了冰碴，如果凝固后的混凝土浇灌在闸上就会出现小孔和裂缝，难保质量。

怎么办？

有人突然说："在掺和机里掺热水！"

人们哄笑起来。但人们转念一想，这也是个办法。于是他们决定用热水浇灌混凝土。

这可真是破天荒的事。在工地上的拌和机旁架起几口大锅，倒进一桶桶浮着冰碴的水，拌和机又呼啦啦地吼起来。霎时间，男的女的老的少的，挑着水桶拿着脸盆提着水瓶，吆吆喝喝地给工地送热水来啦！天上鹅毛大雪纷纷扬扬，地上送水队伍络绎不绝。

当夜，指挥部又发出号召：混凝土过夜要覆盖保温，需大批草垫。区供销社职工打着手电送来3000个库存的草包，区棉包采购站提着马灯抬来20张油布。几千米外的大队派出一支小伙子组成的挑草队，挑来了一担担稻草……

就这样，闸口电排站建成了，玉湖电排站也建成了！牛浪湖电排站、法华寺电排站、小虎西电排站、仁洋湖电排站、天兴垸电排站、木鱼山电排站、鸡公堤电排站……五湖十八站都建成啦！算起来，公安县兴建于20世纪70年代的电力排水站竟有19个。

这"五湖十八站"的治水热潮所兴建的电站，如同荆江分洪工程一样，在多年以后，发挥了巨大效益。

1991年7月，我国南方十几个省被倾盆暴雨笼罩。雨裹着风，风卷着浪，荆江分洪区也陷入前所未有的风雨浩劫中。

荆江分洪区腹地麻豪口镇与荆江相通的2800米渠当铺口堤段上，尽管已经用草袋、棉被、门板加高了一米多，但汹涌的洪水仍在上涨，眼看就要垮堤。镇委书记吴代炎跳入洪水中，带头筑起人墙，前来检查防汛的省委书记关广富、地委书记王生铁、公安县委书记谢作达目睹这一场景，百感交集。关广富说："这个水不需破堤，只是漫堤，非人力所为，撤了吧。"省委书记担了担子，就这样，经过一场拼搏，分洪区内的一些湖堰河渠，先后漫溃。所幸的是，洪水并没有在分洪区停留多久，近20座电力排灌站在这次大雨过后发挥了巨大威力，它们开足马力，飞速运转，淹没的村庄水退了，中断的公路恢复了，田里的稻谷庄稼也免受了渍涝损失！

多年来，分洪区人民就以这样一股战天斗地的精神与洪水搏斗着。

分洪区人民有伟大智慧，分洪区人民的赞歌是一曲奉献之歌、英雄之歌！

八次洪峰在"九八"

时光的年轮转到了公元1998年。这一年，洪灾袭击全国29个省、自治区、直辖市，受灾耕地3.18亿亩，受灾人口2.23亿。

在年复一年的抗洪抢险的战斗中，荆江人民已经习惯了汛期的一套防汛规则，以荆州市长江河道管理局为长江防汛指挥部，每到3月，即对全流域进行汛前全面检查，排除隐患，备足防汛抢险物资，做出防汛预案，成立抢险、水情、宣传、后勤、财务等小组，随时应战。

从每年的五月一日起至十月十五日，这是雷打不动的汛期值班时间。

1998年的值班可不同于往常。值班楼变成了战场，变成了指挥所。

1998年，长江流域发生继1954年之后最为严重的全流域特大洪水。受厄尔尼诺现象影响，这一年长江流域气候异常，冬暖春寒，仲春暴雪，春夏暴雨，洪涝灾害接连不断。荆州长江干支堤防水位全线长时间超1954年，高水位运行长达两月余。

早在年初，各方气象、水文专家就通过各种因素综合分析预测，要做好防御1954年洪水的准备。各级提前召开防汛会议，荆州市委、市政府在新年上班伊始即主持召开三次防汛指挥长会议，统一对荆江防洪工作极端重要性的认识，要求高度警惕，未雨绸缪。从思想、工程、组织、物资到防汛预案均做了充分估计与准备。市长江防汛指挥部对照市委、市政府提出的"十查十落实"的要求，组织专班多次对长江干堤、重要支堤险工险段进行扎扎实实的汛前检查，全力做好了防大汛、抗大洪、抢大险、抗大灾的准备。

如专家所料，1998年3月上旬，湘江即出现17500立方米每秒的年最大洪峰流量，史所罕见。6月中旬以后，长江中游各大支流先后发生暴雨洪水，致使江湖水位在原底水较高情况下迅猛上涨。长江上游干流宜昌站先后出现8次大于5万立方米每秒的洪峰，中游干流沙市至螺山河段及洞庭湖水位多次超历史最高水位。

第一次洪峰发生在6月中旬至7月初，洞庭湖地区发生持续长时间降雨过程，洞庭湖水系资水桃江站、沅江桃源站、湘江湘潭站先后超警戒水位。监利水位日涨1米，超设防水位0.08米，7月1日，三峡区间发生暴雨，宜昌站7月2日23时出现第一次洪峰，最大流量54500立方米每秒。7月3日5时，洪峰到达沙市站，水位43.97米，超警戒水位0.97米，最大流量49200立方米每秒。宜昌以下各站全线超警戒水位，其中监利站超历史最高水位。7月3日至6日，石首至洪湖河段超保证水位。

第二次洪峰7月18日出现在宜昌，受金沙江、岷江和嘉陵江降雨影响，宜昌最大流量55900立方米每秒，中游干流水位在第一次洪峰缓退后返涨，并再次全线超警戒水位。18日，沙市水位44.00米，流量46100立方米每秒。第二次洪峰与洞庭湖出流遭遇，螺山、新堤均超警戒水位。

第三次洪峰于 7 月 24 日在宜昌形成。流量 51700 立方米每秒,由于主要雨带再度南压,长江中下游大面积降雨,并波及长江上游。洞庭湖澧水、沅水入流增量较大,加上上游来水,致使干流中游各站水势涨势加快。上游洪峰与洞庭湖水系洪水遭遇于长江中游,受下游鄱阳湖洪水出流顶托影响,进一步抬高洪峰水位,导致石首、城陵矶、螺山站再次超历史最高水位;汉口水位则仅低于 1954 年,居历史第二位。25 日 5 时,沙市流量 46900 立方米每秒,水位 43.85 米,超警戒水位 0.85 米。监利、螺山水位均超历史最高水位。

第四次洪峰在 8 月初,长江水位居高不下,雨带移至长江上游,8 月 4 日寸滩出现洪峰,与岷江、嘉陵江、乌江洪水汇合后恰遇三峡区间发生大暴雨。因洪水叠加,宜昌站 8 月 7 日出现第四次洪峰,流量 63200 立方米每秒。此次洪峰向下游推进时又遭遇清江流域大暴雨,此时清江隔河岩水库因水位大大超过正常高水位而不得不下泄,流量为 3570 立方米每秒,荆江河段沙市、石首水位超历史最高水位。8 月 4 日,沙市水位 44.95 米,超过 1954 年最高水位 0.28 米,洪峰流量 49000 立方米每秒。石首、监利、洪湖河段,均超历史最高水位。

沙市水位:44.95 米!第四次洪峰水位让所有人的心提到嗓子眼了!8 月 4 日,一直关注长江洪水趋势的省市县各级防汛指挥部处于高度紧张状态。这个水位,比 1954 年开闸分洪的水位还要高出 0.56 米。

分洪将不可避免!44 年了,自从荆江分洪工程 1954 年启用开闸,已经过去了 44 年。44 年,年年洪水年年防,年年防汛年年怕,现在,这只狼终于来了!

1998 年 8 月 6 日,在经过慎重的决策后,湖北省防汛抗旱指挥部向荆州市防汛抗旱指挥部下发了《关于做好荆江分洪区运用准备的命令》,全文如下。

荆州市防汛指挥部:

在荆江防汛出现恶劣形势的情况下,8 月 5 日至 6 日,长江上游大部地区发生中到大雨,乌江局部普降小到中雨,寸滩至万县间,降了大到暴雨,鄱阳湖及汉江上游也出现降雨过程,我省长江防洪形势异常严峻,尤其是荆江河段防洪形势更加恶劣。今天 8 时,沙市水位已达到 44.65 米,预计明天 8 时,沙市水位将突破 45 米,突破国务院规定的争取水位。

在此危急时刻，省防汛指挥部命令你们在严防死守荆江大堤、长江干堤和连江支堤安全的同时，务必做好荆江分洪区运用准备，即刻转移分洪区内老、弱、病、残、孕、幼及低洼地区的群众到安全地带，争分夺秒落实各项安全转移措施，确保人民生命安全。

你部执行命令情况，随时上报省防指。

湖北省防汛抗旱指挥部（公章）
一九九八年八月六日

这张 16 开的传真纸轻飘飘的，但此刻接到这张传真纸的人竟感受到了千钧重量。传真纸传到公安县防汛指挥部时，在传真纸的上方空白处，已经签上了荆州市委书记刘克毅、市长王平、荆州军分区司令王明宇以及市委副书记和常委的签名。

公安县委书记黄建宏拿着这张白纸黑字的传真纸，看到那些签名，双手禁不住微微颤抖。

这是命令！一切都不可挽回，也不容犹豫了！正在室内吃盒饭的人和县委书记一样丢下碗筷，他们在执行黄建宏的指示：通知在虎西防汛前线的代县长程雪良赶回指挥部，通知荆江分洪区管理局把一九九八年分洪预案送过来，通知分驻分洪区的 10 个乡镇的县"四大家"领导 14 时赶回县防指参加紧急会议。

湖北省荆江分蓄洪区工程管理局接到县委书记等着要预案的电话，迅速带着两套预案赶到县防指。这个早在 6 月 3 日商量的分洪运用方案一共有两本，一是《荆江分蓄洪区运用方案》，一本是《荆江分洪区分洪转移安转置调度方案》。两本预案共有 260 多页，内容大到各个指挥机构的人员名单，小到移民渡口渡船上夜间信号灯的规定，既实用又详细。

截至 1998 年 6 月的一份调查数据表明，分洪区面积为 921.34 平方千米，围堤长 208 千米，区内有包括县城斗湖堤在内的安全区 21 个。分洪区共辖有 10 个乡镇，4 个国营农、林、渔场，212 个村，1937 个村民小组，132470 户，512808 人。另外还有牛、马、骡、驴等大牲畜。

51 万人口中，有近 5 万户计 177692 人居住在安全区，而 8 万多户 335116 人则散居在分洪区域内。这 33 万人就是这一次要转移的对象。其中大部分转到安全区，小部分外转到周边 5 个县市。外转对象有 30291 户计 128536 人，另有大牲畜 18000 头。

亲爱的读者，读到这里咱们暂时停留一下，这 33 万人的转移是一个庞大的工程，我们在后面一章专门讲述。现在还是让我们把 1998 年的八次洪峰叙述完毕。

第五次洪峰。在 33 万人进行大转移后的 8 月 12 日 14 时，宜昌站又出现了第五次洪峰，最大流量为 62600 立方米每秒，洪峰水位 54.03 米。经过葛洲坝、隔河岩等水利枢纽错峰调度，来水增量有限，经河道、湖泊调蓄后，仅造成沙市至监利河段水位有所回涨。12 日 21 时，洪峰通过沙市，水位由 11 日的 44.40 复涨至 44.84 米，流量 49500 立方米每秒。

第六次洪峰为这一年最大的一次洪峰，因金沙江、嘉陵江来水加大，16 日 14 时宜昌站出现第六次洪峰，流量 63300 立方米每秒，为当年最大值。洪峰在向中游推进过程中，与清江、洞庭湖以及汉江洪水遭遇，荆江各站出现最高水位。17 日沙市水位创历史新纪录，达到 45.22 米，洪峰流量 53700 立方米每秒。洪湖螺山、新堤水位均超历史最高水位。此次洪峰来势凶猛，持续时间长，沙市水位从 16 日 21 时 45.01 米至 18 日 10 时退出 45.00 米，历时 38 小时。

第七次洪峰于 8 月 26 日通过荆江河段，1 时沙市水位 44.39 米，比前一日回涨 0.03 米，流量 40200 立方米每秒。28 日洪峰通过洪湖，对洪湖河段水位影响不大。洪峰通过洪湖后波峰随即消失。

第八次洪峰于 8 月 31 日通过沙市，沙市水位 44.43 米，比第七次洪峰水位高 0.04 米，流量 46100 立方米每秒。

9 月 2 日后，长江中下游干流水位开始缓慢回落。监利至螺山 9 月 6 日至 8 日先后退落至保证水位之下，10 日沙市首先退出设防水位。22 日，随着螺山退出设防水位，荆州河段长达 3 个月的高洪水位紧张局面逐渐缓解。

1998 年的洪水具有以下特征：

一是发生早，范围广，长江中游干流 3 月即出现历史同期最高水位，全流域降水量明显偏多，形成全流域的大洪水。

二是洪水遭遇恶劣，暴雨频繁，范围广，强度大，雨带南北反复、上下游摆动，致使长江中下游干支流洪水发生恶劣遭遇，上游洪水叠加，三峡暴雨叠加，下游洞庭湖顶托，形成长江干流峰连峰与支流洪峰重叠的严峻局势。

三是高水位持续时间长，从荆州河段螺山站 6 月 26 日率先进入设防，至 9 月 25 日监利退出设防，防汛时间长达 91 天，其中全线超设防 66 天，超警戒 43 天，超保证 4 天。监利河段超警戒、保证和历史最高水位时间最长，分别为 81 天、57 天、45 天。

四是洪量大，长江干流宜昌 5—8 月来水总量为 3342 亿立方米，仅比 1954 年的 3367 亿立方米少 25 亿立方米。

三十万人大转移

现在，让我们回到 8 月 6 日，第四次洪峰到来的那个难忘的日子。

由湖北省防汛抗旱指挥部发出《关于做好分洪区运用准备的命令》，一份发给了荆州市长江防汛指挥部，另一份抄报国家防总；同时，对于运用分洪区，湖北省委书记贾志杰与省长蒋祝平在请示报告上签上自己的名字，发往北京，向党中央和国务院紧急请示汇报。

在做出这个选择前，省委书记和省委着实难抉择，他们反复权衡斟酌，专门请来长委会的 3 位老专家以及水利厅的领导和专家会商，一次又一次进行紧急讨论。

彼时，嘉鱼县簰洲湾已于 4 天前溃口，为减缓洪水压力，也为了不轻易动用荆江分洪区，省防指对沿江洲滩民垸实行了破口行洪的决定，石首市六合垸、永合垸首先被迫放弃。这两个垸子属于石首小河口镇，位于长江故道，虽然土地肥沃，但地势低洼。当石首市市长张永林宣布破口行洪的命令时，小河口镇镇委书记张家范不等命令读完就号啕大哭起来。武警战士奉命拿起铁锹扎进垸堤时，垸堤上跪着一排父老乡亲，无奈的指挥员一声枪响，人们眼看着江水涌入了垸内。与此同时，监利的新州、西洲、血防 3 垸也同样弃守。

5 个民垸破口行洪，经济损失超过 6 亿。

六合垸，1.63 平方千米，耕地 8269 亩，8589 人，直接经济损失 1.08 亿。

永和垸，48.3 平方千米，耕地 23730 亩，15879 人，直接经济损失 3.09 亿。

新洲垸，耕地 3.6 万亩，1.16 万人，直接经济损失 1.2 亿元。

西洲垸，耕地 7100 亩，688 人，直接经济损失 887 万元。

血防垸，耕地 2.1 万亩，369 人，直接经济损失 600 万元。

这些垸子是人与水争地的产物。千百年来，江河外的洲滩本是用来行洪的，可人们向荒滩要粮，在洪水走廊上兴建了这些垸子，挤压了江流，抬高了水位，现在的弃守是无奈而悲壮的。可民垸的破口行洪只是减缓了水势，并没有从根本上缓解第四次洪峰的汹涌与无情，沿江各地的水位仍在涨！沙市二郎矶的水位也在涨！

进入 0 点，沙市水位已达 44.67 米，平了分洪水位线，而进入凌晨 1 点，水位涨至 44.68 米！省水利厅水文科预报，沙市水位在长江、清江两江洪峰的同时夹击下，将接近或超过 45 米，这是最后的分洪争取线。

8 月 7 日早上 7 点，正如专家预报的那样，沙市的洪水又开始急剧上涨。11 点，水位涨至 44.98 米，距离 45 米的分洪水位，仅仅只剩下 2 厘米。

这个分洪水位是 1985 年由国务院下发的 79 号文件规定的，文件上写得明白："当沙市水位达到 44.67 米，争取 45 米，预报继续上涨时，即开启荆江分洪区北闸。"

洪水势头凶猛，照章办事，没有差错。分不分洪，只在一念之间。

这就是公安县委书记黄建宏和他的班子成员接到命令的背景。

当公安县"四大家"领导赶到县防指参加下午两点的紧急会议时，大家都带着一个巨大的疑问，一夜之间转移 33 万老百姓，如此紧迫，这工作咋做啊？县人大常委会主任把心中的疑虑吼了出来，但军令如山，县委书记简短传达命令后即对转移进行了部署。会议要求，县紧急会议一结束，包乡镇的"四大家"领导即刻赶回各自的乡镇，分头传达转移令；下午 5 点，县直召开包村转移干部紧急动员会；晚上 8 点，向全县城乡公开广播转移动员令。总体要求在 8 月 7 日中午 12 点以前，将分洪区内全部人畜转移完毕。

这个不到半个小时的紧急会议，说的是一个意思：16 个小时，要从分洪区转移出 33 万人口和牲畜！

参加会议的成员各自按照县委书记的安排分头赶往所包乡镇，一级一级传达命令，进行安排。那些骑着摩托车赶到会议地点的村支书听到转移令时，似乎没有县领导听到转移令的惊愕与震动，因为他们从小在年年准备分洪的担忧中长大，已经有了思想准备，但毕竟时间太短，转移令来得太突然。他们想到各自村子里的老老少少，等会议一结束，就飞快地骑上摩托车风驰电掣地疾驶而去，一会儿，会议室里就空荡荡的，没了一个人影。

下午 5 点，公安县直机关各单位 330 多名干部集中在会议室，当代县长程雪良宣布会议开始，直接宣读省防指的命令时，会场的人全部惊呆了。还没等人们从惊愕中醒过神来，命令已宣读完毕。会议要求干部们以最快的速度定村组，定人畜数量，定转移地点，定安置方案，定转移路线，定转移方式，将人畜带到安全地带，包人畜安置，包生活安置，包恢复生产。安排完毕，代县长请县委书记黄建宏讲话。

黄建宏扫视全场，会场上安静得连一根针掉下来都听得见，人们的目光集聚在县委书记的脸上。县委书记讲了长江防汛的严峻形势，讲了第四次洪峰水位，讲了分洪区分洪的重要性，他讲着讲着，眼眶不知不觉溢满了泪水。他强压住心头的沉重，哽咽着说："同志们，我拜托你们了，你们千万要把分洪区的每一个乡亲，都转移出来！你们必须因地制宜，自己想办法，你们每一位同志，都要最后一个离开村庄，不能把任何一个乡亲留给洪水！"

全场鸦雀无声。

县委书记说到这里，突然提高了嗓门："同志们，你们有信心没？"

"有！"会场爆发出一阵震耳欲聋的吼声。县委书记在眼眶里一直打转的两颗豆大的泪珠落下来。当县长宣布会议结束，从会场"唰"的一声全体起立，他们每人领到一件红色的救生衣后就涌出会场，向着各自的岗位奔去。

这个会议只花了 14 分钟。

这一天，不仅仅是县直机关单位，分洪区所有的乡、镇、村，也召开了同样简短的会议，所有参会人员会后也以最快的速度奔赴各自的工作岗位。他们在路上见车就拦，目的地是自己分管的村乡镇所，他们都顾不了自己的家。

这个转移令如一声惊雷在荆江分洪区炸响后，它的震波不仅仅在 920 平方千米的分洪区与公安县，也震到了荆州市所辖的 5 个周边县市区。荆州、沙市、江陵、石首、松滋同时接到荆州市长江防汛指挥部下达的接防荆江分洪区的急令：火速调集民兵预备役人员赶赴公安接防分洪区围堤。晚上 8 点到达接防堤段，晚上 10 点完成布防。

时间紧，按预案是提前 24 小时通知；任务重，5 个县市区各有防汛任务，抽调上万人如釜底抽薪。可谁都清楚，分洪区的牺牲是为了这 5 县市区的大局。

很快，5 个县市区各自抽调人马，5 支驰援队在各自的乡镇组成了一支共 2 万人、250 台车的接防大军，他们在三五个小时内全部集结完毕。

江陵马家寨乡一个武装部部长正指挥突击队抢险，接到县防指命令后马上带着民兵过江接防，他出发时身上只穿了一条短裤；石首市一位农民近百亩的精养鱼池被洪水吞没，损失 20 多万元，听说村里组织劳力支援公安县，他回家背了把铁锹也跟着出发了；松滋街河市镇一个村子的棉田里，组长正在给棉花打药治虫，治保主任去叫她时，她背着半桶农药走出来，听说要她带着 6 个劳力马上赶到公安去，正准备回家准备，这时复员军人、共产党员刘宏简挺身而出，他说："彭组长是个女同志，怎么能带队出远门，让我代他去吧。"

5 个县市区不仅仅派员驰援公安，按照荆州市荆江分洪前线指挥部的 1 号命令，他们还将安置接收来自分洪区的转移群众。命令如下：

关于接受分洪区转移群众的紧急命令

荆州、沙市区，江陵县，石首、松滋市：

　　荆江分洪前线指挥部命令你们，务必在八月七日中午十二时以前做好荆江分洪区转移群众的接受安置工作，具体接收任务如下：

　　荆州区接收 6772 户、28120 人；

　　沙市区接收 6376 户、26174 人；

　　江陵县接收 7491 户、30589 人；

　　松滋市接收 2391 户、11407 人；

　　石首市接收 7261 户、32246 人。

　　具体交接事宜请各市、区与公安县荆江分洪转移指挥部直接联系。

　　电话（略）

荆州市荆江分洪前线指挥部

一九九八年八月六日

当公安县直机关干部在听县委书记布置转移工作时，当公安乡镇干部召集村支书进行具体安排时，当各县市区的驰援队在紧急集结时，在粤北韶关的一座军营里，响起了一阵阵警报。此时是 1998 年 8 月 6 日 17 时 50 分。

这里是炮一师的驻地，它位于粤、湘、赣三省交通要冲，这里历来是屯兵重地。师长王福广接到广州军区的命令：紧急集合，驰援湖北荆州，第一梯队的军列必须连夜 9 点发出。师参谋长王维的妻子和儿子以及 26 团连长庄红标的未婚妻，正各自从遥远的南宁和安徽来部队探亲，他们刚刚匆匆见面，还没来得及叙叙家常，警报声响起，就要背起背包出发。

仅仅 35 分钟，2800 多人的战斗部队就分别登上了 200 多辆大小军车，向韶关的三个铁路登车点的军列奔去。瞬间，京广线粤北韶关小站沸腾起来。已经奉命转业脱下军装还没有离开军营的炮一师政委黄庆良又穿上了迷彩服，因为新政委还没有到岗，两杠四星的大校黄庆良又回到部队，和战友们一同奔赴战场。

而在千里之外的河南信阳，有一支济南军区某集团军坦克师的军营驻扎在此。营区里同样响起了警报声。这支部队正处于整编阶段，其中装甲步兵团刚接到撤销命令，并举行了团旗告别仪式。正当依依不舍的战友们互相写临别赠言时，营区响起了紧急战斗的警报，即将解散的装甲步兵团接到了抗洪命令。

以服从为天职的军人听到警报，所有的离情别绪一扫而空，仅仅 20 分钟，他们重新打起团旗，出发！

当粤北的炮兵师从韶关乘军列北上之时，豫南的坦克师则登上汽车越武胜关一路南下。全师行进序列为：装步团、坦克团、炮兵团，共出动 3700 人，车辆 100 多辆。

正当军人们迈着雄壮的步伐向荆江行进时，在公安县城的斗湖堤演绎了一场抢米大战。

在千万只电话紧急拨打的忙音中，整个公安县的百姓无一例外地知道了公安将要分洪的消息。县城斗湖堤是安全区，在县城工作的很多人老家都在乡下，所以来县城避水投亲的人格外多。人们首先想到的是囤粮。如听到号令一样，成千上万的人涌进粮店，如今这开粮店的大多是个体户，他们的信息没有那么灵，尚不知分洪的信息，只是奇怪平时 5 斤、10 斤买米的人咋一下子整袋整袋地往家背呢？他们一边疑惑一边后悔没有多进些米。有位卖服装的老板竟叫了一辆"面的"，50斤装的米竟拖走了40袋，整整2000斤哪！

米抢购完了，又抢购食油、抢购面条、抢购方便面、抢购饼干、抢购纯水，一切能抢购的食品全抢到家里去，竟然还有人抢了20斤食盐，还有一个人抢了200块肥皂。

得吃菜呀，走，菜场去。于是人们又涌到了菜市场，有个妇人抢了一篮子土豆洋葱，递给摊主一张50元的票子，顾不上摊主找钱，提起篮子就走。

有人乘机哄抬物价，小白菜3角一把涨到4元，冬瓜、南瓜5元一个涨到了50元。恐慌的人们仍是购买，再购买。他们知道，这座在2000多年前的三国时代由刘备筑城而建的土城，与分洪区其他安全区一样，腹背同时受到外江与分洪区内的洪水挟持，一旦分洪，将成为一座孤岛，所以他们惊慌。

哄抢风很快被分洪"前指"和县政府平息，县政府召集粮食部门、商业部门、物价局制定政策，开仓放粮，米厂昼夜加工大米，新增四个粮油供应点，商业部门立即从沙市、武汉采购各种货源，物价部门对所有生活必需品限价销售。

有数据表明，米厂7天7夜加工大米100万斤；而四个供应点，一天一夜销掉20万斤大米。有的人家抢来的肥皂可以洗10年衣裳，还有的人家12年之后还在用1998年抢来的食盐。

现在让我们来看看那330名参加县委、县政府紧急会后奔赴乡村的干部们，他们是如何组织这场转移的。

在涌出会议室后，他们穿上了统一的橘红色救生衣，从县城斗湖堤的几个路口，向分洪区的10个乡镇212个村庄奔去。包村干部与村支书在212个哨棚里传达着同一个命令，宣布同一个规定，村支书和包村干部先下堤回村安排全村人的转移，村主任仍然带队坚守到接防人员到来，如果晚上8点接防人员仍然未到，必须坚守，不得下堤。

可是，在208千米的围堤上，有的哨棚和堤段的村民听不了指挥了，他们可不愿按照包村干部和村支书的要求坚守到晚上8点，家里可还有一家老小啊！他们不是国家干部，也不怕开除、警告、记过，无论怎样都要回家！有的不声不响地溜走，有的则是明目张胆地冲破村干部的阻拦扬长而去，有的堤段则是一窝蜂地起吼一哄而散。急得村干部直跺脚。

但大多数的村民仍按照命令坚守到晚上 8 点接防人员到来。

人们在堤段上熬着，看见太阳落山，看到夜幕降临，看到 8 点的指针准确地指在了那个刻度上。可是接防的人员还是没有到来。在麻豪口镇江南村的防守堤段上，几十条汉子终于发怒了。他们在堤上也守了一个多月了，八十多岁的老母亲在家等着呀，吃奶的小娃娃也在家等着呀，还有一头头牛，一口口猪，还有那积积攒攒头卜的电冰箱、彩电，还有田里的稻谷，屋后熟透的橘子、梨子……

我们走！

一个人吼，多个人应，有人骂骂咧咧怂恿身边的同伴，已经要迈开步子了。此时此刻，只要有一个人真的迈开脚步，其他的人一定一哄而散。

"看哪个敢走！"一声断喝从村主任口里喊出，"哪个有胆走，我就断他一条腿！"村主任高高举起了刚才坐过的一把椅子，怒不可遏地对着众人。

人群瞬时安静下来。片刻，村主任也冷静了。他把椅子放下来，喃喃地说："是的，你们都是人生父母养的，我不是……"星光下，人们瞥见村主任的眼角闪着泪花，也忍不住哭起来，几十条汉子面对长江呜呜地哭着，等着，直到接防人员到来。

1998 年 8 月 6 日夜晚，分洪区的天空没有月亮，只有满天的星斗。星空下，除了县乡镇抽调的 1600 名包村包组转移干部外，那些急急赶路的人，是刚刚防守分洪区围堤一个来月而奉命回家的民工，他们将和家人一起转移。

"同志们，父老乡亲们！在长江防汛抗洪出现恶劣形势的情况下，8 月 6 日上午 8 时，沙市水位已到达 44.65 米，预计 7 日上午 8 时，沙市水位将突破 45 米，突破国务院文件规定的分洪争取水位。"分洪区的上空，响起代县长程雪良的声音，他在做广播电视讲话。

程雪良说："面对十分严峻的防洪形势，为确保武汉、确保江汉平原、确保京广铁路、确保长江安全，省防指命令我县迅速做好荆江分洪区分洪准备。为此，县委、县政府、县分洪准备及转移安置指挥部紧急通知分洪区内的老、弱、病、残、孕、幼及低洼地区群众迅速转移到安全地带。希望分洪区的广大干部群众以大局为重，舍小家，保大家，立即行动起来，按指定地点尽快转移……"

公安县广播电台、公安县电视台中断了所有节目，分洪令从晚上 8 点开始滚动播出。县长沉重而坚定的声音，通过高音喇叭，通宵达旦地在分洪区上空回响。转移令如暴风骤雨，鞭打在分洪区人的心上。

与电视台电台配合的，还有村支书们的声音，他们从村头到村尾叫喊着："喂，都听着，上面通知，马上分洪哇，各家各户，快收东西哇，快到路口上，去拿转移通知单哪！快点啊！快点啊！"这些声音一遍遍从喉咙里喊出，直到声嘶力竭。

各家各户都听到了，老人们刚才还在竹床上乘凉，妇女们刚洗过澡正抱着孩子摇扇子，田里的棉花长势好，有勤快的人趁着夜里凉爽，背起喷雾器去了棉田。他们没看电视却听到了村支书的叫喊。这一声叫喊让人们的魂都吓飞了，正在吃饭的放下了碗，正在烧火的拍熄了灶里的火，打虫的人丢掉了喷雾器……很快，数百户、数千户的人家拿上了转移通知单，拖家带口地上路了，他们望着自己的家园，止不住潸然泪下，一步三回头。

8 万农户 33 万男女老少一夜之间倾巢出动，挥泪别离自己的家园，何等悲壮、何等揪心、何等催人泪下啊。

在匆忙逃命的慌乱中，有的人家只装了粮食，牵了家人，猪圈里几头半大的肉猪无心顾及了；有的人家老人死活不肯走，儿子只得拖出家里的板车，铺上棉絮，把老人抱上板车出门；有的人家牵着猪、牛上路，眼看着牲口走得太慢，跟不上大部队，只得将猪和牛丢弃在半路上。有个老奶奶赤裸着上身，怀里竟抱着一只母鸡。

一个叫王成玲的女人，家住藕池镇幸福村。分洪令到来时，她的丈夫还在堤上守堤，她和两个儿子正在吃饭，听清楚了分洪的消息后，她夺下儿子们的碗筷，卷起两床棉絮，脱下身上的衬衣包了几锅铲饭，拿根扁担挑上，牵着儿子就出了门。家里的电灯也没关，门也没关。她只有一个心思：只要不丢掉两个儿子就行。母子三人走出村子，路上到处是人。有人说北闸已经开闸了，很多人便跑起来，她也跟着跑，从村路跑上公路，车、人、畜把路挤得满满的，母子三人只得跟着人流慢慢移动。两个还不懂事的孩子觉得好玩，往人缝里钻走了，急得王成玲慌忙去追赶，她就这样挤到了一群牛后面。这位母亲一心只想追上儿子，便壮着胆子钻进了牛群。挤挤挨挨中，王成玲挑着的担子触到了一头大牯牛，只见这个庞然大物怒吼一声，一扬头将王成玲掀翻在地，而后抬起前蹄，在她的腰上连踩几脚便朝前面奔去，引得公路上一阵骚乱。

躺在地上的王成玲疼得几乎昏死过去。她清楚如果不爬起来，牛群、人群都会从她的身上踏过，黑夜里谁也不知道也顾不了脚底下有个人。那她只有死路一条，可孩子怎么办？孩子他爸可还在堤上啊！一股力量支撑着她一骨碌爬了起来，她忍着剧痛站稳了脚跟，挑着担子又向前迈步，终于听到儿子们呼唤妈妈的声音。

在 33 万人大转移的路上，还发生了很多令人惋惜的事。那些养猪大户、养鸭专业户，眼看着喂得肥滚滚的猪、养得油光水滑的鸭在逃命路上被丢弃，心疼得放声大哭。

有对勤劳致富的种梨夫妻培育了十亩梨园。6 日下午来收梨的老板拿了三万元来收梨，这对老实本分的夫妻说等第二天一手交钱一手交货。就这样等来了当晚的转移令，眼看三万元像打水漂一样漂走了，夫妻俩禁不住号啕大哭。

有户人家里有老人去世，正请了道士为老人超度。分洪令来了，守灵的人全跑光了，一家人只得将老人抬到屋后，草草掩埋，匆匆挥泪告别。

更有魂断在转移过程中的村民，令人忍不住扼腕叹息。

有收拾东西不小心掉下楼的，有在转移车厢中从车顶滚落的，有骑摩托车撞到树上脑袋开花的，有因闷热赶路旧病复发的。更有一位老汉得知分洪的消息，蹚水过河时心脏病复发，猝死在河心。他戴着一顶草帽，孤零零地站在河心三天后才被人发现。

荆江分蓄洪管理局后来列出了一份《分洪转移死亡统计表》，转移期间共计死亡 86 人。

千钧一发拦淤堤

8 月 6 日下午，在北闸接到市分洪前线指挥部下达的执行爆破作业命令的驻闸工兵部队爆破连全体官兵激动异常。

这支部队是一支候鸟似的部队，属于广州军区某集团军工兵团，

179

基地在湖南耒阳，距北闸近千千米。每年6月15日，部队千里迢迢到达北闸，风雨无阻；到10月15日，部队又拔营归去，仍然风雨无阻。年复一年，已经南来北往13年了。这支驻闸部队的使命一是在汛期守卫北闸，二是在北闸开闸分洪时执行闸前防淤堤的爆破任务。

至1998年，这支驻守13年的连队一直只是守卫北闸，执行闸前防淤堤的爆破任务还是第一次。

连长刘自备庄严地向全连下达了行动命令，指导员邓建华作了简短有力的战前动员，紧接着全连官兵平均每人负重40千克的爆破器材，跑步奔向数千米外的防淤堤待命。

爆破连的行动牵动了远在耒阳的工兵团总部。为确保爆破绝对成功，团司令部当即电令正在岳阳抗洪前线的副团长覃琢、副参谋长谢永芳、三营副营长罗毅，组成团前线指挥组赶赴北闸。

隶属于荆州市长江河道管理局管理的荆州市船舶疏浚总队此时此刻正奔赴北闸，这个船舶疏浚总队还有一个招牌名为湖北省荆江防汛机动抢险队。他们从20世纪80年代起就承担了北闸机动启闸队的任务，北闸的闸门在1954年启闭时是用人工绞车，54孔闸门共需绞车工756人。到1998年，已实行同步电机启闭，每孔闸门只需一人按动按钮就可以工作。荆江机动抢险队就担负了启闸任务。

当机动抢险队党支部书记沈烈春接到荆州市长江河道管理处处长张文教的命令时，这位老水利工作者，拿着电话的手激动得颤抖起来。十几年的准备、训练和等待，这个时刻终于到来了。紧急集结起来的抢险队200名职工，一个不差地全部到位。

北闸虽然设置了电动启闭系统，但为了实际操作时做到万无一失，仍然保留了备用的人工启闭系统。这是防备防淤堤爆破的冲击波破坏电动启闭系统而做的预备措施，因此沙市从1954年开闸分洪以来就有一支500人的人工启闸队伍，这支后备梯队由市纺织局、市燃化局、市工业局、市建委、热电厂、江汉石油钢管厂等单位的民兵突击队组成，他们也连夜集结。

另有一支500人的民兵队伍，也在荆州区所辖的弥市镇紧急集合。这些由中小学老师、工人和财贸系统职工组成的队伍分为3个连，每人带铁锹、铁桶和绳子三样工具，集结在防淤堤上。他们的任务是在爆破作业时，在爆破连战士们的指导下，按规定的时间在119个药室中装填 20 吨炸药。

机动队与两支 500 人的队伍，与北闸爆破连的战士们，都在各处严阵以待。

严阵以待的各路人马在等着一个号令，一个由中共中央、国务院最后下达的号令。

此时，长江委的专家们正飞驰在前往清江隔河岩的山路上。荆江繁星满天，而清江却夜雨连绵。带队的副总工程师成昆煌所乘的车驶上隔河岩大坝时，这里已是黑云压城城欲摧的景象。两山夹持的拱形大坝像一个不堪重负的老人，雨线在光亮中把沉沉的夜色渲染得更加诡异。寂静的大坝上唯有守坝的职工警惕地守候在各自的岗位上。

清江从川鄂边界的利川深山中发源，穿越鄂西山地 4 个县市，于枝江汇入长江，全长 400 千米。由于清江落差较大，它所造成的灾难成为人们的恐怖记忆。洪流汇入长江时，会给长江的汛情火上加油。专家测算，长江洪峰通过宜昌 3 小时后，清江洪峰通过长阳附近的隔河岩 4 小时左右后，就会在宜都遭遇，形成更大的洪峰，9 个小时后到达沙市。

1994 年，清江建成第一个梯级水电站——隔河岩水电站。主要解决航运与发电问题，同时对下泄洪水进行调控。清江隔河岩是座混凝土重力拱坝，像一张巨弓卡在两山之间，奇特，险峻。其水库面积为 72 平方千米，库容 34 亿立方米，并为长江预留了 5 亿立方米的防洪库容。

当荆江准备分洪的命令下达之后，省防指急电清江公司防汛指挥部和长阳土家族自治县，为配合荆江迎战长江第四次洪峰，要求隔河岩水电站进一步控制泄洪，继续按泄洪流量 1000 立方米每秒坚持到 8 月 7 日 14 时，确保沙市第四次洪峰水位控制在分洪争取水位 45 米以下。

现在，隔河岩大坝的闸门已全部关闭，隔河岩设计水位为 200 米，现在坝前水位达 202 米，已超过设计水位 2 米。为了与长江来水错峰，国家防总希望隔河岩执行 204 米的拦洪水位。清江已经承受了最大的压力，蓄水，蓄水，一直蓄到 202 米，还能不能继续向 204 米靠近，他们可真没有底了，只得向长江委的专家求证、求助、求援。这是五千年一遇的考验！

成昆煌一行在坝体的各个部位仔细查看，综合 GPS 接收器、坝体传感器和水准仪测量的数据，坝体在超高水位的推力下，目前发生的位移是 12 毫米。坝体设计正常水位下容许位移 6 毫米，现在超高 2 米位移也只增加了 6 毫米，位移并不严重。即使水位再增高 2 米，位移也不至于危及大坝安全，这是成昆煌做出的判断。问题是闸门会不会出现故障。闸门在超高水位下，承受的推力增加了 40%，闸门、支臂、支座都有可能在巨大的压力下失去平衡。用手电照过去，表孔闸门的边上已有渗水，成昆煌一行的心陡地悬起来。

得赶紧再计算一下闸门的应力。一行人急忙从闸上回到了坝区水调中心，围在了计算机旁。应力计算结果为：大坝在 204 米的超高水位下，闸门所有构件应力均超过容许应力，闸门有可能变形，支臂可能失稳。

现在很清楚了，蓄水到 204 米，坝体不会出现问题，相比坝体，闸门出故障是小得多的问题。这就意味着，隔河岩可以助荆江一臂之力了！

专家们很快形成了一个 600 字的意见书，成昆煌坚定地在意见书上签上了自己的名字。意见书立即传真至国家防总，在仔细询问 204 米的校核相关问题后，国家防总正式下达隔河岩 204 米水位拦蓄洪峰的命令。

成昆煌！正是这个签在意见书上的名字，让隔河岩敢于超蓄截流、错峰，减缓了长江第四次洪峰的压力，荆江二郎矶的水位在 45.22 米后再没有上涨，荆江分洪区避免了一次开闸分洪，避免了 100 亿财产的巨大损失！

而清江隔河岩的超蓄也让居住在清江的长阳县山民们做出了巨大的牺牲。这一夜暴涨的洪水淹没了 11 个乡镇 84 个村的 4522 户人家，其中倒塌的房屋就有 588 间。学校、企事业单位、公路、桥梁、电站、码头、输电通信线路相继受损，直接经济损失达 5000 万元。

"荆江清江是一家，为了荆江不分洪，清江遭难也不怕。"这是长阳县委、县政府在动员山民转移前提出的口号。

1998 年 8 月 6 日，在荆江的历史上注定是一个特别的日子，因为它不仅牵动着荆江两岸人民的心，更牵动着中南海，牵动着党和国家领导人的心。

在收到国家防总传来的湖北省防指《关于做好荆江分洪区运用准备的命令》抄件后，中共中央政治局委员、国务院副总理温家宝当即在抄件上亲笔写下批示："请告防办，如必须采取分洪措施，务请提前通知我到现场，由我报中央下决心！"午后，湖北省委、省政府的一份《关于运用荆江分洪区的紧急请示》传到中南海，中央立即做出决定，派国务院副总理、国家防总总指挥温家宝亲赴湖北。

晚上10点整，一架名为"挑战者"的小型飞机在沙市机场降落。前来迎接的湖北省委书记贾志杰、省长蒋祝平、省军区副司令廖其良、荆州市委书记刘克毅等立即迎了上去。入夏以来，温家宝副总理这是第4次飞抵荆州。他的心里十分纠结，如果分洪，直接经济损失将达150亿元；但如果不分洪，一旦荆江大堤决口，江汉平原和武汉三镇将被淹，那将会影响国家现代化的进程啊！

风尘仆仆的温家宝副总理走下舷梯，见到贾志杰的第一句话说的是："你们的心情我理解，舍小家保大家是需要勇气的！"

随行的国家防总办公室主任赵春明看见老熟人——原荆州市水利局局长易光曙悄声问："形势怎么样？"老专家如实回答："荆江大堤没发生多大险情。"

这可是个值得安慰的事。

车队没有驶向早已安排好的荆州宾馆，而是向监利驶去，温家宝总理这是要去查看荆江大堤了！经过一个个宁静而平安的乡镇，车队驶上了监利荆江大堤，只见一江洪涛在朦胧的星光下隐隐泛着波光，那一江大水已与堤面平齐了。堤坡边打着手电提着马灯的民工在进行拉网式查险，沿堤都是星星点点的灯火，江堤上一队队军人和一列列军车或查险，或运抢险物资，一片繁忙。

有人介绍这里是空降兵重点防守的西洲垸堤段，正说着，总理的随行人员的手机响了，原来是江泽民总书记从北戴河打来的。温家宝副总理接过手机道："江总书记，我现在正站在监利西洲垸的长江干堤上，这里有空降兵把守。现在水位比较平稳，请总书记放心！"

在杨家湾堤段上，肩扛一颗将星的空降兵军长马殿圣少将身着迷彩服迎上来，向温家宝副总理敬了个军礼。温家宝副总理向他询问了部队兵力部署情况、抢险技术及物资配备情况，马殿圣将军一一作答，并详细汇报了监利、洪湖两处险情防守的情况。这支空降兵数十年来冬练东北小兴安岭，夏练广西十万大山，练成了一支最有机动应变能力和野战生存能力的王牌部队。在长江抗洪中，这支部队屡建奇功。

温家宝总理听完，一颗心放下了大半，他对马殿圣将军道："中央下了最大的决心要把这两段堤守住，如果兵力不够，还可以增援，物资不够还可以补充。"然后，他神情严肃地盯住马殿圣将军，"马军长，我问你，这两个地方你能否守住？"

马殿圣将军静默了片刻，所有的人都将目光转向将军。将军冷静地回答："如果现在水位、天气不发生突出的变化，是没有多大问题的！"

温家宝副总理点点头，激动地说："假如你有这个决心，我就向中央报告！这两个最危险的堤段守住了，可以说建立了卓越的功勋，省长、书记们就放心了！中央也放心了！委托你们了，要严防死守！死防死守！"

马殿圣将军啪地一个立正，向温家宝副总理行了一个军礼："我们有决心坚决完成任务！"

凌晨，温家宝副总理一行方才重新上车，沿着荆江大堤向监利城关驶去。车上，温家宝副总理向一直守候荆江信息的朱镕基总理详细汇报了他所查看的情况。在千里之外的北京，朱镕基总理已经有两天两夜没有合眼了。

车队进了监利县城，温家宝副总理没有休息，他要在监利宾馆二楼会议室连夜召开会议。恰在此时，刚刚就职到位的荆州市荆江分洪前线指挥部指挥长、荆州市市长王平与市前指副指挥长、公安县委书记黄建宏也走进了会议室。他们俩是不请自到的参会人，这两人在部署完33万人大转移工作后往荆州宾馆赶，他们想面见温家宝副总理陈情，请求中央不要开闸分洪！

他们奔到荆州宾馆，才知温家宝副总理根本没有到宾馆，而是直接到了监利，于是两人又直奔监利，正好赶上了这个会议。

湖北省委和荆州市委的汇报，让所有人知道，荆江危急。会议中有人进来报告，沙市水位已突破44.67米的分洪水位，达到了44.76米。

没有人说话，整个会议室里一片沉寂。就在这时，前来见温家宝副总理而赶上这个会的公安县委书记黄建宏接到了一个让他如雷轰顶的电话：孟溪大垸溃口了！黄建宏的头嗡地一下，头脑里霎时一片空白。他镇定了一下后马上小声地告诉市长王平，市长又小声地告诉了市委书记刘克毅。刘克毅不禁脱口轻轻地叫了一声："完了！15万人哪！"他顾不得其他了，站起身来打断了会议议程，报告了刚刚得到的消息，并阐明情况十分危急，需要马上救人！

人们的目光齐刷刷地投向了温家宝副总理。假如此刻温家宝副总理做出分洪的决定，那也是迫不得已而为之的决策，但是温家宝副总理冷静片刻，沉着地说道："我来之前，江总书记一再叮嘱，一定要确保荆江大堤的安全，一旦分洪，是几百亿的损失。现在我们已无退路，一定要背水一战。荆州有什么困难，需要什么，中央都满足你们，需要多少给多少，只要是中国有的！"

会议室的气氛稍稍缓和。温家宝副总理顿了顿，坚定地说："现在，快去救人！"

荆州市委书记刘克毅、市长王平和公安县委书记黄建宏急忙离开会场，小车在夜色中向孟溪急驶而去。

温副总理继续开会，会议却改了风向，孟溪的倒口溃堤让大家在心理上产生了恐慌。气势汹汹的洪水冲垮的不仅仅是大垸的堤墙，也冲垮了在场的一些人的信心，一些领导认为分洪是形势所迫，主张分洪。另一部分领导则认为，观洪水势态发展再做决定。这可是个两难选择。会议在凌晨4点结束。

分洪区西的虎渡河上，有一座黑狗垱大桥，桥西头就是孟溪大垸，它是公安的粮仓。8月6日夜从分洪区涌出的滚滚人流中，有一部分人是涌向孟溪大垸投亲靠友的。同样是人、车、畜涌在一块儿，同样是阻塞，虎渡河水位今年比哪年都高，几乎要与桥面平齐了。朦胧的星光下，浪拍打着岸，发出一阵阵令人恐怖的声响。

突然有人高声叫道："倒堤啦！倒堤啦！"

堵在桥上的人惊慌得拥挤起来，人们惊恐地叫，孩子们吓得大声哭喊。人们一边后退一边张望。不停传出叹息声，怎么就破堤了呢？怎么就破堤了呢？

倒堤的地方叫严家台，原来是两个悄悄扩大的管涌惹的祸。守堤的民工和干部没有发觉，丧失了抢堵时机。凌晨0时45分，大堤一声轰响，堤身裂口转眼间扩大到20米、50米，直至200米。洪水以6米的落差向村野扑去。

闻讯而来的抢险人员和解放军在倒口的严家台找不到抢险器材，人们拦截了分洪区转移群众的几辆大型拖拉机和外地过路的几辆大车，一辆一辆的推下水去，都轻飘飘地被洪流卷走了。

在分洪区 33 万群众大转移的高峰之时，孟溪大垸也开始了一场十几万人的紧急大转移。惊慌逃命的人群在天快亮时看到天空有闪烁的亮点，伴着轰鸣呼啸而来，那是飞机！人们欢呼起来，有人在河堤上点燃篝火，很快，就有一连串的东西从空中投下来，那是救生圈！

而救援的英雄部队——有名的湖北省军区舟桥旅正以每小时 80 千米的速度向孟溪挺进。

这时坐镇市分洪前指指挥分洪转移安置的荆州市委副书记谢作达和公安县代县长程雪良已先期到达严家台。谢作达曾在公安担任过 5 年县委书记，在离任时曾说，在公安的 5 年，是提心吊胆的 5 年，既担心虎东分洪，又担心虎西堤防。没想到年年担心的事，偏偏还是发生了，而且是同时发生。而且倒口转眼就是让人无法挽回的几十米的大决口！

舟桥旅在黎明前到达。一艘、两艘、三艘……上百艘冲锋舟霎时如降下的天兵天将向大垸深处驶去。市委书记刘克毅、副书记谢作达则带领聚集在堤上的众人将近处一只大木船从虎渡河里拖上堤坡，滑进垸内，这是孟溪大垸的第一条救生船。

在东方的天幕现出一抹朝霞时，天空又飞来了三架米-8 直升机，1 万多件救生衣像天女散花一样飞下来。

7 日上午，孟家溪街市全部陆沉。

而沙市的水位依然在涨：44.95 米，超分洪水位。

屋漏更遭连夜雨。人们还没有从孟溪溃口的消息中缓过劲来，下午 1 点，江西九江决堤。仅仅三个小时后，九江西城区就被冲进城的洪水变成了一片汪洋。

温家宝副总理闻讯立即飞往九江，解放军迅速出动，用身体、用装石头的卡车和船只拼命堵口。奋战了五天五夜才将决口堵住。

分洪已是大势所趋。

那支等待在虾子沟的荆州市机动抢险队在等过了 8 月 6 日、7 日后，终于在 8 日凌晨接到命令，立即奔赴北闸，做好分洪准备。抢险队人员每人带了三天干粮，无行李，这是准备在闸上待三天三夜的阵势。与此同时，在弥市镇政府大院集结的 500 名民兵与在沙市区集结的 500 名人工启闸队员亦向北闸进发。

此时，33 万移民一夜之间全部离开了家园，10 万移民正在 6 个渡口陆续过江，他们将居住在 64 个乡镇 1192 个村庄的数万户农家中。

在距北闸上游约 10 千米的长江之滨有一处院落，叫 84 仓库，这是一个内部代码。它的意思是：全国重点爆破物品第 84 号存放点。建于 1964 年的这个炸药仓库已经与世隔绝了 30 多年。1998 年的夏季，人们打破了这里的寂静。

8 月 6 日上午，早已做好充分准备的仓库人员接到上级通知，将存放在仓库的导爆索、雷管和块状起爆体分别装上车，随时听候调拨。

8 月 8 日凌晨，仓库接到命令：6 时将爆破物运到附近涴市江边，8 时将爆破物运往北闸。当 3 卡车爆破物运抵北闸防淤堤时，从荆门市一个炸药制造厂运来的 20 吨 TNT 炸药也抵达防淤堤附近。

本届政府不分洪

当 8 月 8 日的朝阳从东方升起的时候，一夜没有合眼的年过七旬的朱镕基总理乘坐轿车驶离北戴河，驶向山海关机场。最新报告沙市第四次洪峰水位已涨至 44.95 米，离北闸分洪的最后界限只差 0.05 米了，总理要亲临荆州到抗洪前线去了。

波音 737 专机 8 时 10 分起飞，10 时 30 分到达沙市机场，前来迎接朱镕基总理的是刚刚从江西九江视察溃口现场赶回沙市的温家宝副总理和广州军区副司令龚谷成中将。

走下舷梯的朱镕基总理一眼看到人群中的龚将军，径直走上前来，像见到久别的亲人一样，张开双臂，一下子紧紧地把将军抱在了怀里。

龚谷成中将在 8 月 2 日受军区司令陶伯钧上将和政委史玉孝上将的派遣，飞抵武汉成立广州军区湖北抗洪前线指挥部。8 月 4 日，他又将军区前移到荆州，调动了 5 万多兵力摆在湖北长江沿线。将军把指挥部设在了大堤上，自己则带着军车连日连夜地在数百千米的大堤上巡逻指挥，烈日的曝晒让他的脸成了古铜色。

"你们辛苦了！"朱镕基总理道，"国家受灾，军人当前。谢谢你们啊！"

短短几句话，字字千钧，震撼着龚谷成将军和在场所有人的心。这是总理对人民解放军的重托和期待！将军也紧紧地回抱住朱镕基总理。这庄严的一抱成为珍贵的一瞬。

朱镕基总理直接到了观音矶。这是他第二次到这个矶头。一个月前的 7 月 6 日，他和温家宝副总理曾到此视察过，那天沙市刚过第一次洪峰，水位是 42.99 米，那时他说过："本届政府不分洪！"现在，水已经快要爬过矶头了，比一个月前提高了 2 米！他不禁锁紧了眉头。

站在一旁的长江委主任黎安田告诉朱镕基总理，目前水位正呈下降趋势。朱镕基总理的表情稍有舒展。

由于洪水把上船的坡淹没了，面包车无法开上轮渡，朱镕基总理乘船向北闸而去。船舱里，朱镕基总理与温家宝副总理展开荆江分洪区位置图，正当两人认真研究时，电话传到船舱，荆州市长江前指向在大江旁的朱镕基总理报告：沙市二郎矶水位已开始以每小时一厘米的速度回落！

朱镕基总理听到这个消息，猛地从地图上抬起头来，他坚毅的目光看向船舱外的一江洪水，不由得长长地舒了口气。他向随行的国家防总工作人员交代，即刻向上游水库打电话，继续控制下泄流量！

落！每小时一厘米，这个微小的速度，意味着：不分洪！

朱镕基总理登上堤岸后直接上了北闸，正午的烈日照得北闸这条钢铁巨龙浑身发烫。一阵热浪扑来，朱镕基总理健步走到 44 号闸门停住，他问跟在身边的北闸管理所所长杨正礼："闸门能否随时开启？"杨正礼回答："北闸今年已做过三次演习，总理您随便点哪孔闸门都行！"朱镕基总理说："那就点这号闸门。"

杨正礼与北闸副所长余小平组成一个启闭组为朱镕基总理演示，两人一个操作配电盘上的红绿按钮，一个操作绞车上的离合器，一时机房里电机响起，绞车轰隆隆吼起来，闸身下那重达 18 吨的弧形闸门徐徐升起又徐徐降落。汗水湿透了朱镕基总理的衣裳，他不顾淌下来的汗珠，饶有兴趣地看完了整个操作，才放心地走出机房。朱镕基总理返回闸东头时，闸旁已聚集起了看他的人，一阵热烈的掌声响起，朱镕基总理向大伙挥挥手，引起一片欢呼。

朱镕基总理说："为了大局的需要，荆江分洪工程要做好运用准备，做到有备无患。现在长江水位暂时稳住了，能够争取不运用荆江分洪那是最大的幸事。"顿了顿，他又说，"只要分洪区还有一个人，谁敢下命令开这个闸呀！"

朱镕基总理的话被骤起的掌声淹没，很多人的眼里涌出了激动的泪水。人们说，朱总理一来，把洪魔吓退了，分洪区不必分洪了！这个说法不胫而走，人们竞相传播。

朱镕基总理在人们依依不舍的目光中离开北闸。他登上小艇回到埠河码头时正值中午，烈日当空，他要登岸去看一看分洪区转移的群众。

埠河临北闸最近，如果开闸分洪，这里首当其冲。朱镕基总理一行在镇内穿行，见满街都是转移的人、畜，混乱而慌张，落魄而凄凉，他皱紧了眉头，眼神里充满了难过的表情。他上前问一位老人，转移到安全地带吃住问题如何？老人说，虽然转移受了损失，但吃住没问题。朱镕基总理的眉头略微舒展。老人并不知道这位对自己嘘寒问暖的老者竟是共和国的总理。

朱镕基总理走到荆南长江干堤，看到一群人正拉着板车转移财产，火热的太阳下，他们汗流浃背，行色匆匆。朱镕基总理心疼地看着他们，久久地立在路边，他喃喃自语："留得青山在，不怕没柴烧。同志们要有这个远见啊。"

从江南回到江北，朱镕基总理一行到了荆州宾馆。下午，他认真听取了湖北省、荆州市和公安县对抗洪情况的汇报，传达了前一日他在北戴河时中央召开的常委会会议精神。朱镕基总理说，中央会议有八条内容，一是当前长江防汛形势十分严峻，要把抗洪抢险工作作为当前头等大事来抓；二是坚决严防死守，确保武汉三镇和江汉平原安全，确保长江大堤安全，不能有丝毫松懈和动摇；三是授权国家防总总指挥温家宝同志，在沙市水位达到 44.67 米（争取水位 45 米）并预报继续上涨时，部分或全部开启荆江分洪区的进洪闸；四是要加快荆江分洪区群众的转移，特别是老弱病残孕的转移；五是人民解放军要按照中央军委的命令继续投入抗洪抢险第一线；六是要动员和组织一切人力、物力、财力进行抗洪抢险；七是防止大灾之后发生大疫；八是做好抗洪抢险的宣传报道，动员人民群众和社会各界，团结一致，坚定信心，夺取抗洪斗争的胜利。

朱镕基总理在传达精神时动情地说："启闸的时间要充分考虑分洪区群众的转移情况，确保分洪区群众的生命安全。家宝同志跟我讲，就是下了分洪命令，也得等48小时，让群众都能够出来才好。这句话是非常重要的，这也是常委们的精神。我们要对人民群众负责，千方百计转移群众，给一定的时间，多顶一会儿，再开这个闸。分洪以后，长江大堤的防守不能放松，不要以为分洪后万事大吉，1954年分洪后，沙市水位下降了 0.96 米，到监利降了 40 厘米，到洪湖只降了 20 厘米，解决不了大问题，还是可能溃堤的。因为你蓄了洪，这里减轻了 1 米，但要垮的那个薄弱环节没有减多少，还是要垮的。因此严防死守在任何时候都不能松懈，不要把希望和幻想全部寄托在分洪上。"

朱镕基总理讲话时，时时充满对江南分洪区人民的牵挂，他还要指挥长们无论如何，要睡几个小时，保证一定的精力。

8月9日上午，朱镕基总理率温家宝副总理及抗洪前线的驻守部队将领和湖北党政领导乘三架直升机在荆江大堤低空飞行后，前往石首绣林镇郊，降落在了公路上。蜂拥而至的群众知道这是来了大首长，他们围了上来，朱镕基总理下飞机看见拥来的人群，也快步迎了上去，边走边向群众挥手致意。

他对激动的人群说："同志们好！党中央和江总书记已下令严防死守长江干堤，确保人民生命安全。现在湖北百万军民正在全力抗洪抢险，全国人民会全力支持你们的，请大家放心……"

朱镕基总理的声音被一阵热烈的掌声打断，人们欢呼："感谢党中央，感谢总书记！感谢朱总理！"

朱镕基总理微笑着上前一步，他的手与挤在前排的一双双大手紧紧地握在一起。

半小时后，朱镕基总理乘坐一辆中巴抵达长江著名险段——石首市调关矶头的八一大堤。只见这里用编织袋垒成的子堤已有一米多高。绵延数十里的大堤上，子堤挡着水，而江水离子堤的堤面也只有半米了。

这被子堤挡住的一江大水，让人止不住胆战心惊，也止不住壮怀激烈。

朱镕基总理肃然登上子堤，踩在层层编织袋上，他扬起手向还在继续加高子堤的解放军战士和民工挥手致意。一位将军迎上来，他正是总理在赴荆江分洪区的途中念起过的空降兵军长马殿圣。朱镕基总理一把握住马将军的手，问候他辛苦了！并告诉他北戴河会议上，江总书记表扬了他的部队，马殿圣紧紧握住总理的手连声感谢党中央，感谢总书记，他表示一定全力完成坚守大堤的任务。

有人给朱镕基总理拿过一个手提电喇叭，朱总理望了望长长的子堤和滔滔江水，又望了望人们热切的眼神，沉着而深情地说："同志们，不能够溃口啊！在你们前面是洞庭湖平原，在你们后面是江汉平原，至少有800万人，还有武汉三镇。这一溃堤就是全国性的灾难，那不得了！所以同志们一定要死守大堤，背水一战，没有退路！"

大堤上爆发出响彻云霄的口号声："严防死守！坚守大堤！""请党中央放心！请总书记放心！请总理放心！"

朱镕基总理感受到军民们震撼云天的士气，他的眼里充满了慈祥："同志们辛苦了！现在我们的国家非常强大，全国人民都在支持你们死守长江大堤。你们要什么就有什么，我们可以空投……"

又是一阵雷鸣般的掌声和欢呼。

朱镕基总理离开时，他推开车窗，把手伸向窗外，握着窗外群众伸过来的手久久不放。

中午11时，三架直升机重新飞上天空，往监利、洪湖险段飞去。

现在，长江的水位由前一日的44.95米降为44.64米，落！第四次洪峰过去了！

如虎如狼的洪魔，看见那水涨堤高的阵势，看见长堤上一眼望不到头的抗洪大军，似乎夹紧了尾巴，露出了悻悻之色。

简简单单一个"落"字，在坚守抗洪一线的百万军民心中，在33万移民心中，在江汉平原以及武汉三镇的百姓心中，可谓一字万钧！落！意味着荆江可以暂不分洪！

就在朱镕基总理乘上飞机飞往监利、洪湖江段视察时，在监利沿江的三洲垸正面临一场生死攸关的冲突。

为了荆江分洪区不分洪，三洲垸奉命破口行洪。这个垸子面积180平方千米，耕地11.5万亩，人口4.5万。

1998年8月9日中午12时，这是预定破口行洪的时间。监利一名副县长和县委宣传部部长带领30名武警和50名公安干警到达破口点八姓洲执行任务，此时他们面对的是已聚集的黑压压的一群阻止破口的百姓。

当战士们高举的铁锹刚刚落下时，一位白发苍苍的老奶奶突然哭喊着冲出人群，坐在铁锹落下的堤段上，仰面躺倒，一行老泪从她那皱纹密布的苍老面容上溢了出来。武警们再次举起的铁锹停在半空中，聚集的群众惊愕而感激地注视着这个挺身而出的老人。战士们放下铁锹，蹲下身子围在老奶奶身边，劝老人家起来离开，这些战士们劝着劝着，自己的眼泪也流了下来。他们也知道这一锹下去破口行洪的后果和老人家的心情。

群众见老人家哭，就往破口处拥来，干警和县乡干部组成隔离带劝阻。推拉挤揉间，有人失去了理智，他们抓住了乡长，拳头打在他的脸上、腰上、背上，乡长不还手，任拳脚落在自己身上，他一边哭着一边呼喊："你们打吧，打吧，打死我也不怪你们！三洲垸守了40多天了，你们心疼我也心疼啊。但我们是舍小家保大家啊，是保长江干堤啊！我要服从上级的命令啊！"

愤怒的群众渐渐冷静下来。人们渐渐退出了隔离线外。铁锹重新举起来，一把把铁锹沉重地落在堤面上。堤面上终于出现了一个口子，它渐渐加宽，至下午3点，随着指挥员的一声枪响，江水从这道口子涌进了三洲垸。一个小时后，江水将口门刷宽4米多宽，以近8米的落差咆哮着涌入垸子。杨树被连根拔起，稻田被洪水淹没，看着这个人为的分洪场面，所有的人禁不住失声痛哭。

为了不轻易动用荆江分洪区，三洲垸破口行洪分泄了10多亿立方米的洪水，其直接经济损失达4.6亿元。

故土难离恋家园

8月6日开始的33万人员转移工作，按照公安县委统一部署，在20小时内全部撤离分洪区。

人走了，鸡鸭没走，树木没走，稻谷没走。好富足好丰饶的一片家园。这几日晴空万里，湛蓝的天空下，大地绿毯铺至天涯，那是快要拔节的稻谷，欲黄还青；那是正在结果的棉田，花蕾挂枝。路边，蓖麻、向日葵、甘蔗、黄梨等在骄阳下挺拔而立；瓜田里，西瓜、南瓜、冬瓜安安静静地挂着，睡着，它们已经成熟了，却没有人来采摘，听任瓜熟蒂落。一个个荷塘，粉红的荷花有的冒出尖尖的角直向天空，有的已灿然开放，在一片碧绿的荷叶中，你去仔细寻找，还看得到结了籽的莲蓬。

村子里，有狗在转悠，时而闻得它们的吠叫，鸡们在屋前屋后觅食，鸭子在水塘里嬉戏，一头头肥猪扭着屁股在村子里自由地逛遛。没有一个人影，一个也没有。

这里已是无人区。

8月7日过去了，8日过去了，9日、10日也过去了，不是说撤离后就分洪的吗？看这样子是不会分洪了。我那猪圈里的猪饿了几天了，会不会饿死了呢？棉田里几日不打药，怕的是又长了许多红铃虫了？那鸭棚里的鸭子不喂食，是不是自己在水中能找到吃食？……人们记挂着家里的牲口鸡鸭，一些胆大的农民又三五成群地返回了家园，他们或骑着自行车，或骑着摩托车，或拉着板车，或挑着担子，或开着手扶拖拉机。他们默默赶路，汗流浃背，眼睛里一片茫然。

返乡的人越来越多，不少村落开始涌出一股股成群结队的人流，这些回流的农民少说也是数以万计了。

但是到8月12日的黄昏，他们在返回自己的村庄看望了那些鸡鸭猪狗棉稻麻桑之后，又重新离开村庄，往各自的安全区走去。

这是回流群众的第二次转移。这一晚，分洪区的安全区包括埠河、雷洲、斗湖堤、杨家厂、夹竹园、藕池等部队驻地，突然响起了一阵阵紧急集合的哨声，随即军车一辆辆驶出驻地，驶向夜幕下的分洪区。他们这是要对分洪区进行拉网式搜索，平静几天后，这些军车的出动让分洪区再一次陷入紧张的气氛里。

这一次拉网搜索的滞留群众大多是老人和妇女，要将他们重新带出分洪区可花了不少气力。雷洲安全区数里外有一个孤寡老人，家里喂了一头猪，还种了一园子梨树，看得出老人是勤劳的，这些东西是他的主要生活来源。8月6日大转移时，他随着村子里的人撤离了，几天过去没见分洪，他又跑了回来。现在无论解放军战士如何劝他，他都不肯走了。团政委和营长赶来亲自做工作，老人渐渐松口，但他说如果梨子受损了怎么办呢？团政委打着手电看了看梨园，果然是硕果累累挂满枝头，真是于心不忍。于是他们表示转移期间，梨树由部队看守。老人才放心地上了转移车。两天后还是没见分洪，老人又溜了回来，见梨子完好无损，喜得他赶忙摘了一大篓送到了雷洲的部队驻地。

在麻豪口有个老太太，她是第一次转移时悄悄留下来的，她舍不得家里猪栏里喂的9头猪，在这次拉网式搜索中，她被战士们请出了分洪区。

有两位老婆婆商量好躲在屋里，她们用木杠顶着大门，怎么叫也不开门，战士们只好把门撞开，背上老人走。她们舍不得丢下鸡鸭猪狗，战士们把这些也一同带着上了路。

有一家门关着，里面传来孩子的哭声，怎么喊也喊不开，战士们只得从窗户里翻了进去。里面是一对母女，男人去南方打工去了，一屋的东西都没有转移，女人说如果水来了家毁了，不如跟着水去算了。战士们劝了半天，把小孩子背在背上，又答应帮她把彩电搬走，她才随着战士们离开。

有个战士为了背一个老爹爹转移，黑夜中一脚踏进坑里，腰扭伤了疼得站不起来，半个月后才好。

有个养蜂人，第一次转移时他没有离开分洪区，第二次拉网搜索时，他还是没有离开分洪区。他说他舍不得他的几十箱蜂子，那些蜜蜂是他家祖上一代一代传下来的，他与它们相处了几十年。他说蜂子恋家，即使你把它们带到几十里外，它们也会找回来。养蜂人说，从来不蛰他的蜂子似乎也通人性，看他不走，竟把他的脸上蛰起了好些肿包。他说这几百万只蜂子可是几百万只生灵，他离不开舍不下。他说他已安顿好自己的家人，他自己要做最后的坚守，心里打算只有亲眼看见水来了，自己才能与他的蜂子做最后的道别。

8月12日晚，养蜂人从自家的二层小楼，移住到了另一条街上的躲水楼，他把煤炉、锅碗、油盐酱醋、大米和蔬菜以及一大包蜡烛全搬到了躲水楼上。分洪区已经停电了，黑黢黢的夜里，蜡烛可以让他看到光亮。转移到了江北的妻子见他迟迟没有过江，于是折回来看他，留下来陪他一直到了8月16日。

这一天上午，一份惊天的预报告诉人们，分洪区真的到了最后关头。水位还在不断地涨，已经超过了45米，特别公告的那沉重的声音撞击着每一个人的心，战士们晚上在分洪区实施了第二次大搜索。

街上出现搜救车时，养蜂人劝妻子随车撤离，他妻子不肯丢下他。后来车辆大都走了，看到最后一辆车驶来，他想现在不走，可能就没有机会了，他把妻子拉下楼，推到了街上。冷不丁从前面冒出来一个人，车子立即刹住了，而养蜂人把妻子推到街中间后自己又躲回到楼下的阴暗处，车子没有发现他，他又留了下来，他还是舍不得他的蜂子。

他目送着妻子随车远去，心里无比酸楚。刚才妻子吃过的碗筷还在桌上，她坐过的板凳似乎还留有余温，他在屋子里呆愣了片刻，一个人拿着手电下了楼。这一个夜晚，小镇上只有他一个人，他的脚步在空街上踏出的响声显得无比诡异，他的心头升起一股从没有过的孤寂与苍凉。

他快步走进了自家的大门。黑乎乎的夜色中听得家里有猪的哼哼声，他好生奇怪，家里的猪早已放栏，不知跑到哪去了，难道它们回来了？他走到猪圈用手电一照，啊，小小的猪圈里整整齐齐睡了4头猪，除了自家的两头猪，还有别人家的两头猪。他心里怪不是滋味，他用手摸摸它们的头，说："你们回来干什么？水就要来了，你们快去逃生吧。"猪们睡着不动，仍是哼哼几声，它们也恋家啊。

他再去看他的蜂子，几十个蜂箱一溜儿排开。他想，洪水一来，它们就要随波漂走了，他的眼睛涩得酸疼，他揉了揉眼睛，慢慢地走出家门。

这时，从黑暗中开过来一辆吉普车，这是派出所来进行最后的搜索的，他来不及躲闪了，被战士们请上了车。

这可能是分洪区最后离开家园的一位村民。这个夜晚，山雨欲来，风声鹤唳。

坚持坚持再坚持

且说第四次洪峰过后，正当人们稍稍喘上一口气，以为北闸不再分洪时，水情预报又告知第五次洪峰即将到来。

12日21时，洪峰通过沙市，水位由11日的44.40米复涨至44.84米，流量49500立方米每秒。

预报传到北戴河，江泽民总书记彻夜难眠。13日凌晨，他决定亲自前往荆江分洪区。上午，他登上了直达荆州的专机。中央军委副主席张万年、中央办公厅主任曾庆红陪同前往。

"济南部队在哪里？"江总书记问。

"武汉。"张万年回答。

"空降兵呢？"

"洪湖。"

"沿江共有多少部队？"

"长江沿线解放军和武警共投入兵力13万，仅湖北就有8万兵力，还有200万民兵。调动了5800多部车辆，860艘舟艇，60多架飞机，已抢救、转移300多万受灾群众，加固了3800千米堤防。部队的口号是：人在堤在，誓与大堤共存亡。"张万年如实汇报。

江泽民总书记紧锁的眉头略微舒展，他道："好！人在堤在！我们就是要有这种精神！"

飞机约10时降落在沙市机场，江总书记对前来迎接的湖北省委书记贾志杰道："万里长江，险在荆江，不来看看，心里不踏实。"他直接上了荆江大堤。

这是江泽民总书记第二次到荆州，10年前的1989年7月22日，也是在汛期的烈日下，他视察了荆江大堤。此次，他看望了守闸的爆破连，了解了运用荆江分洪最大的困难是群众转移问题。

中巴车在荆江大堤郝穴险段停下，总书记下车看了看泡在洪水中的铁牛。放眼望去，江上浊浪滔滔，一望无涯，回望大堤内，绿树成荫，稻菽满畈。

总书记神情凝重地上了车，车队沿堤往沙市城区开。行到观音寺闸时，只见烈日下一群民工正在抢运沙石料，车停下来，一行人下了车。民工们抬眼看到走来的一行人，一眼认出了总书记，惊喜地叫道："啊！是总书记来啦！总书记来看我们啦！"人们丢下手中的活，一下子围了上来。

总书记的手与一双双流着汗水的手紧紧地握在了一起。他关切地问了大堤的险情、巡堤查险情况，在场的乡镇长和带村干部一一作答。听说荆江大堤没有大的险情，只有些散浸和管涌并已做了处理后，总书记很满意。

此时，沙市第五次洪峰正在通过这里。

正午，一行人到达沙市观音矶，市委书记刘克毅指着对岸道："分洪区就是江对岸。"江泽民总书记抬头凝望洪水苍茫的江南岸，那是10年前他视察过的地方。那里，从8月6日接到分洪准备的命令，到今天，已经等了足足7天了。他站在那里，望了许久许久。

之后，他问现在的水位和流量，荆州市水利局老局长易光曙告诉了他，并说，水位已开始回落。

车队向洪湖长江干堤驶去，驱车 200 千米后，在著名的乌林中沙角险段停下。

洪湖从 6 月 26 日进入设防水位后，经过长时间的洪水浸泡，135 千米的长江干堤已是千疮百孔、险象环生。7 月 26 日，螺山周家嘴发生清水洞险情；8 月 3 日，乌林中小沙角发生管涌群险情；8 月 10 日，燕窝八十八潭爆发直径 1.8 米的特大管涌群险情，被称为"国字一号"管涌险情……驻守洪湖的空降兵和当地干部群众全力以赴，投下大量卵石填孔，并构筑围堰，控制了险情。为了迎战第五次洪峰，军民联手在大堤迎水面加筑一道土木合成的材料，使险段万无一失。

滔滔江水几乎与江堤持平，惊涛隆隆而过。堤段上军旗猎猎，巨幅标语"万众一心，迎战特大洪水"和"军民同心，死保长江大堤"竖立两旁。战士和民工赤膊上阵，推土车、拖拉机和自卸车一辆接一辆运输，热火朝天严防死守的军民抗洪图让总书记心里感到安慰。

他走向那口出过三处管涌险情的水潭，了解了抢险情况，又走进哨棚，看望了值班人员。之后，接见了临时列队站在堤坡下一块地段上的 2000 多名部队官兵。此前，国务院总理朱镕基、副总理温家宝也先后来此视察指导抗洪并看望抗洪军民。

江泽民总书记首先代表党中央、国务院、中央军委向奋战在抗洪抢险第一线的广大干部群众、解放军指战员、武警官兵、公安干警致以亲切的慰问。

江总书记说："这次长江发生的洪水是自 1954 年以来又一次全流域性的大洪水。在党中央、国务院、中央军委的领导下，广大军民发扬不怕疲劳、不怕艰险、连续作战、顽强拼搏的精神，战胜了一次又一次洪峰，保护了长江大堤，保护了人民生命财产安全，为国民经济和社会稳定做出了重大贡献。在这场抗洪斗争中，我们的党员干部，我们的人民和军队都经受了严峻的考验。我们已经取得了了不起的大胜利。现在已是决战决胜的时候，越是接近最后的胜利，我们越要百倍警惕，千万不可麻痹大意，要坚持到底，坚持奋战，坚持、坚持、再坚持，我们就一定能取得最后胜利……"

看到大堤上飘扬着"黄继光所在连"的战旗时，江总书记深情地说："我们的部队是有着光荣传统的部队。想起上甘岭就想到你们，让上甘岭精神永远活在我们心中。黄继光同志虽然牺牲了，但他英勇作战的精神永远活在我们心中。我们要发扬革命英雄主义精神，死守长江大堤，保住长江大堤，夺取最后胜利！"

总书记最后高声问道："同志有没有信心？"

"有！""坚决保卫长江大堤！"雄壮的口号声响彻云霄。

荆江分洪倒计时

第五次洪峰通过沙市后，江水渐渐回落，分洪的可能性似乎越来越小了。分洪区的人们渐渐达成一种共识，不仅如此，聚集在荆州与公安前线的各路新闻记者们也松懈下来。洪水水位在 8 月 15 日这一天进入第四次、第五次洪峰以来的最低点：44.28 米，趋势是：落！

1998 年聚焦荆江的记者来自全国各大媒体，中央电视台、人民日报、光明日报、中国青年报、香港凤凰卫视、湖北电视台、湖北日报，正是因为这些记者的报道，人们才获得抗洪前线的信息。

洪水渐渐退着，远处近处的记者们也一批批撤走了。中央电视台的记者也在分洪区找到了典型，他们带着公安县县、乡、管理区和村四级干部组成的荆江分洪"四人小组"于 8 月 15 日离开了荆州，即使不分洪，他们也想做一期专题节目向海内外播报。

水位虽然还在降，但是，从预测上看还有第六次洪峰，预测水位的是长江委办公大楼水文预报处。当 8 月 16 日的朝霞在东方出现时，熬了一通宵的预报员仍然各自埋头在计算机、传真机、打印机上，似乎没有觉察到新一天的到来。他们在等着全流域水情汇总和计算，上午 8 时，长江上中下游沿线数千千米 1300 多个报汛点过去几小时和当前水雨情数据开始通过计算机网络、海事卫星、传真、电报及水文遥测系统等各种途径潮水般地往预报处汇集。一时信息声骤起，荧光闪烁，预报员们又开始了忙碌。天气预报三峡区间和清江流域又在下大到暴雨，宜昌站流量猛增，隔河岩水位猛涨。大家紧张地汇总、计算、分析、会商，编制报讯、制水情图表、绘天气云图，办公室一片忙碌。

突然，预报处副处长程海云冷不丁冒出一句话："沙市水位这次肯定超过 45 米！"

如晴天惊雷，所有的人都愣住了，大家唰的一声全站了起来，对程海云的话的惊讶程度不亚于十天前听到分洪区转移令。其实这个转移令虽然下达了，但是他们心中是清楚的，荆江大堤不断加固，44.67米这个多年以前定的分洪线不足为虑，但是如果水位蹿到45米，他们就真的着急了，这可是荆江最后的分洪水位！

整个水文局都被这个45米搅动起来，局长季学武、副局长王俊、副总工程师金兴平全部迅速赶到预报处，他们指挥预报处重新校核各地水雨情，仔细分析天气趋势，再推算各站水位、流量，可推算指向同一个结果：45米！

所有焦虑的眼光都紧紧盯着荧屏，所有的耳朵都时时听着电话铃声，时间一分一秒地过去，至10时，根据上游来水量和三峡区间降水量综合分析，宜昌站第六次洪峰流量为：63000立方米每秒！宜昌站是长江中下游预报流量站，宜昌站的流量直接关系着沙市水位。第五次洪峰宜昌站流量为62800立方米每秒，沙市水位达到44.84米，这一次上涨无疑。而且天气预报显示上游还有可能降雨！

半个小时后，副局长王俊抓起电话，向长江委领导和长江防总汇报了沙市水位即将突破45米的消息。

现在沙市洪峰水位确定的关键在于隔河岩泄洪流量的大小。而要确定隔河岩泄洪流量的大小又必须先弄清入库流量，这不是一时半刻能算清楚的。204米校核水位下的泄洪调度计划，这是一个需要实际数据作支持的谨慎问题。

长江委水文局等不到省防指和隔河岩的及时回话，他们知道，此时此刻，时间就是生命，早一刻把汛情水位报告出去，就早一刻为守堤军民争取主动权。为此，预报处程海云副处长主动与水文局副总工程师葛守西一起，带领上游河段的预报员，凭着多年经验，推算出如下结果：

16日11时，按隔河岩泄洪流量3000立方米每秒计算，沙市水位将达到45.02米。

11时20分，沿江天气趋势为未来24小时，三峡区间、清江流域、宜汉之间均有中雨，部分地区有大到暴雨。

11时30分，按隔河岩泄洪流量4000立方米每秒计算，沙市水位将达到45.15米；如隔河岩水库泄洪流量为5000立方米每秒，沙市水位将达到45.20米。

12时整，会商后的一份预报："沙市第六次洪峰水位极有可能达到45.20米"，由长江委水文局正式用传真发往北京国家防总、武汉长江防总及湖北省防指。

16时，长江委水文预报处接到水利部部长钮茂生的紧急指示，一个小时内向北京回复6个问题：

1. 沙市站第六次洪峰水位及其出现的时间；

2. 洪峰超过45米的持续时间；

2. 洪峰超过44.67米与45米时对荆江河段的超额洪量；

3. 上游洪峰对监利、螺山、汉口等站的影响；

5. 预见期降雨预报及其对洪峰的影响；

6. 假如分洪，对荆江及中下游水位的影响。

一个小时，必须全部回复，显然，这是中央要做是否分洪的重大决策了！

全体人员紧急投入战斗岗位，光标再次频频闪烁，信息声一时此起彼伏。而此时隔河岩水库的流量已经确定，他们已按6000~7000立方米每秒逐步加大泄洪流量，比上午预测的流量高出2000立方米每秒。他们是准备腾出库容后再用于拦洪错峰，葛洲坝水利枢纽也开始为下游实行错峰调度。

尽管没到一个小时，来自国家防总办和水利部信息中心的电话就响了无数次。水文局仍按照各种计算的数字进行了最冷静最慎重的会商，他们得出综合结论：沙市站第六次洪峰水位将于17日8时出现，水位45.30米；洪峰超过45米的时间为22个小时；超额洪量为2亿立方米。

长江委在半小时后以第13期《最新预报》电传国家防总，其核心内容为：在考虑预见期降雨和隔河岩、葛洲坝错峰调度的情况下，沙市站的预报洪峰水位不会再增高，只会略有降低；45米的超额洪量有限；荆江分洪为降低石首至汉口各站最高水位的作用有限。

这个预报对国家是否实施分洪提供了极其关键的决策依据。

18时，北戴河收到湖北紧急报告：沙市水位已达44.95米，离最后的分洪线只差0.05米了！水位还在继续上涨！荆江危急！

已经准备飞往松花江和嫩江视察灾情的温家宝副总理，按照江泽民总书记和朱镕基总理的意见，立即改飞湖北。

18时30分，总书记以中央军委主席的名义，向长江沿线所有抗洪部队发出命令：全部上堤、严防死守、决战决胜，确保荆江大堤和长江干堤的安全！

同时总书记向温家宝副总理交代，对于荆江是否分洪，能不能考虑再看一下，再坚持一下，慎重决策。

19时，在温家宝副总理登机之时，湖北省省长蒋祝平打来电话，再次报告荆江的严峻形势，请中央迅速对是否分洪做出决策。

温家宝副总理做出三点指示：一是把分洪区的人用"拉网"式办法全部清出去；二是做好分洪的一切准备，同意先炸开北闸防淤堤；三是是否分洪等他到了再定。

温家宝副总理所乘的"挑战号"起飞之时，在长江防汛临时指挥所，广州军区司令员陶伯钧上将接到了由军委一号台话务员转来的中央军委副主席张万年上将的电话。电话传达了江主席的命令：今晚部队全部上堤。要军民团结、死守决战，务必全胜！军委要求，部队所有领导干部特别是各级主官，要全部上堤。对部队要进行紧急动员，做好充分准备，一声令下，立即行动。

临危受命的广州军区司令员和政委双双登上越野车，向着荆州前线飞奔。

温家宝副总理所乘的"挑战号"起飞后不到一个小时，湖北防指、荆江分洪前指、北闸及分洪区乡镇全部知道了这条重要指示，先炸防淤堤！看来，今晚开闸分洪已成定局。

湖北省委书记贾志杰已赶往荆州，当面指示荆州市委书记刘克毅制订分洪倒计时计划。省防指向荆州接连下达两个命令，一是紧急转移分洪区人员，这是对回流人员而言；二是北闸防淤堤的爆破令。

这份爆破令内容如下：

荆州市防指：

特命令你部于1998年8月16日21时炸开荆江分洪北闸防淤堤。爆破时务必注意安全。确保万无一失，确保所需爆破口门宽度。分洪时间由国家防总决定。

8月16日19时45分

依据这个命令，分洪准备拟出倒计时计划：

一、14：00—18：00，搜索清理转移分洪区群众。

二、18：45，炸药运到爆炸地点。

三、19：00—22：00，在分洪区内发布分洪警报。

四、19：00—24：00，电视广播播放准备分洪公告。

五、21：30，炸药装填完毕。

六、22：00，炸药装填人员撤离。

七、22：00，检查炸药装置。

八、22：00，起爆防淤堤。

九、23：00，分洪区内搜索转移人员撤离。

十、23：00，由北向南鸣枪示警，每间隔5千米一个示警点。

十一、24：00，开闸泄洪。

从下午开始，市分洪前指进入紧急戒备状态。

市分洪前指决定紧急实施自8月12日以来的又一次"拉网"搜查，因为离8月6日的大转移已经过去整整10天，迟迟未分洪，又有很多老百姓回流，所以这一次的搜查应是第三次转移。警笛一声接一声地拉响，喇叭声此起彼伏，军车、警车、宣传车、卡车，一支支由解放军、武警和干部组成的搜索队对分洪区实施最紧急的搜寻，所有分洪区的路口全由武警进行封锁，除了搜寻人员的车辆外，其他车辆一律只准出不准进。

沙市二郎矶的水位却仍在涨。由16时的44.88米涨到20时的44.99米了，离45米的最后分洪水位只差0.01米。

整个荆州市，所有的电台、电视台、高音喇叭，都在广播由荆州市市长王平签署发布的荆江分洪前线指挥部特别公告：接上级通知，今晚准备分洪。指挥部命令，荆江分洪区所有人员在21时以前务必撤离。

其实此时分洪区滞留的人员已经不多了，分洪区在人员大转移后就停电了，漆黑的夜里，死寂般沉静，无人的村庄显是十分凄凉。车队的灯光没有惊动人，倒是一些鸡鸭猪狗被惊得四处逃窜。

舟桥旅的一队战士搜寻了半天，没有看到一个人。战士们退出了村口，手电照过，突然发现一块棉田里有棉秆在晃动，警觉的战士走过去，手电的光线下，只见一位老人趴伏在棉秆下。老人老老实实地说他想留下照看屋子，怕被人带走，就躲到了棉田里。战士们劝老人马上上车，老人说自己一把年纪了，水来了淹死了不怪政府。怎么说都不上车，战士们只得一齐动手将老人抬了起来，丢上了车。老人嘀咕道："屋里的猪没放出栏，天天都要喂两餐食的哟。"

在藕池镇崔家湖渔场，战士们搜寻时发现有户人家有灯光，进去一看，一个中年汉子盘腿在床上打瞌睡，看到战士们吓得手足无措。一位两条杠两颗星的政治部主任向他敬了个礼，告诉他今晚要分洪，请他赶快上车。汉子忧伤地说："我怎么能走啊，我今年贷了十几万块钱好不容易办了这个甲鱼池，我要守着，万一这里被水冲了，我就不活了！"他的伤心感染了在场的战士，战士们耐心劝说他，他终于感动了，跟着战士们上了车。

还有一个村庄，娘仨在一个家徒四壁的屋子里被发现。女人伛偻着腰，是个残疾人，丈夫去世了，一直靠村里的救济生活，今天是想回家拿点东西，此时夜深天雨，正不知如何是好，想不到来了解放军。看着一家三口企求而感激的目光，大家默默地把身上带的干粮放在了母女三人的面前，还凑了300元塞到了女人手里。他们把这娘仨送到安全区，又给她们送去了大米、食油、罐头等一大堆食品，女人感激得拉着两个小孩一起跪倒在战士们面前，放声大哭。战士们拉她们，她们不肯起来，战士们的眼里也涌出了泪水。

当分洪区的人员一个个撤出家园，洪水也在步步紧逼。22时，沙市水位45.04米！

举国瞩目在北闸

20吨TNT在北闸已经运进运出几次了，在接到分洪倒计时的通知时，爆破连的战士们已经用不着做战前动员，他们每个人都有了心理准备。连长刘自备集中了全体官兵，命令过后，指导员还是例行地做了战前动员，他主要担心安全问题。他向官兵们强调，必须胆大心细，绝对安全，万无一失！

爆破作业组、导爆干线组、后勤保障组背起器材和工具跑步进入防淤堤的各自阵地。弥市镇500名民兵带着铁锹、铁桶也紧随其后奔向防淤堤。满载20吨TNT的车队又在浣市84仓库向北闸进发。

防淤堤全长 3.5 千米，现在的任务是要在 21：30 前将 20 吨炸药装进防淤堤的 119 个药室，5 个作业组分别负责 24 个药室的装填，平均每个战士负责两个，500 名民兵每个药室分配 4 人，担负炸药的搬运、药室清理及泥土回填。600 人的队伍在堤上一字型排开，有武警持枪警惕防卫。

点火站在大闸东头的腊林洲，与拦淤堤相距 3600 米，双线铺设，加上闸室的干线与支线，共用去 17000 多米导线。

药室是用水泥制成的圆柱体，内径 0.9 米，深 3.4 米。清理药室就是清理里面的残土和渍水。洞口又窄又深，下到里面作业，在闷热的八月天，可不是一件容易的事。

线路铺设和药室清理完毕时，已是 18 时 30 分。炸药运达后不久，地爆连接到北闸指挥部传来的指示：暂不装药。21 点 12 分，接到正式命令：装填炸药。

惊心动魄的时刻到了，要在 119 个药室分别装填上 160 公斤的 TNT 和几公斤重的起爆体。这是极端危险的作业。压制成块状的 TNT 是一种烈性炸药，稍有不慎就可能引爆。

这可是需要极端小心的活，任何疏忽的后果都不堪设想。平时装填需 4 小时，现在离"倒计时"要求的 21：30 之前完成装填仅仅只有 2 个小时了，既要谨慎又要速度。而此时没有防毒面具，炸药放出的浓烈的有毒气体已经让几个战士中毒了。组长不得不把他们拖出药室，用矿泉水浇在他们头上让他们清醒，之后，他们又跳入药室。

按照预定时间完成装填任务后，现场命令 500 名民兵撤离。听到撤离二字的民兵们撒腿飞跑，他们气喘吁吁地跑到安全地带，才发现自己的鞋竟跑掉了，帽子、铁锹也跑丢了。他们是在逃命哩，他们从来没有经历这么危险的作业，释放得如此狼狈，你看看我，我看看你，不禁暗自庆幸。

民兵撤离后，爆破连战士开始检测干支线，这是更为细致而危险的活儿。此时雨点开始变大，黑漆漆的天幕下，只有浑身淋得湿透的战士们打着强光手电一丝不苟检查的身影。

22 时 30 分，线路检测完毕，作业人员全部撤离。此时的北闸拦淤堤已是一触即发的连环爆炸体。

这个爆炸体引爆所产生的巨大冲击波将对大范围内的物体造成损

害，所以北闸在防淤堤炸药装填完毕后，即开始了紧急疏散。指挥部所有人员、机械抢险队队员、地爆连官兵、各路记者共 2000 多人，冒雨疏散到了大闸东头的腊林洲及大闸西头的义和垸安全区内。

莽莽大闸和 3600 米开外的拦淤堤，呼地一下没了一个人影。只有那个在风雨中的高音喇叭里执着滚动播放的声音：

"北闸分洪指挥部紧急通知：防淤堤 22 时 30 分准时起爆，2 千米以内的所有人员，立即疏散到安全地带。"

这是一位坚守北闸一个多月的女同志的声音，此时此刻，她是最后撤离的人员之一。她的声音已经沙哑，听来令人沉痛揪心，院子里，没有熄火的车等在雨中，司机紧紧握着方向盘，只等女播音员和指挥室的人员一上车，就飞驰出北闸大院。

女播音员的声音一直在，人们知道，只要这个声音在，防淤堤就不会起爆。

80 名启闸队员此时冒雨列队站在离大闸最近的堤段上，只等防淤堤上一爆响，他们将跑步进入大闸进入各自的闸位。他们没带雨具，个个成了落汤鸡。

500 名民兵组成的人工启闸队，列队站在腊林洲外洲江堤上，也淋成了落汤鸡。

一些守候在北闸的记者没有想到会下大雨，他们带着相机，有的情急中钻进了灾民停放在堤坡的板车下，有的爬上大树，用裤带把自己绑在树干上，更多的是和启闸队一同站在风雨中，静静地淋着雨，静静地等待那一声惊天爆响。

腊林洲堤坡下的一个简易棚子是今夜举国瞩目的点火站。在防浪林中，树干之间拉起一块彩色塑料布，两棵树上分别固定了配电箱与电闸刀。防淤堤牵来的导爆线与高压电杆上拉来的输电线在这里连接，只是此刻还没有合闸。为防备万一，棚里和堤上分别备有发电机，现在，只等 22 时 30 分到来，只等命令到来，推上闸，5 个作业段面将依次按 2 秒钟的间隔响起 5 声惊天动地的巨雷。

22 时 30 分迈着方步慢慢踱来。一分一秒都觉得走得那么艰难，那么缓慢。静静地等待在雨中是那么难熬。当分针指向 22 时 30 分，所有的人屏住了呼吸，所有的声音都消失了，大地死寂，只听得雨点噗噗落下的声音。人们终于发现，预定起爆的时间竟在这死寂中悄悄地滑了过去。

雨点越来越大，风声越来越紧，人们开始感到寒冷，感到饥饿。但风雨中他们依然屹立着，等待着最后的命令。

风雨中有一辆车渡江后向北闸开来。车上坐着廖其良少将，他是湖北省军区副司令员，在此次抗洪战斗中，他担负着湖北省抗洪部队的前线总指挥、湖北省防指荆江分洪前线指挥部副指挥长和荆江分洪区抗洪部队总指挥三大重任。

在武警封锁渡口后，他既要协调江北荆江大堤上的两个集团军，又要兼顾江南荆江分洪的两个师一个旅。在分洪区实行只准出不准进的交通管制后，他在被"拉网"出来的车辆和人群中逆行到达北闸。

寸步难行的汽车终于挪到了腊林洲，廖将军跳下车，穿上雨衣，向点火站走去。当将军出现在点火站的灯影里时，人们警惕的目光投向了这位不速之客，来人掀开雨帽，士兵们惊喜地叫道："啊！廖副司令来了！"

廖其良朝棚子里环顾了一下，他看见那个开着盒盖的配电箱和电闸刀，电线将它们连在一起，啊，只要一推上闸刀，那就会引来惊天动地的爆响！

"现在我命令！"随着廖其良一声令下，校尉们一个个立正听候调遣。

"立刻切断所有起爆电源，何时起爆听我指挥。"已经做好战斗准备的校尉们听到这个指令愣住了，这是一道相反的命令，难道不分洪了？

"我是荆江分洪区部队最高指挥员，按分洪预案宣布接管这里的指挥权，你们一切行动听我指挥。我只听国务院和中央军委的，只听温家宝副总理的，或者贾司令的。只有见了温副总理的手令，或是我的司令员的电话，才能起爆。出了问题由我负责！如果要杀头就杀我一个人的头好了！"

在此之前，有电话打到点火站，竟催促说时间到了可以炸了。没有接到正式起爆令，校尉们谁也不敢动。现在有指挥了，他们的心里踏实了。

现在他们按照廖副司令的命令暂时拆除了配电箱、电闸刀上的连线，切断了电源线与防淤堤导爆线的接触。等待上级新的命令。

在廖其良少将从北进入分洪区时，在南面也有一辆军车进入分洪区，他是驻守在石首的济南军区政治部副主任岳宣义少将。分洪区有坦克师，裴怀亮副司令将派一名领导去加强对坦克师的指挥。岳宣义主动请缨前往。

风雨中艰难行走的汽车在 22 时 15 分到达位于公安县水利局的荆州市分洪前指军事指挥组。岳宣义从军协组组长、荆州军分区副司令员邱泽盛大校那里得知：今晚分洪区的部队已达到 1 万人，省防指义紧急增调了一千名武警正赶赴公安。

他还知道了今晚的分洪部署：22 时"拉网"完毕，22 时 30 分炸开北闸防淤堤，23 时鸣枪示警，24 时开闸分洪。

他走进指挥大厅，有人迎了过来，他们是湖北省防指荆江分洪指挥长、省委常委、省纪委书记罗清泉和荆州市分洪前指指挥长、市长王平等。除了向将军通报相关情况，他们还告诉将军，温家宝副总理已飞抵荆州，将过江来北闸，亲自指挥开闸分洪。

人们不知道，就在众人关注的 22 时 30 分到来之际，先炸北闸防淤堤的命令已经取消。两个小时前，省里就电话通知先炸掉防淤堤，但市长江前指坚持口头命令不行，必须要有书面命令。书面命令随即传来，命令在 21 时炸开防淤堤，市长江前指制定倒计时表，将这个时间往后推迟到 22 时 30 分，这个时间终于来了，市委书记刘克毅肃穆地走到桌前，他是要下达起爆令了！但是人们看到他没有抓起电话，而是拿起了省防指下的那道命令。

刘克毅担任过水利厅厅长，他知道北闸闸门高程是按沙市 45 米最高分洪争取水位设计的，而眼下的水位已达到了 45 米，还有上涨的趋势，水位将达到 45.22 米。如果炸了防淤堤，会不会漫闸呢？

这个念头一闪，他的心里陡地一惊。他向在场的水利专家们提了一个问题："沙市水位 45.22 米时，闸前水位是多少？先炸了防淤堤会出现什么情况？"

坐在一旁的水利专家易光曙道："这个情况就是不分洪的分洪。"他接着解释，"北闸在上游，沙市在下游，根据两地水位坡降差，沙市水位到了 45.22 米，北闸水位就要加 0.13 米，也就是 45.35 米。北闸的闸门顶高是 45.43 米，只高出水位线 8 厘米。那防淤堤一炸，闸门前水头产生的波浪爬高无疑就会漫闸，当然是不分洪的分洪了。"

听到这里，刘克毅急忙抓起了电话，打到王生铁副省长那里，他急切地说："防淤堤现在不能炸！"坐镇指挥的王生铁副省长感到事关重大，他交代刘克毅马上将这一重大情况向已在荆州的省委书记贾志杰报告。

省防指很快做出正式答复，同意荆州意见，防淤堤暂不起爆，等中央正式下达分洪命令后，炸堤和开闸同时进行。

这时，在北京中央电视台演播大厅正举行"我们万众一心"赈灾晚会，晚会主持正在宣布，募捐已达6亿元人民币。中央电视台几个驻荆州的记者扛着摄像机走进了市前指，他们直奔刘克毅书记而来，他们问："刘书记，您对当前形势有没有最坏的打算？"刘克毅书记脱口而出："我只有最好的打算。"记者又问："等抗洪胜利了，您最大的愿望是什么？"

"睡个三天三夜。"脸色憔悴胡子拉碴的市委书记又脱口而出。

温家宝副总理乘着"挑战者"专机飞抵荆州后，一辆从武汉长江委赶来的专车也随后到达，车上坐的是长江委副总工程师陈雪英。温家宝副总理下飞机后对湖北省前来迎接他的领导说，先不听你们的汇报，今晚到底分不分洪，我要听听专家们的意见后再做决定。温副总理在他下榻的荆州宾馆二楼的一个套间里接见了陈雪英，他是想听听长江委主任黎安田的意见，而黎安田刚刚协调完孟溪大垸的泄洪口裹头工程，还滞留在湖南洞庭湖区的安乡县，原是想用飞机去接他，但安乡县城已被洪水所困，飞机无法降落，只得作罢。

现在陈雪英可是"单刀赴会"了。他沉着冷静地陈述了自己的意见：不主张今晚分洪！

他说："长江的第六次洪峰虽然来势凶猛，但它属于尖瘦型洪峰，即水位高而洪量不大，持续时间不长。如果关死上游四川、重庆的所有水库，又利用隔河岩错峰和葛洲坝削流，再通过几十万军民严防死守，荆江大堤、洪湖干堤是有可能渡过这个难关的。"

他给大家算一笔账，如果今晚开闸分洪，实际上只有2亿立方米的超额洪水进入分洪区，分洪区的容量是54亿。为这两个亿开闸，好比用一只脚盆去接一杯水，不划算。

心中有了底的温家宝副总理在送走陈雪英后，又请来了广州军区的司令陶伯钧和政委史玉孝。军委副主席张万年上午已在电话里指示他们面向温家宝副总理领受任务，所以他们进入温副总理的套间时，已经做好了充分的思想准备。

温家宝副总理向他们讲述了长江委专家的见解，传达了军委江泽民主席的"慎重决策"意图，再次重申中央关于严防死守的决心，说完，他请两位上将谈谈他们的意见。两位上将表示，既然水利专家认为不分洪可以守住，那我们部队更有决心严防死守，坚决顶过去。让中央放心，让人民放心！两位上将还向温副总理汇报了他们部队迎战第六次洪峰的紧急部署。石首、监利、洪湖三个防区今夜由荆江一线跨大军区、跨军种兵种的7万部队统一布防、统一指挥。石首一线部队由济南军区副司令裴怀亮中将指挥；监利地区部队由广州军区副司令龚谷成中将指挥；洪湖地区部队由空降兵军长马殿圣少将指挥。同时担任战略预备队的一个步兵团、一个高炮团、一个武警师，今晚也分别增援三个战役要点。另外他们上报中央军委再增调一批援兵加强下游防务。汇报完毕后他们告别温家宝副总理迅速离开。

现在已是深夜 23 时 30 分，离倒计时的起爆开闸时间还有 30 分钟，长江水位已涨至 45.07 米。

且说长江委主任黎安田人在安乡，心系荆江，陈雪英向温家宝副总理陈述自己的意见后，黎安田感到中央当此做出重大决策的关键时刻，须得有一个正式的书面意见。于是他在安乡起草了一份"说实话"的意见书。全文如下：

一、荆江分洪区的使用意义重大，必须坚决按照中央的文件精神办。

二、荆江分洪区使用的目的是确保荆江大堤的安全。

三、运用荆江分洪区保护的重点地区在湖北省，受损失的地区也在湖北省，应充分尊重湖北省委、省政府的意见。

四、荆江分洪区的运用对缓解洪湖长江干堤的紧张状况有一定作用，但是没有决定性的作用。关键是加强对洪湖江堤的防守，落实 24 小时不间断的巡查，对查出的险情应立即采取科学的、高标准的排险及抢险措施。

五、据当前预报的水雨情，确保荆江大堤的安全尚不存在不可克服的困难，但需坚决严防死守。

意见书传到长江委本部，经专家们会商又传往安乡，由黎安田签字后传给了陈雪英，陈雪英交给了温副总理，这五点意见明朗了荆江今夜是否分洪的决策。

温家宝副总理连夜召见了湖北省委书记贾志杰和省长蒋祝平，向湖北两位重要领导分析了当前的防洪形势，传达了江泽民总书记要求"再坚持一下，再考虑一下，慎重决策"的意见，阐明了来自专家的意见和部队的决心。他提出了几点要求：

一、全省紧急动员，奋战两天，打恶仗，打硬仗。

二、巡堤查险以地方为主，这两天要特别加强。

三、要组织专门力量，备足物料，运输到位，抢险时用。

四、所有技术力量都要上岗，尤其是部队上去后，要给他们配备技术力量。

五、重要险段预案，主要是3个地段，尤其是洪湖段，要认真制定好。

以上五件事要立即下达死命令。

一直等到凌晨3点，各路记者才等到中央决定不分洪的确切消息。所有人也得到了这个消息。大雨停了，黎明到来，熬过一个不眠之夜的人们迎来了新的一天，8月17日。

8月17日上午11时，洪峰水位45.22米在停留2小时后开始回落。第六次洪峰正夹着尾巴溜出沙市段。

抗洪精神泣鬼神

广州军区司令陶伯钧和政委史玉孝从温家宝副总理下榻的宾馆套间离开后，立即召开战区指挥所紧急作战会。

坚持，坚持，再坚持！

"人在大堤在，水涨大堤涨！全体人马都上，都上！长江抗洪到了最严峻的时刻，今天晚上，明天白天，昼夜苦干，坚决顶住！"

大雨如注，灯火闪耀，一车车的战士身着迷彩服奔赴夜色中的堤防和险段。

是的，正是这些英勇不屈的抗洪英雄的坚持与拼死奋战，才有了1998年抗洪的最后胜利，让我们来截取那些英勇的战斗场面，看看军民如何用他们的血肉之躯与洪魔作战的吧！

周家嘴堤段清水洞抢险

7月26日，洪湖周家嘴发生清水洞险情，得知险情的民工和解放军迅速赶到现场，抢险民工的号子声、官兵的口号声此起彼伏，有的三五个人组成一个突击队，有的十多人组成一个运土队，挖土、挑土、扛包、装袋、运输，忙个不停。14时，螺山地段突降大雨，本已十分湿滑的大堤上更是一片泥泞，抢险的勇士一个个滚成了泥人，看不清他们的脸和嘴。为了加快速度，有的战士下坡时索性坐起了"滑梯"。经过5个多小时的战斗，周家嘴险段堤外筑起了一道新的防渗挡水堤，堤内外筑起了一道高1.5米，宽1米，长2000米的挡水反压围堰。16时，抢险工地传出特大喜讯，9号洞断流了，抢险成功。

石首调关抢险战

石首调关矶头段是荆江重要险段之一。8月10日，2万余名石首军民顽强抵御超高洪水，他们肩扛块石、背驮泥土，连续奋战三个昼夜，抢筑起一道2.5米高，24千米长的子堤。第六次洪峰通过时，子堤挡水高达1.8米，创造了长江干堤子堤挡水最高纪录。

监利抗洪大军树生死牌

监利肩负140千米长江干堤防守任务，为确保长江堤防安全，近10万监利抗洪大军立军令状、树生死牌，每千米堤段防守劳力超过300人，有的堤段甚至达到600人。6月27日，23岁的胡继成作为第一批抢险突击队员奔赴抗洪一线，一个多月里，他参加了十余次抢险。7月20日，他在监利潘揭村抢险中冒着生命危险跳入激流，与队友一起以身体护卫遭风浪冲击的堤段。8月8日，在分洪口堤段特大溃口性险情抢护中，他带病坚持奋战8小时，终因劳累过度英勇牺牲。

乌林中沙角险段抢险

8月9日，朱镕基总理第二次来到了洪湖。他来到乌林中沙角特大险段，这里，解放军战士正在此处进行特大管涌的抢险。只见滔滔江水几乎与江堤持平，惊涛呼啸而过。大堤内，200多名民兵突击队员、300余名空降兵正在背土抢筑围堰；热浪滚滚，烈日炎炎，朱总理站在长江大堤上，向参加抗洪抢险的解放军、民兵和广大干部群众发表了重要讲话，高度赞扬了军民们面对长江1954年以来最大洪水40多天来的奋战精神。他说，虽然人困马乏，但大家顽强拼搏，在防汛抗洪中建立了伟大功绩，击退了一次次洪水的冲击。他特别指出："据湖北省领导的介绍，我们现在站的这个地方，是荆州江段最薄弱的环节。我们背靠江汉平原，武汉三镇，如果这个地方溃堤，那就会给国家和人民带来重大的损失、不可弥补的损失。我们后退无路，无路可退，我们一定要死保长江大堤。"其中，他还提到，大家在抗洪抢险中要注意科学性，要听专家的，"这里有老专家，还有女专家。"

八十八潭抢护

8月10日上午8时许，在高水位中浸泡了一个多月的洪湖八十八潭堤段内的潭中，突然一个劲地往外冒出水泡，潭里像一锅煮开了的稀饭，裹着黑黄色的泥沙翻作一团，臭气熏人。不好，这是管涌！险情就是命令，燕窝镇镇长余新河猛地扎进水中，一次次潜水，终于发现了一个口径1.8米，深2.5米，出水量为每小时25立方米的特大管涌，同时又在周围堰潭内发现了十多处管涌群。险情距堤脚仅74米。如此近距离且大面积的管涌，若不紧急抢护，大堤很快就有溃口的危险。市、乡长江前线指挥部成员火速赶赴出险地点，制订方案，调劳力，运砂石，搭浮桥，并请求增援。空降兵某部217名官兵接到命令后，20分钟便赶到现场。按照"正反三级导滤"和"抽水反压"双管齐下的抢险方案投入抢险围堰。空降兵军长马殿圣又增调400多名官兵投入抢险战斗。至17时40分，官兵和民工在面积达1000平方米的水坑周围筑起了一道小围堰，与此同时，10台抽水机从长江向水坑内抽水反压。抢险当日气温高达40度，热得人喘不过气来，2000多名抢险军民在高温下扛着一百多斤的砂石料拼命地奔跑，与洪水争时间，抢速度，衣服湿透了，鞋子跑掉了，脚板划破了也全然不顾。经过19个小时的奋战，一道周长2千米，面积达0.2平方千米的大围堰筑成了，终于制服了这个被国家防总定性为"国字一号"的特大溃口性管涌险情。

新月干堤之战

8月20日傍晚，天气突变，江面上卷起七八级狂风，巨浪携夹着暴雨，七家垸子堤一下子被撕开了200多米长的大口子。漫堤的江水像山洪暴发，哗哗的水声在一千米以外都能听见。洪水冲垮了电排站的院墙和民房，堤脚的杉树也被连根拔起。七家垸全垸溃漫。洪水注满七家垸后又如猛虎下山般地直冲30多年未经洪水浸泡的长江新月干堤。刹那间，新月干堤永乐段在狂风巨浪的冲击下被撕开了一条80多米长的口子，洪水咆哮着形成一个巨大的瀑布冲向10米落差的堤脚，浪头已漫过堤顶直捣电排站，眼看一场毁灭性的灾害就要发生。19时50分，武警某团政委黎伦发接到求援电话后来不及报告，急切命令："在433堤段抢险返回途中的二营五连官兵立刻赶赴永乐险段，通信连、特勤连、四连、六连火速增援。"这时，大雨倾盆，道路泥泞，黎伦发带着400多名饥肠辘辘的官兵火速奔向5千米外的堤段。在离永乐堤段还有1千米左右时，官兵便隐约听到洪水下泄时发出的巨大吼声。连长庄文信一个劲地高喊："快冲、快冲！"带着部队朝险点冲去。"下水，组成人墙保护！"黎伦发一声令下，副团长曹孟良高喊："同志们，跟我来！"官兵们纵身跳下水去，他们倚堤手挽手，肩并肩，一层、二层、三层，用血肉之躯筑起一道道人墙，挡住洪水对大堤的冲击。在人墙后面，燕窝镇300多名民工迅速用编织袋装土抢筑子堤。可是此时风浪愈来愈大，稍有不慎官兵和编织袋就会被巨浪卷走，筑子堤变得越来越艰难。官兵们索性都转身180度，改面朝长江为背朝长江，弓着腰一面紧紧抱住编织袋，一面用血肉之躯堵住滔滔洪水。风越来越大，雨越来越急，浪越来越高，前来增援的济南军区某炮团二营五连87名战士也跳入江水中，用身体筑起了第四道人墙。经过500多名官兵和几百名民工8个多小时的顽强奋战，至凌晨3时，一条长140多米，宽3米，高1米的新子堤筑成，长江新月干堤抢险终于成功。

乌林大决战

一波未平，一波又起。同样是8月20日，深夜23时至21日，乌林镇长江干堤青山段，在离堤面不到2米的内坡上，发现了一条四五米长的裂缝。很快，缝隙由一手指宽发展到一巴掌宽，1 米多深，大量的清水从裂缝中往外直喷，长度竟达 250 米。看到如此大面积的内滑坡，一些民工被吓得脸色苍白，拼命地喊："快来人啊！快来人啊！"在场的工程师紧张地说："这是突发性特大溃口性险情，赶快报险，不然，洪水就会把堤身挤破，将以 10 米高的水头冲向江汉平原，冲向武汉，后果不堪设想！"

接到险情报告，荆州市、洪湖市长江前线指挥部成员迅速赶赴现场，调度指挥。5000 多民工和 4000 多名解放军官兵从不同方向飞奔而来。20 多艘装满芦苇、小麦、稻草、大块石和砂石料的船只火速驶向险点。堤上，130 多辆小型翻斗车来回奔驰；堤下，1 万多军民沿大堤分八路摆开，形成了八条抢运土方的人流。空军、陆军、武警、民兵和群众协同作战，构成了一幅气势磅礴的军民携手抗洪图。

8 月 21 日中午，太阳把地面烤得滚烫。面对热浪袭击，1 万多名抗洪军民将浑浊的江水一次又一次地往头上泼洒，浑身分不清是汗水还是泥水。经过 1 万多军民三天三夜的苦战，这场全省险情最重，抢险工程量最大的乌林青山长江干堤阻击战，最终以洪湖军民的胜利而结束。

南平保卫战

南平是公安县的一个乡镇，7 月下旬，南平大垸危在旦夕，堤外的房子全被洪水淹没。县防汛指挥部进入一级战备状态，60 余千米的堤段紧急出动防汛劳力 3 万余人，一场惊心动魄的南平保卫战拉开了帷幕。

650 名县直机关干部组成的先遣突击队以及从麻豪口、杨家厂、埠河 11 个乡镇急调的 2000 名突击队员火速增援南平。战地誓师大会上，大家立军令状，树生死牌，群情激奋。

一辆辆军车风驰电掣疾驶而来，广州军区派遣的 400 余名官兵第一时间抵达南平。指战员们顾不上长途行军的劳累与饥饿，放下背包，立即向最险要的地方冲去。港关大桥南平桥头堤段出现管涌，"共产党员跟我来"！营长崔建伟大喊着第一个跳进汹涌的洪水中，三十人瞬间筑起了一道人墙。

100 万条编织袋，2000 多吨沙石料以及 50 多艘船舶等防汛物资相继抵达南平。207 国道公安县城至南平 30 多千米的路段上，运送抢险物资和人员的车辆川流不息，彻夜未断。

吕家咀堤段出现重大险情，紧急关头，黄继光团团长牛七伟一声令下，当地群众喻道华等8名勇士和解放军敢死队跳进洪流堵管涌。很多地方只剩下屋顶，每个屋顶还站着不少的老百姓，有的哭、有的喊、有的在向解放军招手，武警战士用冲锋舟一趟一趟把他们救上岸。

人们在大雨中装沙包，运沙袋，打木桩。解放军战士在抗洪抢险的艰苦环境里一日三餐吃自带的干粮，偶尔吃上一次馒头。高强度的抢险救灾让战士们一躺下就睡着了。

敢死队员李向群冲锋在前，连续奋战12天，扛起80多斤的沙袋往返奔跑在河堤上，发着40度的高烧依然咬牙坚持战斗。由于劳累过度，英雄李向群最终因肺部大面积出血而心脏衰竭，于8月22日上午10时10分壮烈牺牲。

惊心动魄的三天三夜，3万多军民齐心协力，用110万条编织袋，在30多千米的堤段上筑起了土方达6万立方米的子堤。

25日晚8时，荆南四河水位全面回落。

洪魔在百万军民严防死守、艰苦卓绝的奋斗中夹着尾巴溜走了，尽管荆江在难忘的8月16日之后又迎来了第七次洪峰、第八次洪峰，但是洪水再也没有像8月16日的第六次洪峰那样疯狂肆虐，那样耀武扬威，那样惊心动魄。

洪水在慢慢退去，到了开学之日，孟溪镇的水还没有完全退完，堤防上就搭起了一座座帐篷学校。早在第三次洪峰到来前，荆州团市委书记范锐平就采纳团市委机关报报社社长蒋彩虹的建议，向全国各地团组织写求援信。求援信很快得到回应，团市委争取了1600万的援助物资和资金，用于帐篷希望小学的建设，帮助灾区孩子们复学，并对在洪水中牺牲的青年团员家属予以救助。湖北团省委也向武警部队写信求援，由武警捐赠的帐篷也搭在了孟溪的堤段上。

九八抗洪书写了荆州人民不屈不挠抵御自然灾害崭新而重要的一页，铸就了宝贵的精神财富——"万众一心、众志成城、不怕困难，顽强拼搏，坚忍不拔，敢于胜利"的伟大抗洪精神。

1998年9月10日，荆州市几十万市民走上街头，从荆江大堤轮渡码头起，扎起了10多座凯旋门，挂上了1万多条横幅标语，人们手拿彩旗、鲜花和标语牌，敲锣打鼓、扭着秧歌、燃放烟花，热烈欢送在荆州取得九八抗洪抢险决定性胜利的广州部队、武警部队广大官兵。在便河广场，沙市区举行了隆重的人民子弟兵凯旋大会，向班师回营的子弟兵们赠送了锦旗，少先队员为英雄们佩戴上光荣花和红领巾。广大市民们对人民子弟兵热情满怀，饱含热泪地自发向部队军车送上各种纪念品、食品、饮料和鲜花，依依不舍地惜别亲人解放军，10千米长街人头攒动，热情似火，书写了最真诚的军爱民、民拥军，军民团结鱼水情的宏伟篇章；奏响了人间最壮美、最震撼人心的交响乐！

一列列军车缓缓而过，荆州人民夹道欢送子弟兵，热泪盈眶，军车开出好远好远，挥动的双手仍久久不放下。

在南平，港关中学更名为"向群中学"，三里长街命名为"向群街"，一座英雄纪念碑在虎渡河畔巍然矗立。

在沙市观音矶万寿宝塔公园里，荆州市委、市政府建起了一座戊寅抗洪纪念亭，以纪念在这场史无前例的抗洪斗争中以身殉职的35位烈士，他们是：李向群、吴青云、周磊、李威、方红平、王世卫、胡继成、林学高、袁铁桥、胡会林、刘五子、谢杏芳、胡贻云、杨德全、黄祖纲、王应秋、敖宗树、李远国、谭金昌、张玉成、陈仁义、胥良发、沈义银、康昌文、刘么姑、唐传平、张孝贵、杨书祥、李锦戊、周菊英、侯明义、韩其斌、胡正军、刘宏俭、段华玉。

碑文书："烈士壮举，惊天地、泣鬼神；烈士英名，日月同辉，天地长存；烈士精神，激励我辈，永昭后人。"

每一年的清明节，很多市民自发前往纪念亭悼念英雄。荆州市委书记刘克毅每一年都会拿一束鲜花献于英雄面前，即使他后来调离荆州，有一年他因故没能亲自前来，便委托当年与他一道抗洪的原荆州市长江河道管理局沙市分局局长黄厚斌代为敬献鲜花悼念。

多年以后，在观音矶万寿宝塔公园外，湖北省水利厅与荆州市人民政府又修建了一座"九八抗洪纪念碑"，碑体分为基座、碑文和人物雕塑三个部分，基座长 19.98 米，宽 2.785 米，高 1 米。19.98 米长的基座寓意 1998。

整个基座前面是黑金沙花岗岩，后面是芝麻白花岗岩，雕塑为铸铜构成。碑体后方背景以高大松柏常绿乔木雪松、黑松为主。碑文为原湖北省政协主席王生铁同志创作的七言古风诗《虎年抗洪》。

荆江安澜享太平

1998 年长江遭遇的这场全流域大洪水，8 次洪峰接踵而至，使荆州市 1800 千米堤防水位全面超保证，超 1954 年。沙市站最高水位达 45.22 米，超历史 0.55 米。面对这场历史罕见大洪水，在党中央、国务院和湖北省委、省政府，荆州市委、市政府的统一指挥下，全市人民和十万子弟兵并肩奋战，从"全抗全保"转为"三个确保"，到"决战决胜"三个阶段，展开了抵御自然灾害的恢宏画面。

在决战决胜的紧要关头，时任党和国家领导人江泽民、朱镕基、李瑞环、李岚清、温家宝亲临荆州市抗洪前线指挥战斗。省、市领导长时间坚持在抗洪前线，人民解放军和武警官兵临危受命，50 多位将军、10 万名官兵迅速奔赴荆州市抗洪抢险第一线，苦战南平，激战调关，夜战乌林，鏖战尺八，决战七家垸，在加固堤防、突击抢险、转移群众、抢运物资等方面，充分发挥了突击队作用，展示了人民军队威武之师、文明之师的光辉形象。据统计，1998 年整个汛期荆州市长江堤防共发生各类险情 1770 处，其中重点险情 913 处，溃口性险情 25 处。各级领导干部正确决策，人民解放军、武警官兵和广大干部群众共同抢险，最终一一化险为夷。

为了人民的福祉，长江大水后，党中央、国务院及时做出了灾后重建、整治江湖、兴修水利的重大决策，提出了"封山育林、退耕还林、平垸行洪、退田还湖、加固堤防、疏浚河湖、以工代赈、移民建镇"的方针政策，加大了对荆州堤防加固工程的投入。

荆州市以干堤加固为突破口，发扬九八抗洪精神，掀起整治荆江水患，加快长江堤防建设步伐的高潮。对荆江大堤、荆南长江干堤、洪湖监利长江干堤、南线大堤、松滋江堤和荆南四河堤防等六大堤防展开了大规模的建设。

荆州市长江堤防建设项目全部实行"项目法人制、工程招标制、建设监理制、合同管理制"等新的建管机制，省、市各级党委和政府对长江干堤加固工程建设加强领导和监管。省、市长江河道管理部门始终抓住"质量"和"资金"两个关键环节，严格实行堤防建设与防汛连锁责任制，建立完善了项目法人负责、设计单位保证、政府部门监督、监理单位控制"四位一体"的质量保证体系。

在湖北省水利厅和荆州市委、市政府的领导下，荆州市长江河道管理局三任局长张文教、秦明福、曹辉参与并接力指挥了这场旷日持久的长江堤防工程大战。多年的工程建设中，建设者们沿堤安营扎寨，以工地为家，风餐露宿，长年累月战斗在建设一线，建成了一座座万古流芳的水上长城。

大规模的堤防建设极大地改善了沿堤周边人民生活和生产条件，产生了巨大的社会效益和经济效益。特别是荆州市的投资环境得到了根本性改变，一度谈"洪"色变的外商重新回到荆州投资兴业，为荆州经济发展注入了新的活力。

经过逐年加固，荆州堤防普遍较以前加高了1.5~2米，加宽了3~8米，外观形象有了较大改观，抗洪能力得到显著提高。

岁月承载着历史的脚步，大地积淀了文明精华。水患的记忆逐渐在人们的脑海中退去，长江堤防经过不断除险加固，荆州堤防抵御洪水能力已经从十年一遇提高到百年一遇。

在工程大建设结束后，荆州市长江河道管理局迅速调整思路，围绕"平安堤防、生态堤防、现代堤防、法制堤防和可持续发展堤防"的总体目标，加强对长江堤防的全面管理。全市长江干堤沿线拥有9万余亩堤防宜林禁脚土地，300多万株防护林。

江水奔腾，江滩如画。昔日险象环生的荆江观音矶，经过综合整治，摇身一变，如今成为荆江大堤江滩公园的景点之一。往西不远处，就是紧挨荆江大堤的临江仙公园。堤岸绿树林立、生机盎然，为市民增添了一处处休闲、娱乐的好去处，游人在江边锻炼、遛狗、拍照留影，一切显得从容和谐。

随着长江堤防加固建设和三峡工程的投入运用，荆州长江堤防堤顶水泥路面宽敞整洁，畅通无阻；经过除险加固的堤防犹如一道铜墙铁壁，紧紧锁住滔滔洪水；大堤两边绿树护岸，林木苍翠，好似一幅风景画。

长江博物馆对荆江防汛做了如下描述：

> 长江中下游长约3万千米堤防中，约3900千米长江干堤可防御1954年实际洪水，其中荆江河段依靠堤防可防御约10年一遇

洪水，利用三峡水库可防御 100 年一遇洪水，遇 100 年一遇以上至 1000 年一遇洪水，配合分蓄洪区的运用可保证行洪安全。

长江大规模的堤防建设，免除了保护区内 1.1 亿人和 600 公顷耕地的洪水威胁，为长江流域经济社会发展提供了可靠的防洪屏障。2002 年，长江中游监利水文站和城陵矶（莲花塘）水文站出现历史第三、四位的高洪水位，分别超过保证水位 0.58 米和 0.35 米，长江中下游堤防经受了汛期高水位的考验，同水位下险情较 1998 年明显减少，长江干堤未发现一例较大险情，确保了沿江群众安居乐业，取得巨大防洪减灾效益。沿江群众赞誉建设长江堤防体现了党和政府"深怀爱民之心，恪守为民之责，善谋富民之策，多办利民之事"。

由沈鹏题写的"盛世安澜"石矗立在雄伟的观音矶上。

荆州长江堤防已成为一道抗御洪魔的安全屏障，一座坚不可摧的水上长城，一曲人水和谐的绚丽乐章。荆州这座千年古城展现出新的活力与魅力。

荆江安澜，人民安居！

颂党恩德泽惠济万代，歌盛世福祉绍熙千秋。

主要参考文献

[1] 地方史志编纂委员会.公安县志 1980–2000[M].北京：环境科学出版社，2010.

[2] 长江水利委员会.长江志 [M].武汉：中国大百科全书出版社，2005.

[3]《荆江大堤志》编纂委员会.荆江大堤志 [M].南京：河海大学出版社，1989.

[4] 洪庆余.长江卷中国江河防洪丛书 [M].北京：水利水电出版社，1998.

[5] 李寿和.共和国没有开闸——'98 荆江分洪大转移回眸 [M].武汉：长江文艺出版社，2004.

[6] 李寿和.三峡前奏曲——荆江分洪大特写 [M].武汉：长江文艺出版社，1998.

[7] 杨书伦.荆州解放 [M].武汉：华中理工大学出版社，1999.

[8] 汤红兵.东方雅典——荆州 [M].武汉：湖北人民出版社，2010.

[9] 中共长江航运管理局政治部宣传处.在长江上旅行 [M].武汉：黑龙江省儿童出版社，1983.

[10] 易光曙.漫谈荆江 [M].武汉：武汉测绘科技大学出版社，1999.

[11] 陆剑.众志成城谱写抗洪壮歌——1998 年洪湖大水回眸 [J].湖北文史，2014(2):133–160.

[12] 荆州市委政策研究室.戊寅大水——'98 荆州抗洪实录 [M].武汉：湖北人民出版社，1998.

[13] 湖北省水利志编纂委员会.湖北水利志 [M].北京：中国水利水电出版社，1998.

[14] '98 荆州抗洪志编纂委员会，荆州市地方志办公室.'98 荆州抗洪志 [M].北京：中国经济出版社，1999.

后　记

金桂芬芳

接这个任务时，我的双臂刀砍一般的疼痛已渐有缓解。

疫情暴发前，我正在武汉修改《花鼓》，这部小说中标湖北省第三届长篇小说重点扶持项目，按签约要求，我要将这部已经创作 40 万字的作品修改至 25 万字，在 2020 年元月底上交省作协；其时，为迎接长江委建委七十周年，水利部、长江委策划中国水利工程院士系列传记，将文伏波院士的采访写作任务交给了我，亦需在年底交付出版社一部 16 万字的书稿；而恰在同一时段，正筹划组织一场全省少儿活动的朋友找到我，请我帮助在半个月内策划一本画册。三项任务每一项都限定了时间，我几乎是夜以继日地伏案工作，手臂渐有不适之感。

有一天，朋友们拉我去打羽毛球，我扣出球时，一阵钻心的疼痛袭来，球拍掉在地上，我的手臂在半空中悬着如断裂一般。打乒乓球亦如此，球拍掉在地上，右臂疼得我不得不蹲下身子。此前不久，在路边，一个骑摩托车的女人撞伤我的胳膊后扬长而去，没时间去费神，没想到，留下后患。

我想挺到回家再看医生，当三项任务完工交付，离过年只有三天了。回到荆州时，我的手臂已经难以将头发在脑后束缩，我不得不剪去了长发，两只手亦无法在身后扣衣，它们放在腰际，再不能往后挪一寸半分。从镜子里看到自己，已是一个老态龙钟的老妪，我惊得大叫："开到荼蘼花事了！"

作为家庭主妇，年节自然是繁忙的，办年货、做清洁，样样事情都堆在眼前，忍着疼痛，我想，等年过完再去看医生吧。就这样熬到了大年三十，大年三十封城，一封两个月。

没有药品，膏药已经用完，而疼痛日复一日地加重。医院的朋友说是五十肩，要爬墙，于是站在墙边，两只手在墙上像壁虎一样往上爬。感谢我的朋友钟毅先生，他从广东给我寄来了艾条、擦剂、口服止疼药、膏药等，这些珍贵药品让我的疼痛稍有缓解。他还给我寄来了几打口罩，真是雪中送炭。

白天，看丁香疫情动态播报，看那些令人心碎的场景，烧火做饭，写疫中日记，做康复训练，把时间混了过去。最怕是晚上，每至夜半，双臂便被砍醒，那真是刀砍一般的疼痛，起床用开水热敷，涂抹止疼擦剂，用追风油、万花油、金蛇油按摩，总得有个把时辰的光景，疼痛才稍有缓解，方可再入眠。就这样熬到了城市解封，荆州解封的当日，我接受省作协交给我的任务，拿着省委宣传部开出的通行证采访前来援助荆州抗疫的广东和海南医疗队以及我市六大医院抗疫工作，忍着剧痛，我完成了报告文学《更信春雨百花繁》。之后想尽法子奔走于医院、诊所治疗，针灸、理疗、艾灸、药敷、贴膏药，都未见实效。朋友们解封后相见，都无法认出瘦了十来斤的我。医生说，五十肩疼起来总得疼个一年半载，有了这个心理准备，便也让它疼去。爬墙、拉伸、太极操，按给我远程治疗的赵鹤医生的意见，做肩周炎的保健操，家里人把一根粗绳系于阳台，我努力伸出两臂，拉得泪水迸发也无济于事，输液，甚至找苗医在后背放血针灸，还是枉然。

实在受不了了，拍片，再拍核磁共振。医生要我马上手术，我迟疑着。拿着这些检查结果，请医院的骨科专家看片，很奇怪，专家们意见分歧甚大，一种诊断是肩周炎，一种诊断为肩袖损伤。认为是肩周炎的要我继续爬墙、拉伸。认为是肩袖损伤的亦有两种治疗意见，一为住院动手术，这是市中心医院的专家意见；一为保守治疗，这是市中医院刘鹏医生的意见。

刘鹏医生要我立即停止爬墙、拉伸、针灸、血针等所有治疗手段，静养！他给我开了两种药，淡绿色的盒子，是中医院自制的中成药。配以我的朋友钟毅先生和夏美丽女士送给我的艾灸，以及我的朋友英子寄来的羽悦本草电子热疗仪，两个疗程后，胳臂的疼痛渐缓，慢慢地，手臂举过了头顶，半年后双手能在身后相牵，我的喜悦如同疫后解封一样。胳膊依然疼，但已能承受，夜晚也不再痛醒，医生叮嘱我继续静养。就这样，又到了年底，年底接到撰写《荆江分洪工程史话》的任务。

我在荆州市长江河道管理局工作了近20年，北闸、南闸是我们局所属二级单位，平日里工作联系、检查参观居多，2012年，我主编《情满荆江》大型画册，对荆江分洪工程有一定的了解，可真正系统来做这件事，仍让我感到责任重大。

2012年春，我在鲁迅文学院学习期间，时任中宣部部长的刘云山在中国文联主席李兵和中国作协主席铁凝的陪同下视察鲁院，接见鲁迅文学院第十七届中青年作家高研班的学员。刘云山同志来到我的房间，亲切地询问我来自哪里，什么职业，从事什么样的文体创作，我一一作答，并送给部长我的散文集《倾听心灵的天籁》。刘云山同志对我说："好！很好！你要好好写水利，写湖北，写家乡！"

刘云山部长的鼓励让我铭记于心。我思考再三，接受了长江出版社的写作任务。

我按照自己的思路拿出了写作提纲，经过讨论和调整，出版社很快同意了我的方案，我得以迅速进入查阅资料、采访写作的过程。

我先后到北闸、荆管局、市水利局、市档案局借来了有关荆江的相关资料，查阅了二十余本卷宗及书籍，在浩如烟海的文字里，我第一次全面了解了荆江的前世今生，了解了她九曲回肠的步履为何如此蹒跚，更了解了30万大军75天建成大闸那些惊心动魄的场景。

在采访、阅读与写作中，我一次次难以抑制心中的激动。30万来自四面八方的援军和荆江民工大集结、工农兵齐上阵等场面真可谓轰轰烈烈！工程设计模型试验过程、没有打基桩的北闸桥墩以及拧上去的38万颗螺丝钉、600米宽的虎渡河堵口合龙、挑土运输大比拼、能工巧匠扎大闸钢筋、碎石小组机智灵活提升工效、首创的"八爪枕"发挥威力、惊天动地的黄天湖淤泥的光膛之战、炊事员"四口灶轮动烧火节柴法"、三组分洪纪念碑的排列、总指挥唐天际用大炮拦截征用军艇、布可夫槽的来历以及北闸院落里的那起死回生的桂花树等，每一段故事，每一位人物，都让人印象深刻。

这场超级战役中，涌现出了一大批精英和劳模，邓子恢、傅作义、唐天际、林一山等领军人物，还有勇敢坚强的饶民太县长、断臂女英雄谭文翠、碎石能手辛志英、军医徐怀英，以及翻身农民王友太等建设者……那些为荆江安澜而日夜操劳的领导者与决策者，那些为荆江百姓的安全而献出青春、热血与汗水的建设者与参与者，他们令人肃然起敬，令人感动不已。

泪水盈眶之时，我不得不离开电脑平静心绪，站在书房的窗前眺望荆江大堤，遥想当年，那些属于上一辈人的激情岁月。在漫长的历史长河里，有着1600年历史的荆江大堤见识过荆江洪水的肆虐，见识过千百年来荆江两岸人民遭遇洪灾的惨烈。清廷发出的十二道金牌与那九尊降伏洪魔的铁牛也没能阻止洪水的无情与残暴。没有哪一个朝代能改变这种历史，只有新中国，只有共产党，才敢于在抗美援朝战争已经拉开序幕之时，在全国各行各业百废待兴之时，倾全国之力而不惜代价建设荆江分洪工程。这是只有在中国共产党领导下才能创造的奇迹，是荆江抗洪史上开天辟地的壮举，是伟大的中国共产党在荆江书写的抗洪篇章。

北闸的院落里栽种着两棵桂花树，枝叶葱茏。每到秋月，朵朵金黄色的小花缀满枝头，散发出一阵阵沁人心脾的芳香。这是70年前长江委主任林一山在工程竣工之日从云南带回来亲手栽种的两棵桂花树。这位被毛泽东主席称为"长江王"的水利前辈，荆江分洪工程因他的设想而建设，荆江之险因他而改变。

我每每至此，总会在这两棵桂花树前伫立片刻。历经近70年的风霜雨雪，熬过漫长的病痛艰辛，它们又焕发出新姿，成为奋战在荆江的英雄儿女们顽强拼搏、坚忍不拔、无私奉献的精神象征。

在《荆江分洪工程史话》完工之日，我的手臂已完全康复。我要真诚感谢北闸和荆州市长江河道管理局的领导和同事为我提供的各类档案资料，对于我写作中的疑问，无论我何时向他们求教，都会得到圆满的答案；我要真诚感谢为荆江分洪工程奉献过智慧的设计师和作者们，我从他们那里获得了大量的素材，特别是李寿和老师，他的采访与写作深入细致，让我受益匪浅，他对失去左臂的谭文翠的寻找，体现了一位作家的责任感与悲悯情怀，让我深为敬佩；我更要感谢长江出版社及社长赵冕与编辑赖晨、李春雷对我的信任，这一次写作，让我了解了自己工作了近20年都没能了解到的荆江分洪工程全貌，甚至关于荆江分洪工程纪念碑，我都是第一次了解到北闸的另一端还有一个纪念亭。荆江分洪工程三个纪念碑亭竟是三种不同的排列，让人感慨设计者的匠心独运。我希望通过这本书，让读者对荆江分洪工程有一个综合的了解，特别是让我们的后代了解今天幸福安宁、安居乐业的生活来之不易。

旧年夏日，我陪同《北京文学》的社长杨晓升先生、诗人黑丰到北闸参观，又去看了那两棵桂花树，它们正葱茏苍翠。

多少年来，这两棵桂花树繁茂的枝叶，沁人心脾的清香一直陪伴着荆江南岸的那座莽莽大闸，陪伴着每一位享受荆江安澜幸福生活的百姓。

2022 年 5 月 26 日
于古城荆州听雨斋